特种电机及其控制

赵南南　苏子舟　杨　前　编著

北京理工大学出版社
BEIJING INSTITUTE OF TECHNOLOGY PRESS

内容简介

本书涉及测速发电机、伺服电动机、无刷直流电动机、永磁同步电动机、步进电动机、磁阻电动机、直线电动机、电容可变式静电电动机 8 种特种电机的工作原理、结构特点和特性等内容。本书在介绍电机本体的同时，还注重结合电机伺服系统的控制，有机整合了电机控制器设计、系统仿真与测试、电机性能分析等多个环节。本书编著过程中也特别强调每种特种电机所具有的特殊性质及在国民生产领域中的实际应用，并能将各种特种电机联系起来，对比分析不同特种电机的异同性，帮助读者结合自动控制系统的特定需求，合理地选择和正确使用各种特种电机。

本书既可作为普通本科院校电气类、自动化类专业电机课程的教材，也可作为从事电气相关工作的教学人员、科研人员、管理人员的工具书和参考书。

版权专有　侵权必究

图书在版编目（CIP）数据

特种电机及其控制 / 赵南南，苏子舟，杨前编著.
北京：北京理工大学出版社，2024.12.
ISBN 978-7-5763-3926-0

Ⅰ. TM301.2

中国国家版本馆 CIP 数据核字第 2025F3H311 号

责任编辑：陆世立	**文案编辑**：李　硕
责任校对：刘亚男	**责任印制**：李志强

出版发行 / 北京理工大学出版社有限责任公司
社　　址 / 北京市丰台区四合庄路 6 号
邮　　编 / 100070
电　　话 / (010) 68914026（教材售后服务热线）
　　　　　　（010) 63726648（课件资源服务热线）
网　　址 / http://www.bitpress.com.cn

版印次 / 2024 年 12 月第 1 版第 1 次印刷
印　　刷 / 涿州市京南印刷厂
开　　本 / 787 mm×1092 mm　1/16
印　　张 / 15
字　　数 / 352 千字
定　　价 / 98.00 元

图书出现印装质量问题，请拨打售后服务热线，负责调换

前言

特种电机在工农业生产、国防和自动化领域具有非常广泛的用途。随着科学技术的快速发展，特种电机的科学内涵发生了很大变化，一些传统的特种电机的应用正在日趋减少。近年来随着电力电子技术、微电子技术的发展以及新材料、新工艺的应用，出现了许多新型特种电机，新的控制芯片和控制技术在电机控制中的推广应用，使得特种电机向集成化、智能化方向发展。因此，对特种电机相关课程的教材也提出了更高的要求。

本书在保留传统特种电机基本内容的基础上，力求反映当前科技发展的最新成果，内容上新增了一些新型特种电机，如磁阻电动机、电容可变式静电电动机等；对已有的特种电机，在内容上也充实了新的技术成果，如无刷直流电动机和永磁同步电动机增加了基于快速原型控制器的半实物仿真与实时控制内容，让学生更加深刻地理解理论、仿真与实际硬件控制的关系，加深了学生对专业知识理解的深度和广度，培养学生解决复杂工程问题的能力。

党的二十大报告指出，"推动经济社会发展绿色化、低碳化是实现高质量发展的关键环节。加快推动产业结构、能源结构、交通运输结构等调整优化"，并强调"发展绿色低碳产业，健全资源环境要素市场化配置体系，加快节能降碳先进技术研发和推广应用，倡导绿色消费，推动形成绿色低碳的生产方式和生活方式"。我国每年生产各种特种电机数十亿台，具有极大的节能潜力。本书在编写过程中，能够从节能减排的角度，考虑各类特种电机对环境和社会可持续发展的影响，在特种电机的设计、控制和性能分析过程中有所体现。

本书深入学习贯彻党的二十大精神，努力将知识传授和素质教育融为一体，在部分章节加入了一些思政元素内容。例如，介绍中国稀土在全球的战略地位、永磁同步电动机在电动汽车中的发展和应用、直线电动机在电磁发射技术中的应用，培养学生科技报国的家国情怀。

本书由西安建筑科技大学赵南南（第1、2、4、9章，附录A、附录B）、中国兵器工业集团江山重工研究院有限公司苏子舟（第3、8章）、西安建筑科技大学杨前（第5~7章）共同编著，其中赵南南担任全书统稿工作。本书编写工作得到了西安建筑科技大学机电工程学院领导和同事的大力支持，在此表示诚挚的感谢。

由于编者水平有限，书中难免存在疏漏，欢迎广大读者批评指正。

编　者
2024 年 12 月

目录

第1章 绪论 / 1

1.1 特种电机的种类 ………………………………………………………………… 1
1.2 特种电机的特点及要求 ………………………………………………………… 3
1.3 特种电机的应用及发展趋势 …………………………………………………… 4

第2章 测速发电机 / 6

2.1 直流测速发电机 ………………………………………………………………… 6
2.2 交流异步测速发电机 …………………………………………………………… 15
2.3 测速发电机的应用 ……………………………………………………………… 20
本章小结 ……………………………………………………………………………… 22
思考题与习题 ………………………………………………………………………… 22

第3章 伺服电动机 / 24

3.1 直流伺服电动机 ………………………………………………………………… 24
3.2 交流异步伺服电动机 …………………………………………………………… 33
3.3 交流异步伺服电动机和直流伺服电动机的性能对比 ………………………… 40
本章小结 ……………………………………………………………………………… 41
思考题与习题 ………………………………………………………………………… 41

第4章 无刷直流电动机 / 43

4.1 概述 ……………………………………………………………………………… 43
4.2 无刷直流电动机的结构及工作原理 …………………………………………… 44
4.3 无刷直流电动机的运行分析 …………………………………………………… 49
4.4 无刷直流电动机的控制 ………………………………………………………… 57
4.5 无刷直流电动机的转矩脉动 …………………………………………………… 65
4.6 基于快速原型控制器的无刷直流电动机控制系统 …………………………… 68

4.7　无刷直流电动机的应用 …………………………………………………… 76
本章小结 …………………………………………………………………………… 77
思考题与习题 ……………………………………………………………………… 77

第5章　永磁同步电动机／78

5.1　概述 ……………………………………………………………………………… 78
5.2　永磁同步电动机的结构及工作原理 …………………………………………… 79
5.3　永磁同步电动机的运行分析 …………………………………………………… 87
5.4　永磁同步电动机的矢量控制 …………………………………………………… 94
5.5　基于快速原型控制器的永磁同步电动机控制系统 ………………………… 109
5.6　纯电动汽车用永磁同步电动机 ……………………………………………… 118
本章小结 ………………………………………………………………………… 125
思考题与习题 …………………………………………………………………… 126

第6章　步进电动机／127

6.1　步进电动机的分类 …………………………………………………………… 127
6.2　反应式步进电动机 …………………………………………………………… 128
6.3　混合式步进电动机 …………………………………………………………… 138
6.4　步进电动机的驱动控制 ……………………………………………………… 141
6.5　步进电动机的性能指标 ……………………………………………………… 147
本章小结 ………………………………………………………………………… 148
思考题与习题 …………………………………………………………………… 149

第7章　磁阻电动机／150

7.1　磁阻电动机的分类 …………………………………………………………… 150
7.2　开关磁阻电动机 ……………………………………………………………… 151
7.3　同步磁阻电动机 ……………………………………………………………… 161
7.4　磁阻电动机的应用 …………………………………………………………… 167
本章小结 ………………………………………………………………………… 169
思考题与习题 …………………………………………………………………… 170

第8章　直线电动机／171

8.1　概述 …………………………………………………………………………… 171
8.2　直线电动机的工作原理 ……………………………………………………… 176
8.3　直线电动机的应用 …………………………………………………………… 184

本章小结 ………………………………………………………………………… 190
思考题与习题 …………………………………………………………………… 190

第9章 电容可变式静电电动机 / 191

9.1 概述 …………………………………………………………………… 191
9.2 电容可变式静电电动机的分类及特点 ……………………………… 193
9.3 电容可变式静电电动机的结构和工作原理 ………………………… 194
9.4 电容可变式静电电动机的设计实例与分析 ………………………… 199
9.5 电容可变式静电电动机的应用及展望 ……………………………… 203
本章小结 ………………………………………………………………………… 205
思考题与习题 …………………………………………………………………… 205

附录 A 自整角机 / 206

A.1 自整角机概述 ………………………………………………………… 206
A.2 自整角机的结构 ……………………………………………………… 207
A.3 控制式自整角机 ……………………………………………………… 209
A.4 力矩式自整角机 ……………………………………………………… 214
A.5 自整角机的技术指标和选用 ………………………………………… 217
本章小结 ………………………………………………………………………… 218
思考题与习题 …………………………………………………………………… 218

附录 B 旋转变压器 / 220

B.1 旋转变压器的类型和用途 …………………………………………… 220
B.2 正余弦旋转变压器 …………………………………………………… 221
B.3 线性旋转变压器 ……………………………………………………… 225
B.4 旋转变压器的技术指标和选用 ……………………………………… 226
B.5 旋转变压器的应用 …………………………………………………… 227
本章小结 ………………………………………………………………………… 229
思考题与习题 …………………………………………………………………… 229

参考文献 ……………………………………………………………………… 230

第1章 绪 论

教学目的与要求

了解特种电机在国民经济中的应用与地位；掌握各种特种电机在自动控制系统中的作用；能够通过分析各种特种电机的功能，设计自动控制系统。

学习重点

特种电机的种类和特点。

学习难点

利用各种特种电机设计自动控制系统。

1.1 特种电机的种类

随着电力电子技术、计算机技术、现代控制理论和材料科学的飞速发展，近年来出现了很多新型电机。一般来说，与传统异步电机、同步电机和直流电机相比，在工作原理、结构、技术性能或功能上有较大特点的电机都属于特种电机的范畴。自动控制系统及其用到的特种电机是整体和局部的关系：一方面特种电机的性能和作用要满足自动控制系统对其的要求；另一方面特种电机的性能又直接影响整个自动控制系统的性能。特种电机已经成为现代工业自动化系统、现代科学技术和现代军事装备中不可缺少的重要元件，其应用范围非常广泛，如机器人、电动汽车、新能源电力传动系统、武器装备中的自动控制系统等。

特种电机的种类很多，包括测速发电机、伺服电动机、无刷直流电动机、永磁同步电动机、步进电动机、磁阻电动机、直线电动机、电容可变式静电电动机等。根据在自动控制系统中的作用不同，特种电机可以进行如下的分类。

1. 执行元件

执行元件主要包括交直流伺服电动机、无刷直流电动机、永磁同步电动机、步进电动机和直线电动机等。这些电机的任务是将电信号转换成轴上的角位移或角速度以及直线位移和线速度，并带动控制对象运动。

理想的交直流伺服电动机的控制特性（转速与控制电压的关系）如图1-1所示，转速和控制电压成正比，而转速的方向由控制电压的极性来决定。步进电动机的转速与脉冲电压的频率成正比，其控制特性如图1-2所示。

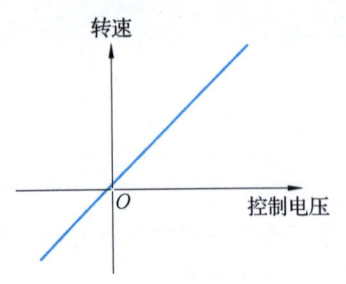

图1-1　理想的交直流伺服电动机的控制特性

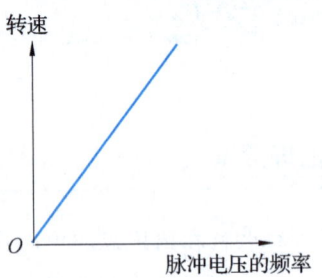

图1-2　步进电动机的控制特性

2. 测量元件

测量元件包括自整角机、交直流测速发电机和旋转变压器等。测量元件能够用来测量机械转角、转角差和转速，一般在自动控制系统中作为敏感元件和校正元件。

自整角机可以把发送机和接收机之间的转角差转换成与转角差成正弦关系的电信号，输出特性如图1-3所示。测速发电机可以把转速转换成电信号，其输出电压与转速成正比，输出特性如图1-4所示。旋转变压器的输出电压与转子相对于定子的转角成正弦、余弦或线性关系，输出特性如图1-5所示。

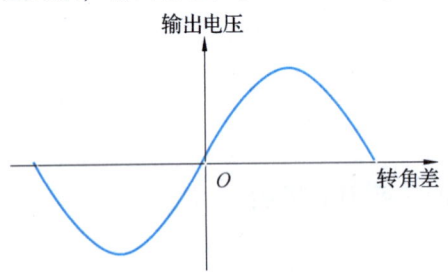

图1-3　自整角机的输出特性

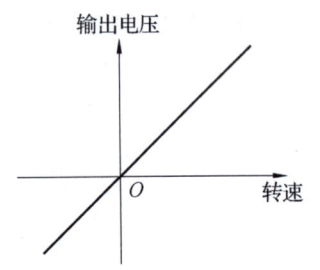

图1-4　测速发电机的输出特性

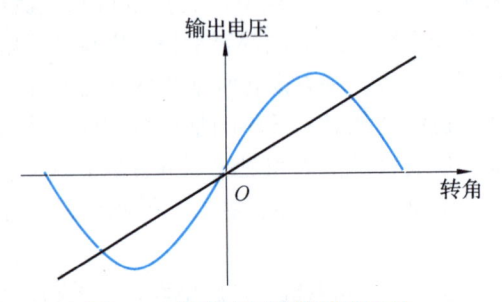

图1-5　旋转变压器的输出特性

图 1-6 为自动控制系统方框图，其显示了不同种类特种电机在自动控制系统中的重要作用。

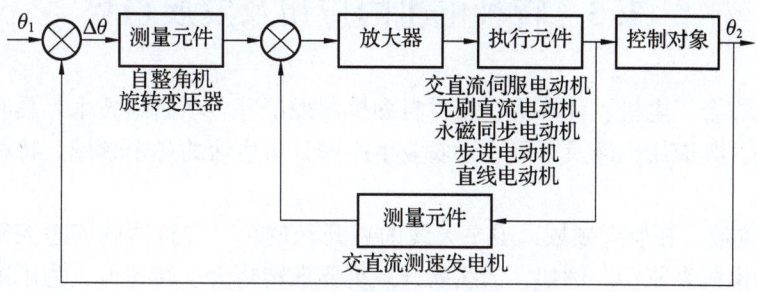

图 1-6 自动控制系统方框图

1.2 特种电机的特点及要求

特种电机在自动控制系统中的主要任务是完成控制信号的传递和转换，而能量转换是次要的。自动控制系统由成百上千个各种各样的元件组成，每个元件都按照系统对其的特定要求而工作。因此，每个元件工作的好坏，将直接影响到整个系统工作的好坏。为了使整个自动控制系统能够敏捷地、准确地按照人们的要求而动作，所以对特种电机的要求主要是高可靠性、高精度和快速响应。

1. 高可靠性

特种电机由于有运动部分甚至有滑动接触，因此其可靠性往往比系统中的其他静止、无触点元器件要差。然而，特种电机的可靠性对于整个系统就显得特别重要。尤其在军事领域中，即使在一些现代化的大型工业自动化系统中，特种电机的损坏也将产生极其严重的后果。另外，特种电机的使用范围很广，从地面、海洋到高空、太空，以及原子能反应堆等地方都在使用，而且工作环境条件常常十分复杂，如高温、低温、盐雾、潮湿、冲击、振动、辐射等，这也要求特种电机在各种恶劣的环境条件下仍能可靠地工作。

2. 高精度

在各种军事装备、无线电导航、无线电定位、位置显示、自动记录、远程控制等系统中，对精度要求越来越高，相应地，对系统中所使用的特种电机的精度也提出了更高的要求。例如，在测量、转换或传递转角时，精度要求较高的是角分甚至角秒级，线性位移要求达到 μm 级。影响特种电机精度的主要因素包括静态误差，动态误差，使用环境的温度变化、电源频率和电压变化等所引起的漂移，伺服电动机特性的非线性和失灵区，步进电动机的步距误差等。

3. 快速响应

由于自动控制系统中指令信号变化很快，因此要求特种电机（特别是作为执行元件的特种电机，如伺服电动机）能对信号作出快速响应。而特种电机的转动部分有转动惯量，其多为电磁元件，有电感，这些都要影响其响应速度。表征响应速度的主要指标是机电时间常数和灵敏度，这些都直接影响系统的动态性能。为保证自动控制系统的快速响应，特种电机应尽量减小其机电时间常数。

1.3 特种电机的应用及发展趋势

特种电机综合了电机、计算机、新材料和控制理论等多项高新技术，具有电机与控制一体化的趋势，其应用也遍及军事、工农业生产和日常生活的各个领域。特种电机的具体应用如下。

(1) 军事领域。在航天领域，卫星天线的展开和偏转、飞行器的姿态控制等，都需要高精度的特种电机来驱动。例如，天线展开系统要求转矩大、转速低，为了减小质量，缩小体积，采用高速无刷直流电机与行星减速器组成一体；在航空领域，飞机发动机的启动，水平舵、方向舵、襟翼、副翼的操纵等，均是由特种电机来完成的。在兵器领域，火炮自动瞄准、雷达自动定位等均需采用由伺服电动机、测速发电机、自整角机等构成的随动系统来完成。

(2) 工农业自动化领域。随着现代工农业的自动化、信息化，各类特种电机被越来越广泛地应用，尤其以数字化形式为控制方式的无刷直流电动机、混合式步进电动机和交直流伺服电动机等应用最为广泛。当前机器人产业异军突起，而机器人的绝大部分动作都要由特种电机来完成。

(3) 信息与电子领域。信息产业在国内外受到高度重视并获得高速发展，已成为特种电机的重要应用领域之一。信息技术设备中需要的特种电机的全世界需求量每年约15亿台(套)，其中绝大部分是精密永磁无刷电动机和精密步进电动机等。例如，智能手机的振动电机、计算机的存储器驱动电机以及各类信息化终端产品。

(4) 交通运输领域。目前，在高级汽车中，出于控制燃料和改善乘车感觉以及显示有关装置状态的需要，要使用40~50台电机，豪华轿车上的电机则可多达80台，这些汽车电器配套电机主要是永磁直流电动机和无刷直流电动机等。另外，作为21世纪的绿色交通工具，电动汽车在各国受到普遍的重视，电动汽车驱动用电机主要是永磁同步电机、异步电机和开关磁阻电机等，这类电机的发展趋势是高效率、高转矩和智能化。此外，特种电机在高铁列车牵引和轮船电力推进中也得到越来越广泛的应用。例如，直线电动机用于磁悬浮列车和地铁列车的驱动也已经在我国进入商业应用阶段。

(5) 家用电器领域。目前，工业化国家一般家庭中用到约35台特种电机。为了满足用户越来越高的要求并适应信息时代的发展，实现家电产品节能化、舒适化、网络化和智能化，对为其配套的特种电机提出了高效率、低噪声、低振动、低价格、可调速和智能化的要求。无刷直流电动机和开关磁阻电动机等新兴的机电一体化产品正逐步替代传统的单相异步电动机，并在家用电器领域中一展身手。

(6) 特种用途领域。特种用途所需特种电机种类繁多，各自有不同要求，这些特种电机包括一些从原理上、结构上和运行方式上都不同于一般电磁原理的电动机，如超声波电动机、电容式电动机等。

近年来，随着科学技术的发展和自动控制系统的不断更新，对特种电机的要求越来越高。同时，新技术、新材料、新工艺的应用，推动了特种电机的发展，出现了一些新的发展趋势，大致有以下几个方面。

(1) 无刷化。提高特种电机可靠性的重要措施是采用无刷电机方案。尽管无刷电机的成本较高，但寿命长，不需经常维护，电磁干扰小，不会发生由电火花引起的可燃性气体爆炸等事故，可靠性大大提高。目前，无刷电机包括无刷直流电动机、无刷自整角机、无刷旋转变压器等。

（2）小型化。很多使用场合（尤其在航空航天领域）要求特种电机体积小、质量轻、耗电少。比如在飞行器系统中，通常以燃料电池或太阳能电池供电，所有电气元件的耗电量受到严格限制，而特种电机往往是耗电量较大的元件之一。因此，特种电机的小型化是迫切需要解决的问题。另外，在信息与电子领域，也要求特种电机向小型化方向发展，以适应电子产品日益微型化的需要，如电子手表中用的步进电动机，直径和轴向长度只有几毫米，耗电仅几微瓦，质量只有十几克。

（3）集成智能化。集成智能化是指借助微电子、控制和计算机技术，将特种电机、变速器、传感器以及控制器等集成为一体，形成新一代电动伺服系统，并结合先进控制技术，实现特种电机速度和位置的自适应调整与控制，从而提高系统的精度和可靠性。

（4）永磁化。高磁能积永磁体的使用有利于减少特种电机的体积，随着特种电机向微、薄、轻化，无刷化和电子化的方向发展，永磁材料在特种电机中的普遍应用已是必然趋势。同时，我国稀土资源丰富，所研制生产的钕铁硼和钐钴永磁体处于国际领先水平，为我国永磁电机的发展提供了良好条件。

（5）新原理、新结构。随着新原理、新技术、新材料的发展，特种电机在很多方面突破了传统的观念。近年来，利用科学技术的最新成果，已研制出一些新型特种电机。例如，利用逆压电效应研制出超声波电动机，在开关磁阻电动机基础上发展起来的双凸极永磁电机，以及电容式静电电动机、磁致伸缩电动机、仿生电动机等。这类特种电机的发展，已经不再局限于传统的电磁理论，而将与其他学科相互结合，相互渗透，成为一门多学科交叉的边缘学科。

第 2 章 测速发电机

教学目的与要求

理解交直流测速发电机的工作原理、结构；掌握交直流测速发电机的输出特性；了解交直流测速发电机的应用及主要技术指标；分析直流测速发电机的误差及其减小方法。

学习重点

直流测速发电机的输出特性、直流测速发电机的误差；交流异步测速发电机的工作原理和输出特性。

学习难点

减小直流测速发电机误差的方法。

2.1 直流测速发电机

测速发电机是自动控制系统的常用元件，可以把转速信号转换成电压信号输出，输出电压与输入的转速成正比关系，用于测量旋转体的转速，亦可作为速度信号的传送器。在自动控制系统和计算装置中，测速发电机一般作为测速元件、校正元件、解算元件和角加速度信号元件等。测速发电机按输出信号的形式不同，可分为交流测速发电机和直流测速发电机两大类。本节介绍直流测速发电机，交流测速发电机将在下一节中介绍。

由于直流测速发电机实际上是一种小型直流发电机，因此本节先讨论直流发电机的工作原理，再讨论直流测速发电机的结构、输出特性、误差及其减小方法。

2.1.1 直流发电机的工作原理

直流发电机的工作原理基于电磁感应定律，即运动导体切割磁力线，或者说匝链线圈的磁通量(简称磁通)发生变化,在线圈中产生感应电动势。直流发电机的电枢绕组处于磁场中,发电机在原动机的带动下发生旋转,绕组切割磁力线,在导体中就会产生感应电动势,在闭合回路里产生电流,经由电刷向外发电。

从结构上来看,电机外面是定子,定子上分布有产生磁场的机构。根据励磁方式不同分为两种情况:一种是励磁绕组通励磁电流产生磁场,即电磁式;另一种是永磁体直接产生磁场,即永磁式。电机里面是转子,转子上分布有电枢绕组,嵌放在对应的槽里。

以一个两极永磁式直流发电机为例说明其工作原理,如图 2-1(a)所示,电机转子上的电枢线圈有 4 个边,其中,切割磁力线的有效边是 *ab* 和 *cd*,*bc* 边和 *ad* 边位于端部,不切割磁力线,因此不产生感应电动势。先看有效边 *ab*,当直流发电机在原动机的带动下发生旋转时,处于 N 极下方的 *ab* 边就会切割磁力线,产生感应电动势。感应电动势的方向可以用右手定则判断,让磁力线穿过手心,大拇指指向旋转的方向,四指的方向即为感应电动势的方向。假定电机旋转方向为逆时针方向,利用右手定则可以得出,此时 *ab* 边产生感应电动势的方向是垂直纸面向外的,如图 2-1(b)所示。当 *ab* 边处于 S 级上方时,同样可以利用右手定则判断出感应电动势的方向是垂直纸面向里的。因此,有效边处于不同位置时,产生的感应电动势的方向是不同的,那么直流发电机是如何输出大小和方向保持不变的直流电呢?

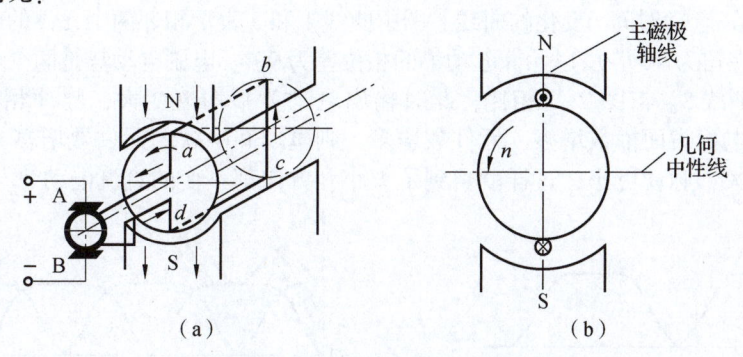

图 2-1 直流发电机的工作原理
(a)直流发电机的结构示意;(b)感应电动势的方向判定

直流发电机有电刷和换向器这两个元件,其中换向器位于转子上面,随着转子的转动而转动,而电刷是固定不动的,电刷 A 相当于电源的正极,电刷 B 相当于电源的负极。可以发现,在电枢绕组旋转的过程中,和电刷 A 相连的有效边始终处于 N 极上面,和电刷 B 相连的有效边始终处于 S 极上面,而处于 N 极下面的有效边不管是 *ab* 边还是 *cd* 边,通过右手定则都可以判断出其上的感应电动势方向始终是垂直纸面向外的,对应于电源的正极;而处于 S 级上面的有效边,其上的感应电动势方向始终是垂直纸面向里的,对应于电源的负极。因此,电刷 A 上的电流方向始终是流出,电刷 B 上的电流方向始终是流入,产生的电流的方向保持不变。

前面的讨论得出了发电机电刷上输出的电动势(电流)极性不变的结论,电动势(电流)的大小是否随时间变化还需进一步分析。根据法拉第电磁感应定律,导体切割磁通产生的电动势为

$$e_i = B_x l v \tag{2-1}$$

式中,B_x 为导体所处位置的气隙磁感应强度;l 为导体有效长度(即电枢铁心的长度);v 为导体切割磁力线的线速度(即电枢圆周速度)。对于已制成的电机,l 为定值,若电枢转速 n 恒

定，则 v 也是常值，即 $e_i \propto B_x$。因此，导体切割磁力线产生的感应电动势波形是由气隙磁感应强度 B_x 决定的。当励磁电流流过励磁绕组时，磁力线从 N 极出来，经过转子及两层气隙进入 S 极，然后分别从两边的磁轭回到 N 极，形成闭合回路。在直流发电机中，磁极和电枢之间的气隙是不均匀的，在极中心部分最小，在极尖处较大，因此电枢表面各点的磁感应强度也不同：在极中心下面磁感应强度最大，在靠近极尖处逐渐减小，在极靴（磁极头）范围以外则减小得很快，在几何中心线上磁感应强度等于 0。若不考虑电枢表面齿槽的影响，在一个磁极下面，电枢表面各点磁感应强度的分布情况如图 2-2 所示。

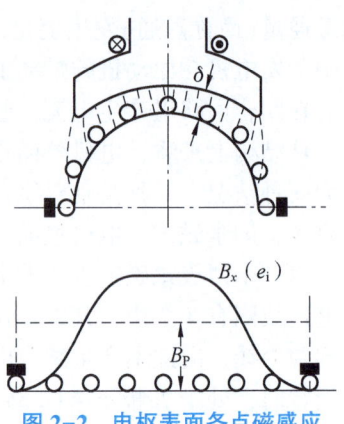

图 2-2 电枢表面各点磁感应强度的分布情况

导体处于不同位置时，产生的电动势大小不同，其随时间变化的规律与 B_x 相同。经换向器换向后，电刷间电动势虽然方向不变，但却有很大的脉动，如图 2-3 所示。显然，这样的电动势不是直流电动势，暂且称其为脉动电动势。

为减小电动势的脉动程度，实际电机中不是只有一个线圈（元件），而是由很多元件组成电枢绕组。这些元件均匀分布在电枢表面，并按一定的规律连接。图 2-4 描绘了电刷 A、B 之间输出电动势 e_{BA} 随时间 t 变化的曲线。图中曲线 1 和 2 表示相邻两个元件的电动势，因为元件空间位置夹角为 90°，所以元件电动势的相位差为 90°。电刷电动势是两个元件电动势曲线的合成，即曲线 3。与图 2-3 相比，此时输出电动势平均值变大，脉冲相对来说变小。可以推论，若电枢表面槽数增多，元件数增多，则电刷间串联的元件数增多，输出电动势的平均值将更大，脉动更小，这样就得到了大小和方向都不变的直流电动势。

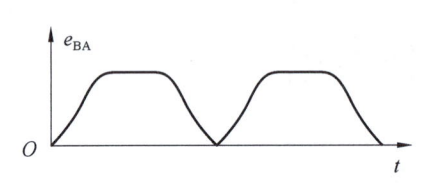

图 2-3 电刷间电动势

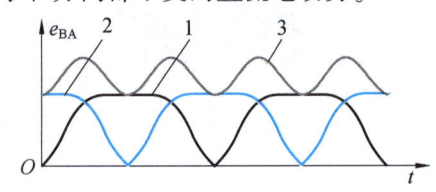

图 2-4 电刷 A、B 之间输出电动势 e_{BA} 随时间 t 变化的曲线

2.1.2 直流测速发电机的结构

直流测速发电机的结构和直流发电机的结构是一样，总体结构可以分成两大部分：定子和转子，定子和转子之间存在气隙。定子由定子铁心、励磁绕组、机壳、端盖和电刷等组成，转子由电枢铁心、电枢绕组、换向器、轴承等组成。直流发电机的基本结构简图如图 2-5 所示。

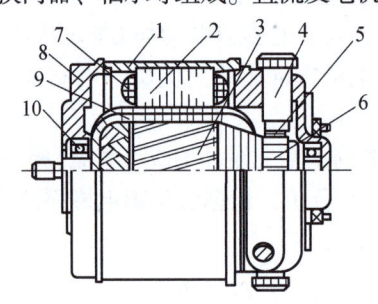

1—机壳；2—定子铁心；3—电枢；4—电刷座；5—电刷；6—换向器；7—励磁绕组；8—端盖；9—气隙；10—轴承。
图 2-5 直流发电机的基本结构简图

直流发电机主要零部件的基本结构如下。

1. 定子铁心和励磁绕组

直流发电机的定子铁心将磁极和磁轭连成一体，一般用硅钢片的冲片叠压而成。为了使主磁通在气隙中的分布更为合理，磁极的极靴较极身更宽（参考图2-2），便于励磁绕组牢固地套在磁极上。

励磁绕组由铜线绕制而成，包上绝缘材料以后套在磁极上。当励磁绕组通以直流电时，就产生磁场，形成N、S极。由于电机中的N极和S极只能成对出现，故极数一定是偶数，并且要以交替极性的方式沿机座内圆均匀排列。

2. 电枢铁心和电枢绕组

电枢铁心是主磁路的组成部分。由于转子在旋转，因此电枢铁心会切割磁力线，为降低电机运行过程中磁场变化导致的涡流损耗，电枢铁心一般用硅钢片的冲片叠压而成，冲片之间要涂绝缘漆，作为片间绝缘。电枢铁心冲片的形状如图2-6所示。

图2-6 电枢铁心冲片的形状

电枢铁心上的槽用来安放绕组，电枢绕组的组成方法：将绝缘铜导线预先制成元件，并嵌在槽内，然后将元件的两个端头按照一定的规律接到换向器上，如图2-7所示。

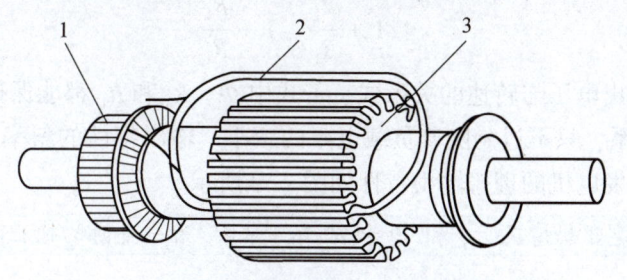

1—换向器；2—电枢绕组；3—电枢铁心。

图2-7 电枢铁心和绕组

3. 换向器和电刷

换向器是由许多换向片（铜片）叠装而成的。换向片之间用塑料或云母绝缘，各换向片和元件相连。常用的换向器有金属套筒式换向器与塑料换向器。电刷放在电刷座中，用弹簧将其压在换向器上，使之和换向器有良好的滑动接触。在直流发电机中，电刷和换向器的作用是将电枢绕组中的交流电动势转换成电刷间的直流电动势。

2.1.3 直流测速发电机的输出特性

根据电机学的知识，当电刷A、B通过换向片与几何中心线上的导体相连接时，电刷A、B把处于一个磁极下元件的电动势串联起来，电刷间的电动势等于正负电刷所连接的

导体的电动势之和，即

$$E_a = C_e \Phi n \tag{2-2}$$

式中，C_e 为一个常数，其值由电机本身的结构参数决定；E_a 的单位为 V；Φ 为每极总磁通，单位为 Wb；n 为电机转速，单位为 r/min。

当每极总磁通 Φ 一定时，有

$$E_a = K_e n \tag{2-3}$$

式中，K_e 称为电动势系数。

因此，$E_a \propto n$，即输出电动势与转速成正比。

如图 2-8 所示，直流测速发电机电刷两端接上负载电阻 R_L 后，R_L 两端的电压才是输出电压。负载时，直流测速发电机的输出电压等于感应电动势减去其内阻压降，即

$$U_a = E_a - I_a R_a \tag{2-4}$$

上式称为直流发电机电压平衡方程式。式中，R_a 为电枢回路的总电阻，包括电枢绕组的电阻、电刷和换向器之间的接触电阻；I_a 为电枢总电流，且有

$$I_a = \frac{U_a}{R_L} \tag{2-5}$$

可以推导出

$$U_a = E_a - \frac{U_a}{R_L} R_a \tag{2-6}$$

整理后，可得

$$U_a = \frac{E_a}{1 + \frac{R_a}{R_L}} = \frac{C_e \Phi}{1 + \frac{R_a}{R_L}} n \tag{2-7}$$

上式为有负载时输出电压与转速的关系式。若式中 Φ、R_a 和 R_L 都能保持为常数，则 U_a 与 n 之间仍为线性关系，只不过是随着负载电阻的减小，输出特性的斜率变小而已。不同负载电阻时直流测速发电机的理想输出特性如图 2-9 所示。

> 注意：该图是理想情况下，即 Φ 和 R_a 不变，R_L 为一定时的输出特性。

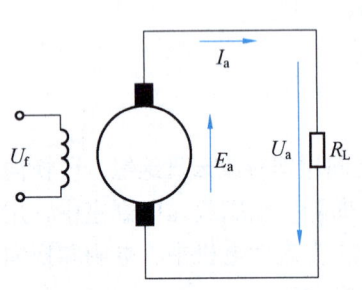

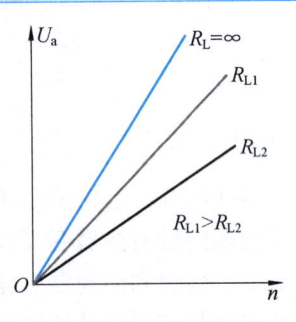

图 2-8 直流测速发电机电刷两端接负载　　图 2-9 不同负载电阻时直流测速发电机的理想输出特性

自动控制系统对其元件的要求，主要是精确度高、灵敏度高、可靠性好等。据此，直流测速发电机在电气性能方面应满足以下几项要求：

(1) 输出电压与转速的关系曲线(即输出特性)应为线性曲线；

(2)输出特性的斜率要大;

(3)温度变化对输出特性的影响要小;

(4)输出电压的纹波要小,即要求在一定的转速下输出电压要稳定,波动要小;

(5)正、反转两个方向的输出特性要一致。

其中,第(2)项要求是为了提高直流测速发电机的灵敏度。因为输出特性斜率更大,所以直流测速发电机的输出电压对转速的变化更灵敏。第(1)(3)(4)(5)项要求是为了提高直流测速发电机的精度。因为只有输出电压与转速为线性关系,并且正、反转时特性一致,温度变化对特性的影响越小,输出电压越稳定,输出电压才能精确地反映转速,更有利于提高整个系统的精度。

实际上,直流测速发电机的输出特性 $U_a = f(n)$ 不是严格地为线性特性,实际特性与要求的线性特性间存在误差。下一小节将分析引起误差的原因和减小误差的方法。

2.1.4 直流测速发电机的误差及其减小方法

1. 温度影响

$U_a = f(n)$ 为线性关系的条件之一是励磁磁通 Φ 为常数。实际上,直流测速发电机周围环境温度的变化以及本身发热(由各种损耗引起)都会引起绕组电阻的变化。当温度升高时,励磁绕组电阻增大,励磁电流减小,磁通也随之减小,输出电压就降低;反之,当温度下降时,输出电压便升高。

为了减小温度变化对输出特性的影响,直流测速发电机的磁路通常被设计得比较饱和,因为磁路饱和后,励磁电流变化所引起的磁通的变化较小。但是,由于绕组电阻随温度变化而变化的数值相当可观,励磁绕组发热对输出电压的影响较为显著。因此,如果要使输出特性更稳定,就必须采取措施以减弱温度的影响。例如,在励磁回路中串联一个阻值比励磁绕组电阻大几倍的附加电阻(丝)来稳流;附加电阻(丝)可以用温度系数较低的合金材料制成,如锰镍铜合金或镍铜合金。尽管温度升高将引起励磁绕组电阻增大,但整个励磁回路的总电阻增加不多。

对于对温度变化所引起的误差要求比较严格的场合,可在励磁回路中串联负温度系数的热敏电阻并联网络,如图 2-10 所示。选择并联网络参数的方法:作出励磁绕组电阻随温度变化的曲线(图 2-11 中曲线 1),再作并联网络电阻随温度变化的曲线(图 2-11 中曲线 2);前者温度系数为正,后者温度系数为负。只要使这两条曲线的斜率相等,励磁回路的总电阻就不会随温度而变化(图 2-11 中曲线 3),因而励磁电流及励磁磁通也就不会随温度而变化。

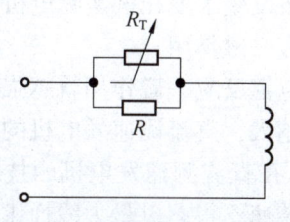

图 2-10 励磁回路中串联负温度系数的热敏电阻并联网络

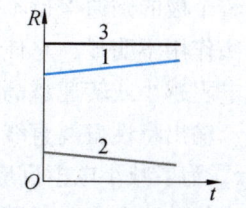

图 2-11 电阻随温度变化的曲线

2. 电枢反应影响

当电动机空载时，只有励磁绕组产生的主磁场；而接负载时，电枢绕组中流过电流也要产生磁场，称为电枢磁场。因此，当负载运行时，电动机中的磁场是主磁场和电枢磁场的合成。图2-12(a)是定子励磁绕组产生的主磁场，图2-12(b)是电枢绕组产生的电枢磁场，图2-12(c)是主磁场和电枢磁场的合成磁场。

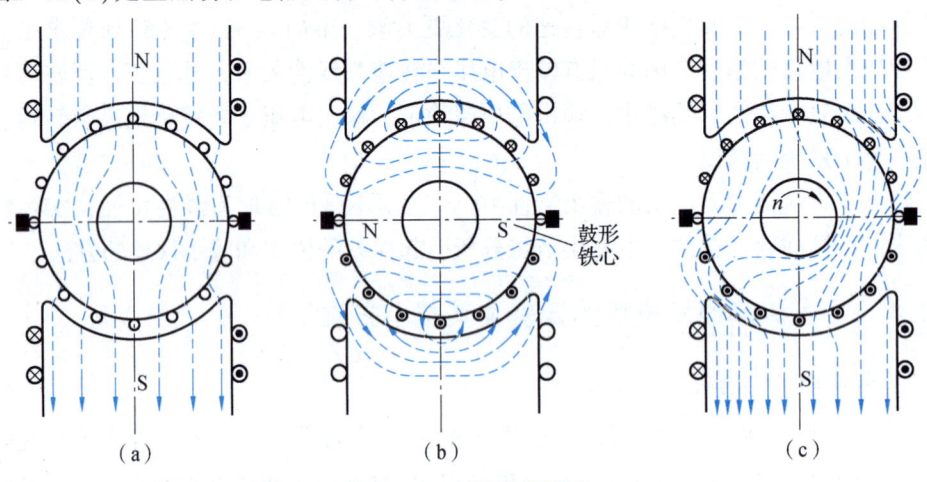

图 2-12 电枢反应影响
(a)主磁场；(b)电枢磁场；(c)合成磁场

因为电枢导体的电流方向总是以电刷为其分界线，即电刷两侧导体中的电流大小相等、方向相反。不论转子转到哪个位置，电枢导体电流在空间的分布情况始终不变。因此，电枢电流所产生的磁场在空间的分布情况也不变，即电枢磁场在空间是固定不动的恒定磁场。其磁力线的分布可以根据右手螺旋定则作出，如图2-12(b)所示。由于电刷位于几何中性线上，因此电枢磁场在电刷轴线两侧是对称的，电刷轴线就是电枢磁场的轴线。由图2-12(b)可以看出，电枢磁场也是一个两极磁场，主磁极轴线的左侧相当于该磁场的N极，右侧相当于S极。另外，在每个主磁极下面，电枢磁场的磁通在半个极下由电枢指向磁极，在另外半个极下则由磁极指向电枢，即半个极下电枢磁通和主磁通同向，另外半个极下电枢磁通和主磁通反向，因此合成磁场的磁感应强度在半个极下是加强了，在另外半个极下是削弱了，如图2-12(c)所示。由于电枢磁场的存在，气隙中的磁场发生畸变，这种现象称为电枢反应。

如果电机的磁路不饱和(即磁路为线性)，磁场的合成就可以应用叠加原理。例如，N极右半个极下的合成磁通等于1/2主磁通与1/2电枢磁通之和，左半个极下的合成磁通等于1/2主磁通与1/2电枢磁通之差。因此，N极左半个极下的削弱和右半个极下的加强相互抵消，整个极的磁通保持不变，仅仅是磁场的分布发生了变化。实际电机内部磁路接近饱和，增磁作用不明显，总体效果为电枢对主磁场有去磁作用。

负载电阻越小或转速越高，电枢电流就越大，电枢反应去磁作用就越强，磁通被削弱得就越多，输出特性偏离直线就越远，线性误差就越大，直流测速发电机的输出特性如图2-13所示。为了减小电枢反应对输出特性的影响，在直流测速发电机的技术条件中给出最大线性工作转速和最小负载电阻值。在使用时，转速不得超过最大线性工作转速，所接负载电阻不得小于最小负载电阻，以保证线性误差在限定的范围内。

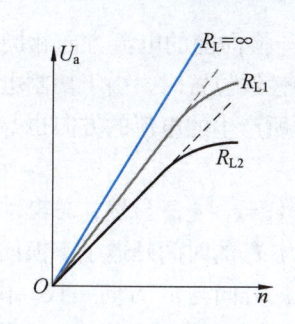

图 2-13　直流测速发电机的输出特性（图中 $R_{L1}>R_{L2}$）

3. 延迟换向去磁

直流测速发电机中，电枢绕组元件的电流方向以电刷为其分界线。当电枢绕组元件从一条支路经过电刷进入另一条支路时，其中电流反向，由 $+i_a$ 变成 $-i_a$。在元件经过电刷而被电刷短路的过程中，在理想换向的情况下，当换向元件的两个有效边处于几何中性线位置时，其电流应该为零。但是，实际电流处于由 $+i_a$ 变到 $-i_a$ 的过渡过程，这个过程称为元件的换向过程。正在进行换向的元件叫换向元件。换向元件从开始换向到换向终了所经历的时间为换向周期。

图 2-14 为元件的换向过程。从图 2-14（a）到图 2-14（c），元件 1 从等值电路的左边支路换接到右边支路，其中电流从一个方向（$+i_a$）变为另一个方向（$-i_a$）；而在图 2-14（b）所示时刻，元件 1 被电刷短路，正处于换向过程，其中电流为 i_k，元件 1 为换向元件。从图 2-14（a）到图 2-14（c）所经历的时间为一个换向周期。

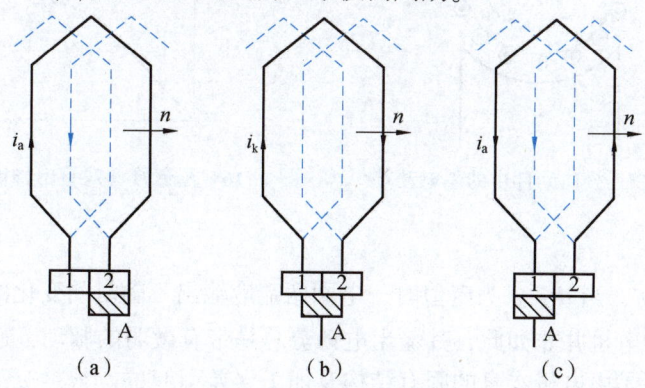

图 2-14　元件的换向过程

在理想换向情况下，当换向元件的两个有效边处于几何中性线位置时，其电流应该为零。但实际上在直流测速发电机中并非如此。虽然此时元件中切割主磁场的磁力线产生的感应电动势为零，但仍然有自感电动势存在，使电流过零时刻延迟，出现所谓的延迟换向。分析：由于元件本身有自感，因此在换向过程中当电流变化时，换向元件中要产生自感电动势，即

$$e_L = -L\frac{di}{dt} \tag{2-8}$$

式中，L 为换向元件的自感系数；i 为换向元件的电流。

根据楞次定律，e_L 将力图阻止换向元件中的电流改变方向，即力图维持换向元件换向

前的电流方向，因此 e_L 的方向应与换向前的电流方向相同，是阻碍换向的。

同时，换向元件在经过几何中性线位置时，由于切割电枢磁场的磁力线而产生切割电动势 e_a，根据右手定则可以确定，e_a 所产生的电流的方向也与换向前的电流方向相同，也是阻碍换向的。

因此，换向元件中有总电动势 $e_k=e_L+e_a$。显然，总电动势 e_k 的阻碍作用会使换向过程延迟，即换向元件中的电流由 $+i_a$ 变为 $-i_a$ 的时间延迟了。换向元件被电刷短路，于是总电动势 e_k 在换向元件中产生附加电流 i_k，i_k 方向与 e_k 方向一致。由 i_k 产生磁通 Φ_k，其方向与主磁通方向相反，如图 2-15 所示，对主磁通有去磁作用。这样的去磁作用叫延迟换向去磁。

若不考虑磁通变化，则直流测速发电机的电动势与转速成正比，当负载电阻一定时，电枢电流及绕组元件电流也与转速成正比；另外，换向周期与转速成反比，转速越高，换向周期越短；e_L 正比于单位时间内换向元件电流的变化量。基于上述分析，e_L 必正比于转速的平方，即 $e_L \propto n^2$。同样，可以证明 $e_a \propto n^2$。因此，换向元件的附加电流及延迟换向去磁磁通与 n^2 成正比，使输出特性呈现图 2-16 所示的形状。因此，直流测速发电机的转速上限要受到延迟换向去磁作用的限制。为了改善线性度，对于小容量的直流测速发电机，一般采取限制转速的措施来削弱延迟换向去磁作用，即规定了最高工作转速。

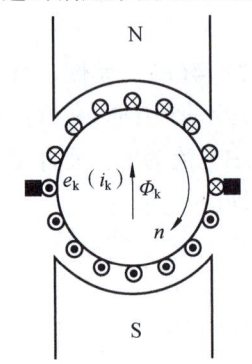

图 2-15　换向元件中的总电动势 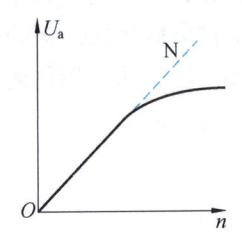　　图 2-16　延迟换向对输出特性的影响

4. 纹波

根据 $E_a=C_e\Phi n$，当 Φ、n 为定值时，电刷两端应输出不随时间变化的稳定的直流电动势。然而，实际的电机并非如此，其输出电动势总是带有微弱的脉动，通常把这种脉动称为纹波。纹波主要是由电机本身的固有结构及加工误差引起的。根据 2.1.1 节内容，由于电枢槽数及电枢元件数有限，在输出电动势中将引起脉动。当然，增加每条支路中的串联元件数可以减小纹波。但是受工艺所限，电枢槽数、电枢元件数不可能无限增加，因此产生纹波是不可避免的。同时，由于电枢铁心有齿有槽，以及电枢铁心的椭圆度、偏心等，也会使输出电动势中纹波幅值上升。

纹波电压的存在对直流测速发电机用于阻尼或速度控制都很不利，实际的直流测速发电机在结构和设计上都采取了一定的措施来减小纹波幅值。例如，无槽、闭口槽电枢直流测速发电机可以大大减小因齿槽效应而引起的输出电压纹波幅值。

5. 电刷接触压降

$U_a=f(n)$ 为线性关系的另一个条件是电枢回路总电阻 R_a 为恒值。实际上，R_a 中包含的电刷与换向器的接触电阻不是一个常数。为了考虑此种情况对输出特性的影响，把电压

方程式 $U_a=E_a-I_aR_a$ 改写为 $U_a=E_a-I_aR_W-\Delta U_b$。其中，$R_W$ 为电枢绕组电阻；ΔU_b 为电刷接触压降。这样，可以得出

$$U_a = \frac{C_e\Phi n - \Delta U_b}{1 + \dfrac{R_W}{R_L}} \tag{2-9}$$

电刷接触压降与下述因素有密切关系：电刷和换向器的材料；电刷的电流密度；电流的方向；电刷单位面积上的压力；接触表面的温度；换向器圆周线速度；换向器表面的化学状态和机械方面的因素；等等。

随着转速的增加，电枢电流增大，电刷电流密度增加。当转速较低时，电刷电流密度较小，随着电枢电流密度的增加，ΔU_b 也相应地增大，输出特性不再满足线性关系。当转速继续升高，电枢电流密度达到一定数值后，ΔU_b 几乎为一个常数。考虑电刷接触压降后直流测速发电机的输出特性如图 2-17 所示。

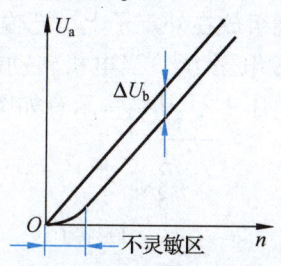

图 2-17　考虑电刷接触压降后直流测速发电机的输出特性

可以看出，在转速较低时，输出特性上有一段斜率显著下降的区域。此区域内，直流测速发电机虽有输入信号（转速），但输出电压很小，对转速的反应很不灵敏，因此该区域叫不灵敏区。

为了减小电刷接触压降的影响，缩小不灵敏区，在直流测速发电机中，常常采用接触压降较小的银–石墨电刷。在高精度的直流测速发电机中还采用铜电刷，并在它与换向器接触的表面上镀上银层，使换向器不易磨损。

同时，电刷和换向器的接触情况还与化学、机械等因素有关，它们引起电刷与换向器滑动接触的不稳定，致使电枢电流含有高频尖脉冲。为了减少这种无线电频率的噪声对邻近设备和通信电缆的干扰，常常在直流测速发电机的输出端连接滤波电路。

2.2　交流异步测速发电机

2.2.1　交流异步测速发电机的结构

交流测速发电机与直流测速发电机一样，是一种测量转速或传递转速信号的元件，可以将转速信号变为电压信号。理想的交流测速发电机的输出电压 U_2 与它的转速 n 成线性关系，其数学表达式为

$$U_2 = kn \tag{2-10}$$

式中，k 为比例系数。

交流测速发电机可分为交流同步测速发电机和交流异步测速发电机两大类。交流同步测速发电机又分为永磁式、感应子式和脉冲式 3 种。由于交流同步测速发电机感应电动势

的频率随转速变化,致使负载阻抗和发电机本身的阻抗均随转速而变化,因此在自动控制系统中较少采用。

交流异步测速发电机的结构与交流异步伺服电机的结构类似。其转子可以做成杯形的,也可以做成鼠笼式的。鼠笼式转子交流异步测速发电机输出特性斜率大,但误差大、转子的转动惯量大,一般只用在精度要求不高的系统中。杯形转子交流异步测速发电机的精度较高,转子的转动惯量也较小,是目前应用最广泛的一种交流测速发电机。因此,本节重点介绍这种结构的交流测速发电机。

杯形转子交流异步测速发电机通常有内、外两个定子,其中一个定子上嵌有空间互差90°电角度的两相绕组,绕组 N_1 为励磁绕组,绕组 N_2 为输出绕组。另一个定子中不放绕组,仅作为磁路的一部分,以减小主磁通磁路的磁阻。杯形转子交流异步测速发电机的转子是一个薄壁非磁性杯,通常用高电阻率的硅锰青铜或锡锌青铜制成,放在内、外定子铁心之间,并固定在转轴上。在机座号较小的电机中,一般把两相绕组都放在内定子上;在机座号较大的电机中,常把励磁绕组放在外定子上,把输出绕组放在内定子上。这样,如果在励磁绕组两端加上恒定的励磁电压 U_1,当电机转动时,就可以从输出绕组两端得到一个其值与转速 n 成正比的输出电压 U_2,其结构示意如图 2-18 所示。

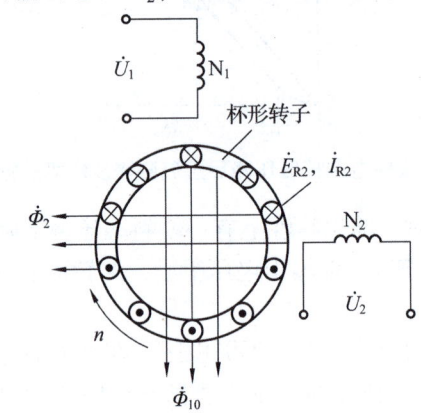

图 2-18 杯形转子交流异步测速发电机的结构示意

2.2.2 杯形转子交流异步测速发电机的工作原理

单相绕组通过单相交流电流,在发电机内部就会产生一个脉振磁场,这是一般交流发电机的共性问题。这里结合杯形转子交流异步测速发电机的励磁磁场进行分析和讨论。

定子励磁绕组接通频率为 f_1 的交流电压 U_1 后,在励磁绕组中就会有电流通过,并在内外定子间的气隙中产生频率与电源频率 f_1 相同的脉振磁场。脉振磁场的特点:

(1) 其振幅位置固定在励磁绕组轴线上;
(2) 振幅随时间交变;
(3) 其(基波)波形在空间作余弦(或正弦)分布。

因此,定子励磁绕组产生脉振磁场的轴线与励磁绕组 N_1 的轴线一致,这个脉振磁场随时间进行交变,对应的磁通为 Φ_{10},励磁绕组和杯形转子导条处于这个交变的磁场里,如图 2-18 所示。这时,励磁绕组 N_1 与杯形转子导条之间的情况和变压器一次侧与二次侧之间的情况完全一样。

杯形转子可以看作鼠笼条数目非常多的、条与条之间彼此紧靠在一起的鼠笼转子,杯形转子的两端也可看作由短路环相连接。

当转子不动,即 $n=0$ 时,若忽略励磁绕组 N_1 的电阻 R_1 及漏抗 X_1,则可由变压器的电压平衡方程式看出,电源电压 U_1 与励磁绕组中的感应电动势 E_1 相平衡,电源电压的值近似等于感应电动势的值,即

$$U_1 \approx E_1 \tag{2-11}$$

由于感应电动势 $E_1 \propto \Phi_{10}$,故

$$\Phi_{10} \propto U_1 \tag{2-12}$$

因此,当电源电压一定时,磁通 Φ_{10} 也保持不变。

图 2-18 中画出了某一瞬间磁通 Φ_{10} 的极性。由于励磁绕组与输出绕组相互垂直,因此磁通 Φ_{10} 与输出绕组 N_2 的轴线也相互垂直。这样,磁通 Φ_{10} 就不会在输出绕组 N_2 中感应出电动势,因此,转速 $n=0$ 时,输出绕组 N_2 也就没有电压输出。

当转子以转速 n 转动时,若仍忽略 R_1 及 X_1,则沿着励磁绕组轴线脉振的磁通不变,仍为 Φ_{10}。由于转子的转动,杯形转子导条就要切割磁通 Φ_{10} 而产生切割电动势 E_{R2}(或称为旋转电动势),同时也就产生电流 I_{R2}。假设励磁绕组中通入的是直流电,所产生的磁场是恒定不变的,气隙磁感应强度 B_δ 可近似看作正弦分布。这相当于直流测速发电机的情况,因此每个极下杯形转子导条切割电动势的平均值可表示为

$$E_{R2} = B_p l v \tag{2-13}$$

式中,B_p 为磁感应强度的平均值;l 为定、转子铁心长度;v 为转子导条切割磁力线的速度。

由于每极磁通 $\Phi_{10} = B_p l \tau$ 及 $v = \pi D n / 60$(其中,τ 为极距;D 为定子内径;l 为定、转子铁心长度),因此导体电动势

$$E_{R2} \propto \Phi_{10} n \tag{2-14}$$

由于杯形转子导体电阻 R_R 比漏抗 X_R 大得多,因此当忽略漏抗的影响时,杯形转子导体中电流为

$$I_{R2} = \frac{E_{R2}}{R_R} \tag{2-15}$$

但是,由于在交流测速发电机的励磁绕组中通入的不是直流电,而是交流电,产生的是一个脉振磁场,故气隙磁感应强度 B_δ 及磁通 Φ_{10} 不像直流测速发电机那样恒定,而是随时间交变的,其交变的频率为电源的频率 f_1。因而,转子导条切割磁通 Φ_{10} 产生的切割电动势 E_{R2} 及电流 I_{R2} 也都是交变的,交变频率也是 f_1。对于图 2-18,根据 Φ_{10} 的极性和转速 n 的方向,以及右手定则,就可画出该瞬时导条切割电动势和电流的方向。图中杯形转子上半圆导条中的电流方向是流入纸面,下半圆导条中的电流方向是从纸面流出。

与此同时,流过转子导条中的电流 I_{R2} 又要产生磁通 Φ_2,Φ_2 的值与电流 I_{R2} 成正比,即

$$\Phi_2 \propto I_{R2} \tag{2-16}$$

由此可推导出

$$\Phi_2 \propto \Phi_{10} n \tag{2-17}$$

因此,Φ_2 的值是与转速 n 成正比的,且也是交变的,其交变频率与转子导条中的电流频率 f_1 一样。不管转速如何,由于杯形转子上半圆导条的电流方向与下半圆导条的电流方向总相反,而转子导条沿着圆周又是均匀分布的,因此,转子切割电流 I_{R2} 产生的磁通 Φ_2 在空间的方向总与磁通 Φ_{10} 垂直,从而与输出绕组 N_2 的轴线方向一致。它的瞬时极性可按右手螺旋定则由转子电流的瞬时方向确定,如图 2-18 所示。这样当磁通 Φ_2 交变时,

就要在输出绕组 N_2 中感应出电动势，这个电动势就产生交流异步测速发电机的输出电压 U_2，它的值正比于 Φ_2，即

$$U_2 \propto \Phi_2 \tag{2-18}$$

可推得

$$U_2 \propto \Phi_{10} n \tag{2-19}$$

$$U_2 \propto U_1 n \tag{2-20}$$

这就是说，当励磁绕组加上电源电压 U_1，转子以转速 n 旋转时，交流异步测速发电机的输出绕组将产生输出电压 U_2，其值与转速 n 成正比。当转向相反时，由于转子中的切割电动势、电流及其产生的磁通的相位都与原来相反，因而输出电压 U_2 的相位也与原来相反。这样，交流异步测速发电机就可以很好地将转速信号变成为电压信号，达到测速的目的。

由于磁通 Φ_2 是以频率 f_1 交变的，因此输出电压 U_2 也是交变的，其频率等于电源频率 f_1，与转速无关。

上面所谈的是一台理想交流异步测速发电机的情况。实际的交流异步测速发电机的性能并没有这么理想，许多因素都会使其产生各种误差。

2.2.3 交流异步测速发电机的主要技术指标

1. 输出特性和线性误差

交流异步测速发电机输出电压与转速间的关系 $U_2 = f(n^*)$ 称为输出特性。理想情况下，交流异步测速发电机输出电压应正比于其转速，或者说输出特性应是直线，即

$$U_2 = Kn^* \tag{2-21}$$

式中，n^* 为实际转速的标幺值；K 为比例系数。

而实际的交流异步测速发电机输出电压与转速间并不是严格的线性关系，而是非线性的，如图 2-19 中曲线 2。为了方便衡量实际输出特性的线性度，一般把实际输出特性上对应于 $n^* = \frac{\sqrt{3}}{2} n^*_{\max}$（$n^*_{\max}$ 为最大转速）的一点与坐标原点的连线作为线性输出特性，如图 2-19 中直线 1。直线与曲线之间的差异就是误差，这种误差通常用线性误差（又称为幅值相对误差）δ_X 来量度，即

$$\delta_X = \frac{\Delta U_{\max}}{U_{2L T\max}} \times 100\% \tag{2-22}$$

式中，$\Delta U_{\max}$ 为实际输出电压与线性输出电压的最大差值；$U_{2LT\max}$ 为对应于最大转速 $n^*_{\max}$ 的线性输出电压。

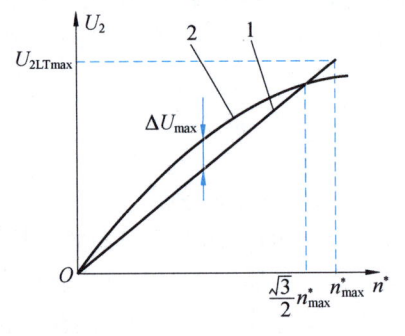

1—线性输出特性；2—实际输出特性。

图 2-19 输出特性及线性误差

交流异步测速发电机在自动控制系统中的用途不同,对线性误差的要求也就不同。一般作为阻尼元件时允许线性误差大一些,为百分之几到千分之几;而作为解算元件时,线性误差必须很小,为千分之几到万分之几。目前,高精度的交流异步测速发电机线性误差可小到 0.05% 左右。

交流异步测速发电机输出电压与转速成线性关系是以磁通 Φ_{10} 不变为前提的,实际励磁绕组存在电阻及漏抗,励磁绕组中的电流随着杯形转子电流的变化而变化(类似变压器中一次侧(又称为原边)电流随二次侧(又称为副边)电流的变化而变化),而杯形转子电流是随着转速而变化的,因而励磁绕组轴线方向上的脉振磁通就不是恒定不变的 Φ_{10},而是与转速有关,这样就破坏了输出电压与转速的线性关系,造成了线性误差。

为了把线性误差限制在一定的范围内,在测速发电机的技术条件中规定了最大线性工作转速 n_{max},它表示当电机在转速 $n<n_{max}$ 的情况下工作时,其线性误差不超过标准规定的范围。为了减小线性误差,应尽可能减小励磁绕组的漏抗,并且采用由高电阻率材料制成的非磁杯形转子,这样就可略去转子漏抗的影响,并使引起励磁电流变化的转子磁通削弱。当然,转子电阻值选得过大,又会使交流异步测速发电机输出电压降低,灵敏度随之减小。

2. 相位误差

一般来讲,自动控制系统希望交流异步测速发电机的输出电压与励磁电压同相位,但实际的应用中输出电压与励磁电压的相位却是有一定的相位差的。相位误差就是在一定的转速范围内,输出电压与励磁电压之间的相位差值 $\Delta\varphi$,相应特性如图 2-20 所示。

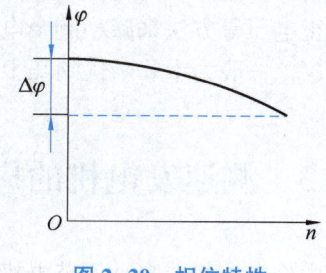

图 2-20 相位特性

交流异步测速发电机相位误差主要通过在励磁绕组上串联一定的电容来进行补偿。此外,在交流异步测速发电机带上一定的负载后,对其输出的幅值与相位还会有一定的影响,而且转速也不能超过一定的限度,否则输出的线性度也会受到一定的影响,一般要求相位误差不超过 1°。

3. 剩余电压

理论上交流异步测速发电机的转速为零时,输出电压也为零。但实际上交流异步测速发电机转速为零时,输出电压并不为零。这种在规定的交流电源励磁下,交流异步测速发电机的转速为零时,输出绕组所产生的电压,称为剩余电压。剩余电压又称为零速电压。

剩余电压可分为固定分量 U_{s0} 和交变分量 U_{sj} 两部分,固定分量与转子位置无关,交变分量与转子位置有关,当转子位置变化时(以转角 α 表示),其值作周期性的变化,如图 2-21 所示。

产生固定分量的原因主要是两相绕组不正交、磁路不对称、绕组匝间短路、绕组端部电磁耦合、铁心片间短路等。图 2-22 表示由于外定子加工不理想,内孔形成椭圆形而产生剩余电压的情况。此时由于气隙不均(即磁路不对称),而磁通又具有力图走磁阻最小路径的性质,因此当励磁绕组加上电压后,它所产生的交变磁通 Φ_1 的方向就不与励磁绕组轴线方向一致,而扭斜了一个角度。这样,磁通 Φ_1 就与输出绕组相耦合,因而即使转速为零,输出绕组也有感应电动势出现,这就产生了剩余电压的固定分量。

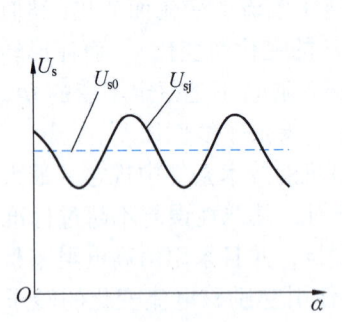

图 2-21 剩余电压的固定分量和交变分量 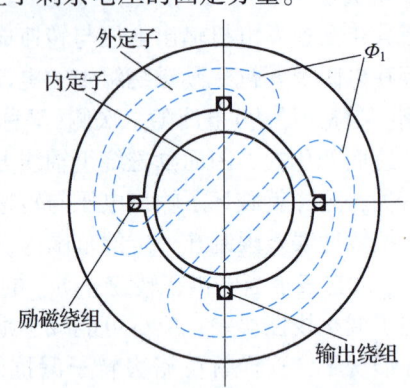　　图 2-22 外定子内孔椭圆引起的剩余电压

交变分量是由转子形状不规则及材料各向异性等原因所引起的,其大小与转子位置有关,随转子位置作周期性变化。

另外,由于励磁电源电压波形为非正弦、导磁材料的磁导率不均匀、电机磁路饱和等,在剩余电压中还会出现高于电源频率的高次谐波分量。

可以通过改进电机的制造材料及工艺、采用四极电机结构来减小转子和磁路的非对称性、利用外接补偿装置产生的校正电压等方法来减小剩余电压。目前,交流异步测速发电机的剩余电压可以做到小于 10 mV,一般为十几毫伏到几十毫伏。

2.3　测速发电机的应用

测速发电机在自动控制系统中作为测量或自动调节电机转速之用;在随动系统中用来产生电压信号以提高系统的稳定性和精度;在计算解答装置中作为微分和积分元件。测速发电机还可以测量各种机械在有限范围内的摆动或非常缓慢的转速,并可代替测速计直接测量转速。

测速发电机有交流、直流两大类。直流测速机有电刷、换向器接触装置,使其可靠性变差,精度也受到影响。与直流测速发电机比较,交流异步测速发电机的主要优点如下:

(1) 不需要电刷和换向器,构造简单,维护容易,运行可靠;
(2) 无滑动接触,输出特性稳定,精度高;
(3) 摩擦力矩小,转动惯量小;
(4) 不产生干扰无线电的火花;
(5) 正、反转输出电压对称。

交流异步测速发电机的主要缺点如下:
(1) 存在相位误差和剩余电压;
(2) 输出特性斜率小;
(3) 输出特性随负载性质(电阻、电感、电容)而有所不同。

具体应用时，应根据系统的频率、电压、工作转速的范围和具体用途来选择测速发电机的规格。用作解算元件时应着重考虑精度要高，输出电压稳定性要好；用于一般转速检测或作阻尼元件时，应着重考虑输出特性斜率要大，而不宜既要精度高，又要输出特性斜率大。当使用直流或交流测速发电机都能满足系统要求时，则需考虑到它们的优缺点，全面权衡，合理选用。

下面举例说明测速发电机在两个方面的用途。

1. 位置伺服控制系统的速度阻尼及校正

如图 2-23 所示，在伺服电机的轴上耦合一台测速发电机，测速发电机在系统中用于位置的微分反馈的校正，起速度阻尼作用。自整角机发送机和自整角机变压器（接收机）作为系统的敏感元件，当自整角机发送机和自整角机变压器的角度相等时，系统不工作；当自整角机发送机根据系统需要转动一个角度时，自整角机发送机和自整角机变压器之间存在一个转角差 γ，根据自整角机的工作原理，自整角机变压器就有和转角差 γ 成正比的电压 U_0 输出，用以驱动伺服电机，进而驱动负载。

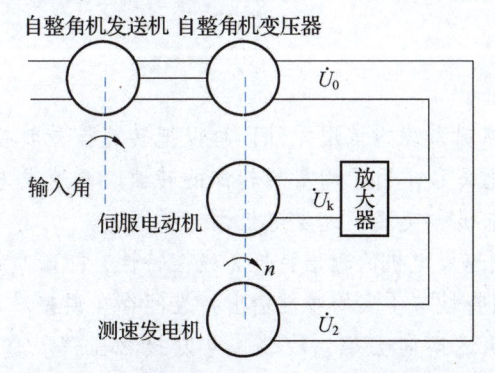

图 2-23 位置伺服控制系统的速度阻尼及校正

假定暂不接测速发电机，由于伺服电动机和自整角机变压器同轴，自整角机变压器将随着伺服电动机的转动而转动，转动方向和自整角机发送机方向一致，即沿着 γ 减小的方向转动。随着 γ 的减小，U_0 减小，伺服电动机转速降低。当 $\gamma=0$ 时，系统达到一个新的平衡状态，理论上期望此时伺服电动机停转，但是由于伺服电动机及负载具有转动惯量，电动机在 $\gamma=0$ 的位置时其转速并不为零，而继续沿原方向转动，使 $\gamma<0$，误差信号电压极性变反。在此电压的作用下，伺服电动机由正转变为反转，系统偏离平衡位置。同样，由于伺服电动机及其负载的惯性，反转又冲过了头，这样系统就会产生振荡。

若接上测速发电机，测速发电机输出一个与转速成正比的电压 U_2，并负反馈到放大器的输入端，因此放大器的输入电压为 U_0-U_2，则当 $\gamma=0$ 时，$U_0=0$，此时加在伺服电动机上的电压极性相反，此电压使伺服电动机产生反接制动，因而电动机就很快地停留在 $\gamma=0$ 的位置。可见，系统中加入了测速发电机，使得由伺服电动机及其负载惯量所造成的振荡得到了阻尼，从而改善了系统的动态性能。

2. 恒速控制系统

图 2-24 为恒速控制系统的原理，负载是一个旋转机械。当伺服电动机的负载阻转矩变化时，伺服电动机的转速也随之改变。为了使旋转机械在给定电压不变时保持恒速，在伺服电动机的输出轴上耦合一测速发电机，并将其输出电压与给定电压相减后加入放大

器，经放大后供给伺服电动机。若负载阻转矩由于某种偶然的因素减小，则伺服电动机的转速上升，此时测速发电机的输出电压增大，给定电压与输出电压的差值变小，经放大后加到伺服电动机的电压减小，伺服电动机减速；反之，若负载阻转矩偶然变大，则伺服电动机转速下降，测速发电机输出电压减小，给定电压和输出电压的差值变大，经放大后加给伺服电动机的电压变大，伺服电动机加速。这样，尽管负载阻转矩发生扰动，但由于该系统的调节作用，旋转机械的转速变化很小，近似于恒速。给定电压取自恒压电源，改变给定电压便能达到所希望的转速。

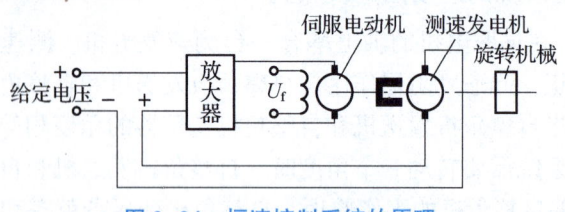

图 2-24 恒速控制系统的原理

本章小结

测速发电机是自动控制系统的常用元件，可以把转速信号转换成电压信号输出，输出电压与输入的转速成正比关系，用于测量旋转体的转速。测速发电机按输出信号的形式不同，可分为直流测速发电机和交流测速发电机两大类。

理想情况下，直流测速发电机的输出特性为线性特性，随着负载电阻的减小，输出特性的斜率变小。实际的输出特性与要求的线性输出特性间存在误差。引起误差的原因包括温度影响、电枢反应影响、延迟换向去磁、纹波、电刷接触压降。需要采取相应的措施减小误差。

交流异步测速发电机的转子可以做成非磁杯形的，也可以做成鼠笼式的。非磁杯形转子异步测速发电机的精度较高，转子的转动惯量也较小，是目前应用最广泛的一种交流测速发电机。实际的交流异步测速发电机输出电压与转速间并不是严格的线性关系，而是非线性的。实际励磁绕组存在电阻及漏抗，励磁绕组轴线方向上脉振的磁通不是恒定不变的，而是与转速有关，这样就破坏了输出电压与转速的线性关系，造成了线性误差。另外，交流异步测速发电机还存在相位误差和剩余电压，需要采取相应的措施进行抑制。

直流测速发电机和交流测速发电机各有优缺点，在选用测速发电机时，需全面权衡，合理选用。

思考题与习题

2-1 直流测速发电机的输出特性，在什么条件下是线性特性？产生误差的原因和改进的方法是什么？

2-2 一台直流测速发电机，已知电枢回路总电阻 $R_a = 250\ \Omega$，电枢转速 $n = 2\,000$ r/min，负载电阻 $R_L = 2\,500\ \Omega$，负载时的输出电压 $U_a = 100$ V，则电动势系数 $K_e = $ _____，斜率 $C = $ _____，输出电流 $I_a = $ _____。

2-3 对比交流异步测速发电机，直流测速发电机有何优缺点？

2-4　测速发电机用作解算元件和阻尼元件时，对性能要求的侧重点有什么不同？

2-5　为什么交流异步测速发电机的转子常用非磁杯形结构，而不用鼠笼式结构？

2-6　交流测速发电机的转子不动时，为何没有电压输出？转动时，为何输出电压值与转速成正比？

2-7　什么是交流测速发电机的线性误差、相位误差和剩余电压？

2-8　请说明剩余电压各种分量的含义及它们产生的原因和对系统的影响。

第 3 章 伺服电动机

> **教学目的与要求**
>
> 理解直流伺服电动机的工作原理和结构特点；掌握直流伺服电动机的机械特性、调速方法、调节特性；掌握直流力矩电动机的结构特点；理解交流异步伺服电动机的结构和工作原理；对比分析圆形旋转磁场和椭圆形旋转磁场中交流异步伺服电动机的运行特性。能够比较交直流伺服电动机的特点，并根据自动控制系统的需求，选择满足要求的伺服电动机。

> **学习重点**
>
> 直流伺服电动机的机械特性、调节特性；圆形旋转磁场作用下交流异步伺服电动机的运行特性分析；椭圆形旋转磁场及其分析方法；幅值控制下交流异步伺服电动机的运行特性分析。

> **学习难点**
>
> 分析直流力矩电动机大转矩、低转速的原因；交流异步伺服电动机零信号时的机械特性和无自转现象。

3.1 直流伺服电动机

伺服系统专指被控制量是机械位移或位移速度、加速度的反馈控制系统，其作用是实现精确地跟随或复现某个过程。伺服系统按照使用电源的性质不同，可分为直流伺服系统和交流伺服系统两大类。直流伺服系统采用直流电动机，交流伺服系统通常采用两相交流异步电动机。伺服电动机将输入的电压信号转化成机械的角位移或角速度输出，在伺服系统中，通常作为执行元件。本节首先介绍直流伺服电动机的结构和工作原理、稳态特性、控制方法、应用，以及特种直流伺服电动机，交流异步伺服电动机的相关内容将在下一节中介绍。

3.1.1 直流伺服电动机的结构和工作原理

直流伺服电动机是指使用直流电源驱动的伺服电动机，实质上就是一台他励式直流电动机。按励磁方式的不同，直流伺服电动机可以分为永磁式和电磁式两种。永磁式直流伺服电动机的定子上采用永磁体进行励磁，电磁式直流伺服电动机的定子上采用励磁绕组通励磁电流进行励磁。

直流伺服电动机的基本结构和直流测速发电动机相同，所不同的是直流伺服电动机的输入为电压信号，输出为转速信号。永磁式直流伺服电动机的结构示意如图 3-1 所示。图中，永磁体 N 极与 S 极位于电动机的定子上，电动机的转子用旋转的线圈 *abcd* 示意(实际转子上的电枢线圈嵌放在转子铁心的槽中)，定子与转子之间的间隙称为气隙。线圈首末端分别与弧形的换向片相连，换向片与转子一起旋转。图中的矩形片 A 和 B 为固定不动的电刷(实际电动机中多为瓦形体，弧度与换向片一致)，将线圈与外电路连通，电流经由电刷 A 流入线圈，从电刷 B 流出。

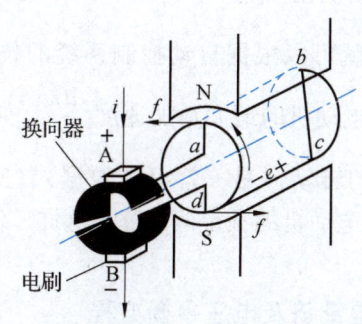

图 3-1 永磁式直流伺服电动机的结构示意

线圈 *abcd* 处于永磁体产生的磁场中，根据右手定则，可以判断出有效切割磁场的 *ab* 边和 *cd* 边受到的力效果一致，使线圈沿逆时针方向旋转。由于电刷与磁极都保持固定，即电刷 A 只与处于 N 极上的导体相接触，以图 3-1 为例，处于 N 极下的导体电流方向始终向里，受力方向始终向左；同理，处于 S 极上的导体受力方向始终向右。因此，电动机持续沿逆时针方向旋转，在自动控制系统中达到伺服的目的。

1. 直流伺服电动机的电磁转矩及转矩平衡方程

电枢绕组中有电枢电流流过时，在磁场内受电磁力的作用，该力与电枢铁心半径之积称为电磁转矩，为驱动性质，方向与转速方向相同，电磁转矩为

$$T_{em} = \frac{pN}{2\pi a}\Phi I_a = C_T \Phi I_a \tag{3-1}$$

式中，$C_T = \frac{pN}{2\pi a}$ 为电动机的转矩系数；p 为极对数；N 为电枢导体总数；a 为并联支路数；Φ 为每极磁通；I_a 为电枢电流。

当电动机匀速稳态运行时，电动机本身的机械摩擦，如轴承的摩擦、电刷和换向器的

摩擦等引起电动机本身的阻转矩 T_0。电动机的输出转矩 T_2 等于电磁转矩 T 减去阻转矩 T_0，也就是负载阻转矩 T_L，即

$$T_2 = T - T_0 = T_L \tag{3-2}$$

当电动机运行在转速变化的情况下，如启动、停转或反转等时，由于电动机及负载具有转动惯量，因此将产生惯性转矩 T_j，即

$$T_j = J\frac{d\Omega}{dt} \tag{3-3}$$

式中，J 是负载和电动机转动部分的转动惯量；Ω 是电动机的角速度；$\frac{d\Omega}{dt}$ 是电动机的角加速度。

这时，电动机轴上的动态转矩平衡方程式为

$$T_2 = T_L + T_j = T_L + J\frac{d\Omega}{dt} \tag{3-4}$$

当输出转矩 T_2 大于负载转矩 T_L 时，$\frac{d\Omega}{dt}>0$，说明电动机在加速；当输出转矩 T_2 小于负载转矩 T_L 时，$\frac{d\Omega}{dt}<0$，说明电动机在减速。

利用动态转矩平衡方程式就可以根据自动控制系统的技术指标来选用直流伺服电动机。例如，在某系统中规定了电动机的最大角加速度 $\frac{d\Omega}{dt}$，如果已知电动机轴上的负载转矩 T_L 以及电动机本身和负载的转动惯量，就可以根据式(3-4)求出所需要的输出转矩 T_2。电动机的输出转矩可以由电动机的额定值计算，这样，便可以按照系统的要求确定选用某一种规格的电动机。

2. 直流伺服电动机的反电动势及电压平衡方程

当电枢在电磁转矩的作用下转动起来以后，电枢导体还要切割主磁场的磁力线，产生感应电动势，方向与电源电压方向相反，通常也称为反电动势。

现通过图 3-2 所示直流电动机的工作原理进行说明。图中大圆表示电枢，大圆外侧上的 ⊙、⊗ 表示电枢导体的电流方向。假定在 N 极下，导体的电流方向为垂直纸面向外，用 ⊙ 表示；在 S 极下，导体的电流方向为垂直纸面向内，用 ⊗ 表示。根据左手定则，便可以确定电磁力 F 的方向，因而就可以确定电动机的旋转方向，如图 3-2 所示。因导体运动时要切割磁力线，故导体中还产生感应电动势 e，其方向由右手定则确定，并用大圆内侧上的 ⊙ 或 ⊗ 表示。

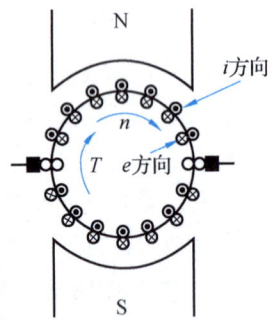

图 3-2 直流电动机的工作原理

由图 3-2 可知，感应电动势的方向与电流方向相反，有阻止电流流入电枢绕组的作用。由

$$E_a = \frac{pN}{60a}\Phi n = C_e \Phi n \tag{3-5}$$

可以推导出

$$C_T = 9.55 C_e \tag{3-6}$$

电压平衡方程

$$U_a = E_a + I_a R_a \tag{3-7}$$

表示外加电压 U_a，一部分用来抵消反电动势 E_a，另一部分消耗在电枢内阻压降 $I_a R_a$ 上。

3. 电枢反应

当电动机有负载、电枢绕组中有电流通过时，会在电动机中产生磁场，称为电枢磁场。对于一台负载运行的电动机，励磁磁场和电枢磁场是同时存在的，二者的叠加即为电动机的负载磁场，并且负载磁场与空载磁场之间的差别完全是电枢磁场作用的结果，这种电枢磁场对励磁磁场的作用称为电枢反应，如图 3-3 所示。

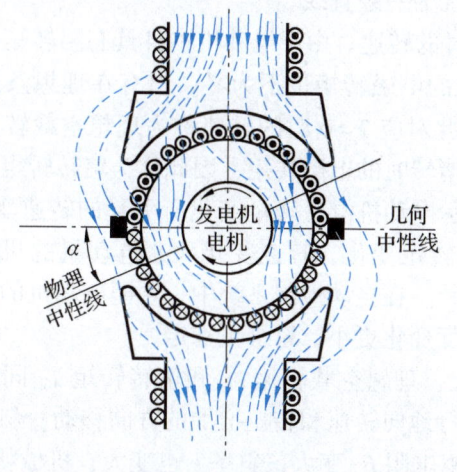

图 3-3　电枢反应

空载时电动机的物理中性线与几何中性线重合。负载后由于电枢反应的影响，每一个磁极下，一半磁场被增强，另一半磁场被削弱，物理中性线偏离几何中性线角，磁感应强度的曲线与空载时不同。当磁路不饱和时，主磁场被削弱的数量等于被加强的数量，因此每极量的磁通与空载时相同。电动机正常运行时磁路接近饱和，主磁极增磁部分受饱和程度的限制，导致实际增磁部分小于削弱部分，因此负载时每极磁通略为减少，即电枢反应为去磁性质。

3.1.2　直流伺服电动机的稳态特性

直流伺服电动机的稳态特性主要指机械特性和调节特性。直流伺服电动机的电枢回路如图 3-4 所示，U_a 为端电压，I_a 为电枢电流，E_a 为反电动势，励磁电压 U_f 为恒值。作为伺服电动机，端电压 U_a 和电枢电流 I_a 的方向一致，反电动势 E_a 与电枢电流 I_a 方向相反。电枢内阻 R_a 包括电枢绕组的电阻以及电刷和换向器之间的接触电阻，在图中不再表示。

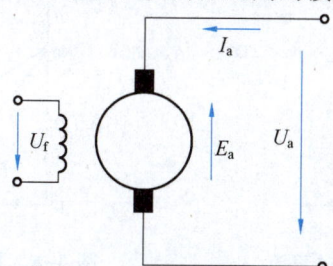

图 3-4　直流伺服电动机的电枢回路

1. 机械特性

转速(n)随电磁转矩(T)变化的关系称为直流伺服电动机的机械特性。根据直流伺服电动机的电压平衡方程、反电动势和电磁转矩的表达式,可以推导出

$$n = \frac{U_a}{C_e \Phi} - \frac{TR_a}{C_e C_T \Phi^2} = n_{0L} - kT \qquad (3-8)$$

在电枢电压 U_a 一定的情况下,由于励磁电压 U_f 固定不变,磁通 Φ = 常数,因此式(3-8)的右边除电磁转矩 T 以外都是常数。由此可得,转速 n 是电磁转矩 T 的线性函数,直流伺服电动机的机械特性为一条直线。

n_{0L} 是电磁转矩 $T=0$ 时的转速。由于电动机本身具有阻转矩 T_0,因此即使空载(即负载转矩 $T_L =0$)时,电动机的电磁转矩也不为零。只有在理想条件下,即电动机本身没有阻转矩才可能有 $T=0$,因此对应 $T=0$ 时的转速称为理想空载转速 n_{0L}。T_d 是转速 $n=0$ 时的电磁转矩,表征电动机堵转时的电磁转矩,因此称为堵转转矩。

机械特性的斜率 k 表示电动机电磁转矩变化所引起的转速变化程度,如图3-5所示。斜率 k 大,则对应同样的转矩变化,转速变化大,电动机的机械特性软;反之,斜率 k 小,电动机的机械特性就硬。在自动控制系统中,希望电动机的机械特性硬一些,这样电动机受负载变化引起的速度变化更小,系统更稳定。

随着控制电压 U_a 增大,理想空载转速 n_0 和堵转转矩 T_d 同时增大,但斜率 k 保持不变,电动机的机械特性平行地向转速和转矩增加的方向移动。斜率 k 的大小只正比于电枢电阻 R_a 而与 U_a 无关。电枢电阻 R_a 变大,斜率 k 也变大,机械特性就变软;反之,电枢电阻 R_a 变小,斜率 k 也变小,机械特性就变硬。因此,总希望电枢电阻 R_a 数值小,这样机械特性就硬。

当直流伺服电动机在自动控制系统中使用时,电枢电压 U_a 是由系统中的放大器供给的。放大器是有内阻的,因此,对直流伺服电动机来说,放大器可以等效成一个电动势源 E_i 和其内阻 R_i 的串联。这时,电枢回路的电压平衡方程式可写成

$$E_i = I_a R_i + U_a = E_a + I_a(R_a + R_i) \qquad (3-9)$$

考虑放大器的内阻,直流伺服电动机机械特性的斜率应该是

$$k = \frac{R_a + R_i}{C_e C_T \Phi^2} \qquad (3-10)$$

因此,放大器内阻的加入必定使直流伺服电动机的机械特性变软。不同放大器内阻对应的直流伺服电动机的机械特性如图3-6所示。可见,放大器内阻越大,机械特性越软。因此希望降低放大器的内阻,以改善电动机的特性。

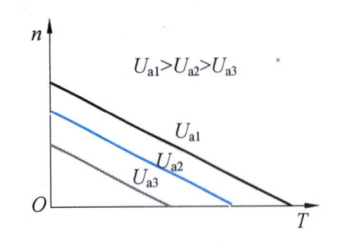

图 3-5 不同控制电压对应的直流伺服电动机的机械特性

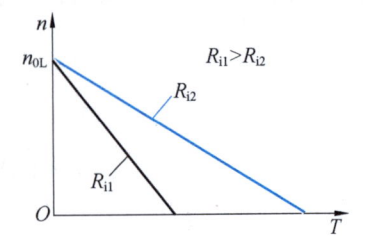

图 3-6 不同放大器内阻对应的直流伺服电动机的机械特性

2. 调节特性

在一定的负载转矩下,转速(n)随控制电压(U_a)变化的关系称为直流伺服电动机的调节特性。

当负载为常数时,由式(3-8)可知,$n = f(U_a)$ 是一个线性函数,对应直线的斜率为 $1/(C_e\Phi)$。当 $n = 0$ 时,有

$$U_a = U_{a0} = \frac{T_s R_a}{C_T \Phi} \tag{3-11}$$

式中,U_{a0} 为直流伺服电动机的始动电压。

当电磁转矩一定时,控制电压大于相应的始动电压,电动机便能启动起来并达到某一转速;反之,当控制电压小于相应的始动电压时,电动机所能产生的最大电磁转矩仍小于所要求的负载转矩值,电动机就不能启动。因此,在调节特性曲线上从原点到始动电压点的这一段横坐标所示的范围,称为在某一电磁转矩值时伺服电动机的死区。显然,负载转矩越大,要想使直流伺服电动机运转起来,需要的始动电压也要相应增大。因此,直流伺服电动机的调节特性如图3-7所示。

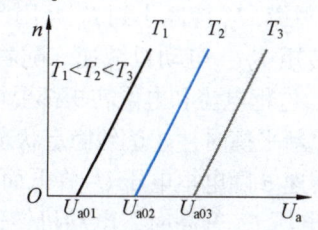

图3-7 直流伺服电动机的调节特性

调节特性的斜率 $1/(C_e\Phi)$ 与负载无关,仅由电动机本身的参数决定。当电动机的负载转矩不同时,需要的始动电压不同,但调节特性的斜率是不变的,因此对应不同的阻转矩可以得到一组相互平行的调节特性。

若负载转矩是由空气摩擦造成的阻转矩,如泵类负载,则负载转矩随转速增加而增加,并且转速越高,负载转矩增加得越快。在变负载的情况下,调节特性不再是一条直线。这是因为,在不同转速时,由于阻转矩 T_s 不同,相应的电枢电流 $I_a = T_s/(C_T\Phi)$ 也不同。从电压平衡方程式可以看出,当电枢电压 U_a 改变时,电枢内阻上的电压降 $I_a R_a$ 不再保持为常数,因此反电动势 E_a 的变化不再与电枢电压 U_a 的变化成正比。由于随着转速的增加,负载转矩的增量越来越大,电阻压降 $I_a R_a$ 的增量也越来越大,因此 E_a 的增量越来越小;又因为 $E_a \propto n$,所以随着控制信号的增加,转速 n 的增量越来越小。这样,U_a 和 n 的关系便如图3-8所示。

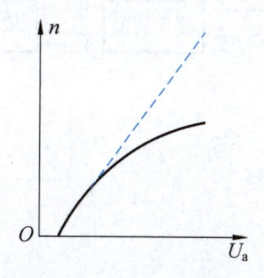

图3-8 U_a 和 n 的关系

3.1.3 直流伺服电动机的控制方法

根据电动机学的知识，当电动机负载转矩 T_L 不变，励磁磁通 Φ 不变时，升高电枢电压 U_a，电动机的转速就升高；反之，降低电枢电压 U_a，电动机的转速就下降；$U_a=0$，电动机则不转。当电枢电压的极性改变时，电动机就反转。因此，可以把电枢电压作为控制信号，实现直流伺服电动机的转速控制。

电枢电压 U_a 控制电动机转速变化的物理过程如下：开始时，电动机所加的电枢电压为 U_{a1}，电动机的转速为 n_1，产生的反电动势为 E_{a1}，电枢中的电流为 I_{a1}，根据电压平衡方程式，则有

$$U_{a1} = E_{a1} + I_{a1}R_{a1} = C_e\Phi n_1 + I_{a1}R_{a1} \tag{3-12}$$

这时，电动机产生的电磁转矩 $T = C_T\Phi I_{a1}$。由于电动机处于稳态，电磁转矩 T 和电动机轴上的总阻矩 T_s 相平衡。

如果保持电动机的负载转矩 T_L 不变，也即阻转矩 T_s 不变，而把电枢电压降低到 U_{a2}，起初，由于电动机有惯性，转速不能突变而仍为 n_1，因此反电动势仍为 E_{a1}。由于 U_{a1} 降低到 U_{a2} 而 E_{a1} 不变，为了保持电压平衡，I_{a1} 应减小到 I'_{a1}，因此电磁转矩 T 也相应减小到 T'，此时电动机的电磁转矩小于总阻转矩 T_s，电动机减速。随着电动机转速的下降，反电动势 E_a 减小。为了保持电压平衡关系，电枢电流和电磁转矩都要增大，直到电枢电流恢复到原来的数值，使电磁转矩和总阻转矩重新平衡时，才达到稳定状态。但这是一个转速减小为 n_2 时的新的平衡状态。这就是电动机转速 n 随电枢电压 U_a 降低而减小的物理过程。

用相同的方法可以分析电枢电压 U_a 升高时，电动机转速 n 增大的过程。

3.1.4 直流伺服电动机的应用

根据被控对象的不同，由直流伺服电动机组成的伺服系统通常分为位置伺服系统和速度伺服系统。图 3-9 为直流伺服电动机在火炮跟踪系统中的应用。该系统的任务是使火炮的转角 θ_2 与由手轮经减速器减速后给出的指令 θ_1 相等。当 $\theta_2 \neq \theta_1$ 时，测角装置就输出一个与角差 $\theta = \theta_1 - \theta_2$ 近似成正比的电压 U_θ，此电压经放大器放大后，驱动直流伺服电动机，带动炮身向减小角差的方向移动，直到 $\theta_1 = \theta_2$，即 $U_\theta = 0$ 时，电动机停止转动，火炮对准射击目标，此方式为位置控制方式。同时，为了减小在跟踪过程中出现的速度变化（如风阻引起的速度变化），可在电动机轴上连接一个测速发电机，其发出的电压与转子速度成正比，并以负反馈的形式加到放大器上。若某种原因使电动机转子速度增加，则测速发电动机的输出电压增大，即负反馈电压增大，使输入放大器的电压减小，伺服电动机及火炮的速度也随之降低，因此起着稳速的作用，工作过程类似第 2 章直流测速发电机在恒速控制系统中的应用。此方式为速度控制方式。

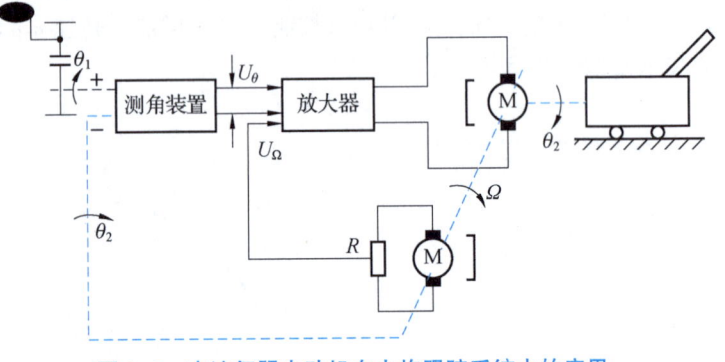

图 3-9 直流伺服电动机在火炮跟踪系统中的应用

3.1.5 特种直流伺服电动机

随着自动控制系统对伺服系统性能要求的不断提高,出现了很多新型结构的直流伺服电动机,如取消了减速机构的低转速、大转矩的直流力矩电动机等。

从直流伺服电动机理想的调节特性来看,只要控制电压 U_a 足够小,电动机便可以在很低的转速下运行。但是实际上,当电动机工作在几转每分到几十转每分的范围内时,其转速就不均匀,会出现一周内时快、时慢,甚至暂停一下的现象,这种现象称为直流伺服电动机低速运转的不稳定性。产生这种现象的原因如下:

(1)低速时,反电动势平均值不大,因而齿槽效应等原因造成的电动势脉动的影响将增大,导致电磁转矩波动比较明显;

(2)低速时,控制电压数值很小,电刷和换向器之间的接触压降不稳定性的影响将增大,故导致电磁转矩不稳定性增加;

(3)低速时,电刷和换向器之间的摩擦转矩的不稳定,造成电动机本身阻转矩 T_0 的不稳定,因而导致输出转矩不稳定。

直流伺服电动机低速运转的不稳定性将在自动控制系统中造成误差。当系统要求电动机在低速下运转时,就必须在系统的控制线路中采取措施,使其转速平衡;或者选用低速稳定性好的直流力矩电动机。

在某些自动控制系统中,被控对象的转速相对来说是比较低的,而一般直流伺服电动机的额定转速远高于被控对象的转速,为了实现电动机和被控对象之间速度的匹配,需要用齿轮减速后再去拖动被控对象。但是齿轮之间的间隙会引起自动控制系统在小范围内的振荡并降低系统的刚度,进而影响自动控制系统的性能指标。因此,希望有一种低转速、大转矩的电动机来直接带动被控对象。直流力矩电动机就是为满足类似上述这种低转速、大转矩负载的需要而设计制造的电动机,它能够在长期堵转或低速运行时产生足够大的转矩,而且不需经过齿轮减速而直接带动负载。直流力矩电动机具有反应速度快、转矩和转速波动小、能在很低的转速下稳定运行、机械特性和调节特性线性度好等优点,特别适合在位置伺服系统和低速伺服系统中用作执行元件,也适用于需要转矩调节、转矩反馈和一定张力的场合。

直流力矩电动机的工作原理和普通的直流伺服电动机相同,只是在结构和外形尺寸的比例上有所不同。普通的直流伺服电动机为了减少其转动惯量,大部分做成细长圆柱形。而直流力矩电动机为了能在相同的体积和电枢电压下产生比较大的转矩和低的转速,一般做成圆盘状,电枢长度和直径之比一般为 0.2;从结构合理性来考虑,一般做成永磁多极的。为了减少转矩和转速的波动,选取较多的槽数、换向片数和串联导体数。下面以图 3-10 所示的简单模型,说明外形尺寸变化对转矩和转速的影响。因为电枢体积的大小,在一定程度上反映了整个电动机的体积,所以可以在电枢体积不变的条件下,比较不同直径时所产生的转矩。如果把图 3-10(a)中电枢的直径增大 1 倍,而保持体积不变,此时电动机的形状则如图 3-10(b)所示,即该图中电枢直径 $D_b = 2D_a$,电枢长度 $l_b = l_a/4$。

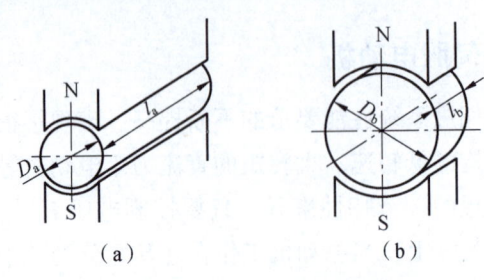

图 3-10 电枢体积不变的条件下，不同直径时的电枢形状
(a)小直径；(b)大直径

电动机转子受到的转矩为

$$T_a = N_a B_p l_a I_a \frac{D_a}{2} \tag{3-13}$$

式中，N_a 为图 3-10(a)中电枢绕组的总导体数；B_p 为一个磁极下气隙磁感应强度的平均值；l_a 为图 3-10(a)中导体在磁场中的长度，即电枢铁心轴向长度；I_a 为电枢导体中的电流；D_a 为图 3-10(a)中电枢的直径。

假定两种情况下电枢导体的电流一样，则两种情况下导体的直径也一样，但图 3-10(b)中电枢铁心横截面积增大到图 3-10(a)的 4 倍，因此槽面积及电枢总导体数 N_b 也近似增加到图 3-10(a)的 4 倍，即 $N_b = 4N_a$。这样一来，乘积 $N_b l_b = 4N_a \cdot l_a/4 = N_a l_a$。也就是说，在电枢铁心体积相同、导体直径不变的条件下，即使改变其铁心直径，导体数 N 和导体有效长度 l 的乘积仍不变。因此，可以得到图 3-10(b)时的电磁转矩为

$$T_b = B_p I_a (N_b l_b) \frac{D_b}{2} = B_p I_a N_a l_a \cdot 2 \frac{D_a}{2} = 2T_a \tag{3-14}$$

可见，直流电动机在体积、气隙平均磁感应强度、导体中的电流都相同的条件下，如果把电枢直径增大 1 倍，则电磁转矩也就增大 1 倍，即电磁转矩大致和直径成正比。

已知一个极下一根导体的平均电动势为

$$e_p = B_p l v = B_p l \frac{\pi D n}{60} \tag{3-15}$$

式中，B_p 为一个极下气隙的平均磁感应强度；l 为导体在磁场中的长度；v 为导体运动的线速度，或电枢圆周速度；n 为电动机转速；D 为电枢铁心直径。

设电枢总导体数为 N，若一对电刷之间的并联支路数为 2，则一对电刷所串联的导体数为 $N/2$，这样，电刷间的电动势为

$$E_a = B_p l N \frac{\pi D n}{120} \tag{3-16}$$

在理想空载时，电动机转速为 n_{0L}，电枢电压 U_a 和反电动势 E_a 相等，则

$$n_{0L} = \frac{120}{\pi} \cdot \frac{U_a}{B_p l N} \cdot \frac{1}{D} \tag{3-17}$$

已知在电枢体积和导体直径不变的条件下，Nl 的乘积近似不变。因此，当电枢电压和气隙平均磁感应强度相同时，理想空载转速 n_{0L} 和电枢铁心直径近似成反比，即电枢直径越大，电动机理想空载转速就越低。

由以上分析可知，在其他条件相同时，如果增大电动机直径，减少其轴向长度，就有利于增加电动机的转矩和降低空载转速。这就是直流力矩电动机做成圆盘状的原因。

3.2 交流异步伺服电动机

与直流伺服电动机一样，交流伺服电动机在自动控制系统中也常被用来作为执行元件。交流伺服电动机没有换向器，具有构造简单、工作可靠、维护容易、效率较高和价格便宜以及不需整流电源设备等优点。交流伺服电动机分为同步和异步两大类，按相数可分为单相、两相、三相和多相。传统交流伺服电动机通常是指两相交流异步伺服电动机，功率从几瓦到几十瓦的交流异步伺服电动机在小功率随动系统中得到了非常广泛的应用。永磁同步电动机将在第 5 章介绍。

自动控制系统对交流异步伺服电动机的要求如下：
(1) 转速和转向应方便地受控制信号的控制，调速范围要大；
(2) 整个运行范围内的输出特性应具有线性关系，保证运行的稳定性；
(3) 当控制信号消除时，应立即停转，也就是要求无自转现象；
(4) 控制功率要小，启动转矩应大；
(5) 机电时间常数要小，始动电压要低，当控制信号变化时，反应要快速、灵敏。

3.2.1 交流异步伺服电动机的结构和工作原理

交流异步伺服电动机的结构分为定子和转子两大部分。

定子铁心中安放着空间互成 90°电角度的两相绕组，两相绕阻的分布如图 3-11 所示。其中 l_1-l_2 称为励磁绕组，运行时接至电压为 U_f 的交流电源上；k_1-k_2 称为控制绕组，输入调速用的控制电压 U_k，电压 U_f 与 U_k 的频率相同。

转子的结构常用的有鼠笼式转子和非磁杯形转子。鼠笼式转子的结构示意如图 3-12 所示，这种转子结构与普通鼠笼式异步电动机类似，但是为了减小转子的转动惯量，做得细而长。转子的鼠笼条和短路环既可采用高电阻率的导电材料（如黄铜、青铜等）制造，也可采用铸铝制造。

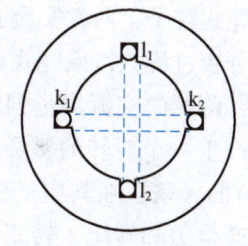

图 3-11 两相绕组的分布

图 3-12 鼠笼式转子的结构示意

非磁杯形转子交流伺服电动机的结构示意如图 3-13 所示。外定子和内定子由硅钢片冲制后叠压而成，外定子槽中放置励磁绕组和控制绕组，内定子中不放绕组，仅作为磁路的一部分，以减小主磁通磁路的磁阻。非磁杯形转子用非磁性铝或铝合金制成，放在内、外定子铁心之间，并固定在转轴上，其杯壁极薄，一般在 0.3 mm 左右，因而具有较大的转子电阻和很小的转动惯量。转子上无齿槽，故运行平稳、噪声小。非磁杯形转子交流伺服电动机具有两层气隙，需要较大的励磁电流，降低了电动机的利用率，因而在相同的体积和质量下，在一定的功率范围内，非磁杯形转子伺服电动机比鼠笼式转子伺服电动机所产生的启动转矩和输出功率都小；另外，非磁杯形转子伺服电动机的结构和制造工艺又比较复杂。因此，需要根据应用要求选择合适的转子结构。

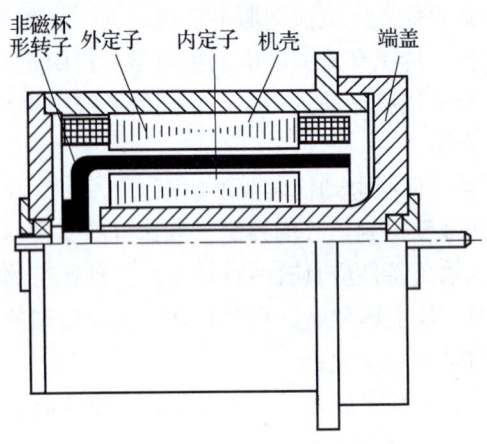

图 3-13 非磁杯形转子交流伺服电动机的结构示意

实际上，非磁杯形转子可以看作鼠笼条数目非常多的、条与条之间彼此紧靠在一起的鼠笼式转子，两者实质上没有什么差别，在电动机中所起的作用也完全相同。因此，后面的分析过程只以鼠笼式转子为例，分析结果对非磁杯形转子也完全适用。

两相的交流异步伺服电动机和常规的三相异步电动机的工作原理类似。定子在空间中产生一个旋转的磁场，这个磁场在旋转过程中会切割鼠笼式转子（或者非磁杯形转子）的导条，在其中产生感应电动势和电流。转子导条中的电流再与旋转磁场相互作用，就产生力和转矩，转矩的方向和旋转磁场的转向相同，于是转子就跟着旋转磁场沿同一方向转动。转子的转速必须低于定子旋转磁场的转速，否则转子与旋转磁场之间就没有相对运动，转子导条将不切割磁力线，这时转子导条中不产生感应电动势、电流以及电磁转矩。转子的转速主要由机械负载的阻转矩来决定，如果机械负载的阻转矩较大，就需要较大的转子电流，转子导体相对旋转磁场必须有较大的相对切割速度，以产生较大的电动势，即转子转速必须更多地低于旋转磁场转速。以上就是交流异步伺服电动机的简单工作原理。

3.2.2 对称状态下电动机的运行分析

上一小节分析了两相交流异步伺服电动机运转的前提是定子产生一个旋转磁场，由电动机学中的旋转磁场理论知道，若在两相对称绕组中施加两相对称交流电，即励磁绕组和控制绕组电压幅值相等且两者之间的相位差为 90°电角度，则可在气隙中得到圆形旋转磁场，以下为分析过程。

两相对称电流的波形如图 3-14 所示，通入两相对称绕组后在不同时刻形成的磁场如图 3-15 所示。在 t_1 时刻，控制电流具有正的最大值，励磁电流为零。假定正值电流是从绕组始端流入，从绕组末端流出，负值电流从绕组末端流入，从绕组始端流出，并用⊗表示电流流入纸面，⊙表示电流流出纸面，此时控制电流是从控制绕组始端 k_1 流入，从绕组末端 k_2 流出。根据第3章的内容，单相绕组通入单相交流电后所产生的是一个脉振磁场，这个控制电流产生的磁场沿定子内圆作正弦分布，幅值的方向沿着控制绕组轴线。这个磁场可用一个磁感应强度空间矢量 $\dot{B}_k$ 表示，由于此时控制电流具有正的最大值，因此 $\dot{B}_k$ 的大小等于一相磁感应强度矢量的最大值，即 $B_k = B_m$，并由右手螺旋定则及电流方向确定是朝下的。同理，可分析出 t_1、t_2、t_3 时刻的磁场也是脉振磁场，磁感应强度空间矢量的大小均为 B_m。

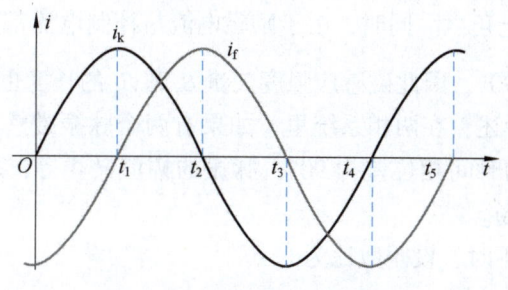

图 3-14 两相对称电流的波形

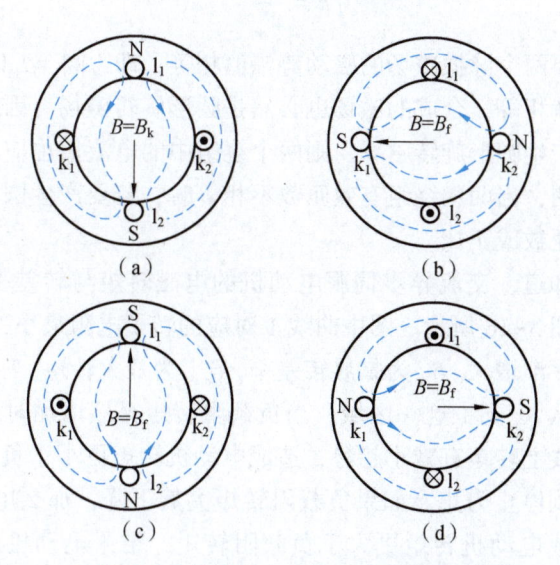

图 3-15 两相对称交流电通入两相对称绕组产生的旋转磁场
(a) t_1 时刻；(b) t_2 时刻；(c) t_3 时刻；(d) t_4 时刻

由图 3-15 可以看出，当两相对称电流通入两相对称绕组时，在电动机内就会产生一个旋转磁场，这个旋转磁场的磁感应强度 B_δ 在空间也可看成按正弦规律分布的，其幅值恒等于 B_m，而磁感应强度幅值在空间的位置却以转速 n_s 在旋转。当控制电流变化一个周期时，旋转磁场在空间转了一圈。由图 3-15 也可以分析出：旋转磁场的转向是从流过超前电流的绕组轴线转到流过滞后电流的绕组轴线。由于交流异步伺服电动机的转子是跟着旋转磁场旋转的，这样就确定了电动机的转向。当任意一个绕组上所加的电压反相时，流过该绕组的电流也反相，则超前滞后关系发生反转，因而旋转磁场转向改变，电动机的转向也发生改变。

在磁场旋转过程中，电动机磁感应强度矢量 $\dot{B}$ 的大小在任何瞬间都保持为恒值，等于一相磁感应强度矢量的最大值 B_m，其方位随时间的变化在空间进行旋转，磁感应强度矢量 $\dot{B}$ 的矢端在空间描出一个以 B_m 为半径的圆，这样的磁场称为圆形旋转磁场。这个圆形旋转磁场由两个脉振磁场所合成。根据脉振磁场的分布特点，励磁绕组产生的脉振磁场磁感应强度矢量 $\dot{B}_f$ 位于励磁绕组轴线上，控制绕组产生的脉振磁场磁感应强度矢量 $\dot{B}_k$ 位于控制绕组轴线上。由于这两个绕组在空间彼此相隔 90°电角度，因此磁感应强度矢量 $\dot{B}_f$ 与 $\dot{B}_k$ 在空间彼此相隔 90°电角度。同时，由于励磁电流与控制电流都是随时间按正弦规律变化的，相位上彼此相差 90°，因此磁感应强度矢量 $\dot{B}_f$ 和 $\dot{B}_k$ 的长度也随时间作正弦变化，相位彼此相差 90°。综上所述，在两相系统里，如果有两个脉振磁感应强度，其轴线在空间相差 90°电角度，脉振的时间相位差为 90°，脉振的幅值又相等，那么这两个脉振磁场的合成是一个圆形旋转磁场。

当两相绕组匝数不等时，设匝数比为

$$k = \frac{W_f}{W_k} \tag{3-18}$$

可以证明，只需要两个脉振磁场的磁动势幅值相等，即 $I_f W_f = I_k W_k$，所产生的两个磁感应强度的脉振幅值就相等，合成的磁场也必然是圆形旋转磁场。因此，当两相绕组有效匝数不相等时，若要产生圆形旋转磁场，则两个绕组中的电流值也应不相等，应与绕组匝数成反比。也可以证明，当两相绕组有效匝数不相等时，若要产生圆形旋转磁场，则两个绕组中的电压与绕组匝数成正比。

由电动机学原理知道，交流异步伺服电动机的电磁转矩与转差率（或转速）的关系曲线，即机械特性，如图 3-16 所示。图中曲线 1 对应的转子电阻最小，曲线 2、曲线 3、曲线 4 对应的转子电阻逐渐增大。S_m 为临界转差率，T_{max} 为最大转矩，T_d 为堵转转矩，n_s 为理想空载转速。转差率从 S_m 到 1 这一区域，当负载阻转矩突然增加时，电动机转速就要下降，在这一区域的曲线上转矩有减小趋势，造成电动机转矩更小于负载阻转矩，结果电动机转速一直下降，直到停止为止。如果负载阻转矩突然下降，那么电动机转速就要增加，转矩也随之增大，造成电动机转矩更大于负载阻转矩，结果电动机的转速一直上升。因此，转差率从 S_m 到 1 这一区域对负载来说运转是不稳定的，叫作不稳定区。同理可以证明，转差率从 0 到 S_m 的区域为稳定区，即在机械特性下降段才能稳定运行。因此，为了使伺服电动机在转速 n_s 的整个运行范围内都保证其工作稳定性，机械特性就必须在转速从 $0 \sim n_s$ 的整个运行范围内都是下垂的。由于 S_m 和转子电阻成正比，因此交流异步伺服电动机要有足够大的转子电阻，使临界转差率 $S_m > 1$，如图 3-16 中的曲线 4 所示。另外，随着转子电阻的增大，交流异步伺服电动机的机械特性更接近于线性关系。因此，为了满足交流异步伺服电动机机械特性线性的要求，也必须提高转子电阻。

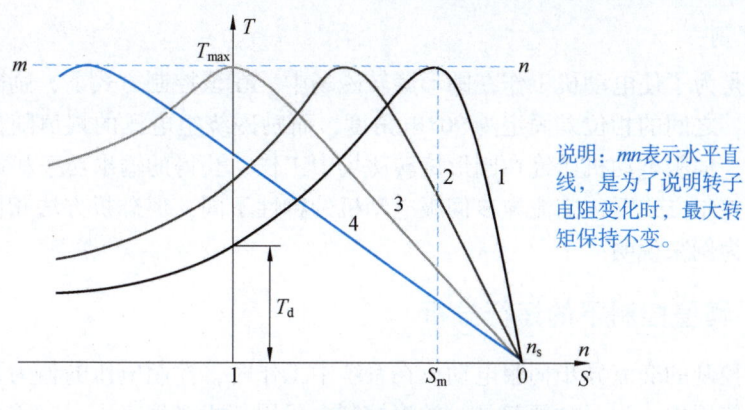

图 3-16 不同转子电阻的机械特性

说明：mn表示水平直线，是为了说明转子电阻变化时，最大转矩保持不变。

但是转子电阻也不能过分增加，否则堵转转矩将随转子电阻增加而减小，使时间常数增大，影响电动机的快速性能。同时，机械特性的斜率也随之减小，即转矩的变化对转速的影响增大，电动机运行稳定性变差。

3.2.3 交流异步伺服电动机的控制

交流异步伺服电动机运行时，励磁绕组通常接电压值恒定的励磁电源，而为了对电动机进行调速，控制绕组所加的控制电压是变化的，因此两相绕组所产生的磁动势幅值一般是不相等的，即 $I_fW_f \neq I_kW_k$，代表两个脉振磁场的磁感应强度矢量幅值也不相等，即 $B_{fm} \neq B_{km}$，此时图 3-15 中的旋转磁场在不同时刻的磁感应强度不再相等，形成的不再是圆形旋转磁场，而是椭圆形旋转磁场。如果改变控制电压的大小或改变它相对于励磁电压之间的相位差，就能改变气隙中旋转磁场的椭圆度 $\alpha(B_{km}/B_{fm})$，从而改变电磁转矩。当负载转矩一定时，通过调节控制电压的大小或相位来达到控制电动机转速的目的。据此，交流异步伺服电动机的控制方法有以下四种。

1. 幅值控制

保持励磁电压的幅值和相位不变，通过调节控制电压的大小来调节电动机的转速，而控制电压与励磁电压之间始终保持 90°电角度的相位差。当控制电压为零时，电动机停转；当控制电压反相时，电动机反转。

2. 相位控制

保持控制电压的幅值不变，通过调节控制电压的相位，即改变控制电压相对励磁电压的相位角，实现对电动机转速的控制。另外，相位角的改变还可以改变电动机的转向，将交流伺服电动机的控制电压的相位改变 180°电角度时（即极性对换），即改变励磁电流和控制电流的超前滞后关系，从而电动机气隙磁场的旋转方向与原来相反，使交流伺服电动机反转。

3. 幅值-相位控制

这种控制方式是将励磁绕组串联电容后，接到励磁电源上，控制绕组电压和励磁绕组电压的大小及它们之间的相位角都发生变化。这种控制方式利用励磁绕组中的串联电容来分相，不需要复杂的移相装置，因此设备简单，成本较低。

4. 双相控制

双相控制是为了使电动机工作在圆形旋转磁场中。在该控制方式下，励磁电压随控制电压一起变化，之间的相位差固定为90°电角度，而励磁绕组电压的幅值随控制电压的改变而同样改变，伺服电动机始终在圆形旋转磁场中工作，获得的输出功率和效率最大。

在不同的控制方式下，交流异步伺服电动机的特性不同，但分析方法相同。下文将以幅值控制方式为例来说明。

3.2.4 幅值控制下的运行分析

采用幅值控制的交流异步伺服电动机在系统中工作时，控制电压的值为了调速经常在变化。在实际使用中，为了方便起见，常将控制电压用其相对值来表示，称为有效信号系数，并用 α_e 表示，即

$$\alpha_e = \frac{U_k}{U_{kn}} \tag{3-19}$$

式中，U_k 为实际控制电压；U_{kn} 为额定控制电压。当控制电压 U_k 在 0～U_{kn} 之间变化时，有效信号系数 α_e 在 0~1 之间变化。当 $\alpha_e = 1$ 时，$U_k = U_{kn}$，气隙中合成磁场是一个圆形旋转磁场，电动机处于对称运行状态；当 $\alpha_e = 0$，$U_k = 0$ 时，气隙中合成磁场只有励磁电压产生的脉振磁场；当 $0 < \alpha_e < 1$ 时，气隙中合成磁场是一个椭圆形旋转磁场。从这个意义上看，有效信号系数 α_e 与椭圆度 α 的含义是一样的。

电动机在调速过程中，对应不同有效信号系数 α_e，可以作出对应的机械特性，机械特性曲线族如图 3-17 所示。可以看出，有效信号系数越小，即控制电压越小，理想空载转速越低，电动机的输出转矩越小，只有在圆形磁场情况下，即 $\alpha_e = 1$ 时，理想空载转速才等于同步转速。

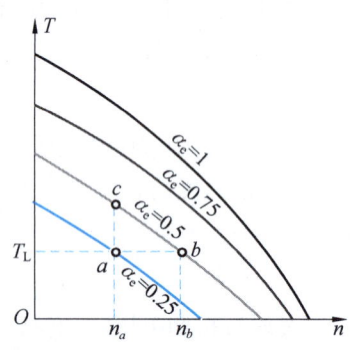

图 3-17 机械特性曲线族

图 3-17 中，电动机有负载时总的阻转矩为 T_L，有效信号系数 $\alpha_e = 0.25$ 时电动机在特性点 a 运行，转速为 n_a，这时电动机产生的转矩与负载阻转矩相平衡。当控制电压升高，有效信号系数从 0.25 变到 0.5 时，电动机产生的转矩就随之增加。由于电动机的转子及其负载存在惯性，转速不能瞬时改变，因此电动机的特性点在这一时刻就变为点 c，此时电动机产生的转矩大于负载阻转矩，电动机就开始加速，转速一直增加到 n_b，电动机在点 b 运行。这时电动机的转矩又等于负载的阻转矩，转矩又达到平衡，转速不再改变。因此，当有效信号系数 α_e 从 0.25 增加到 0.5 时，电动机转速从 n_a 升高到 n_b，实现了转速的控制。

同理，在图 3-17 上作许多平行于横轴的转矩线，每一条转矩线与机械特性曲线族有很多交点，将这些交点所对应的转速及有效信号系数画成关系曲线，就得到该输出转矩下的调节特性。根据不同的转矩线，就可得到不同输出转矩下的调节特性，如图 3-18 所示。

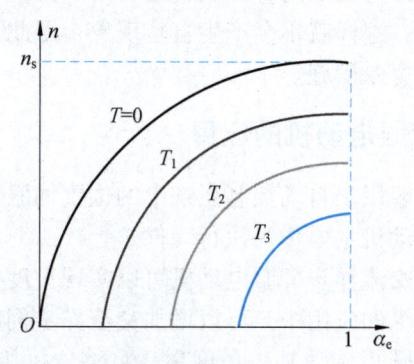

图 3-18 调节特性曲线族（$T_3 > T_2 > T_1$）

3.2.5 零信号时的无自转现象

两相交流异步伺服电动机在控制电压 $U_k = 0$ 时，气隙中合成磁场只有励磁电压产生的脉振磁场，该磁场可分解为正序和负序两个旋转磁场，分别产生正序和负序转矩 $T_正$、$T_反$，它们随转差率 S 的变化曲线如图 3-19 中虚线所示，其合成转矩 T_e（$T_e = T_正 - T_反$）与转差率的关系如图 3-19 中实线所示。

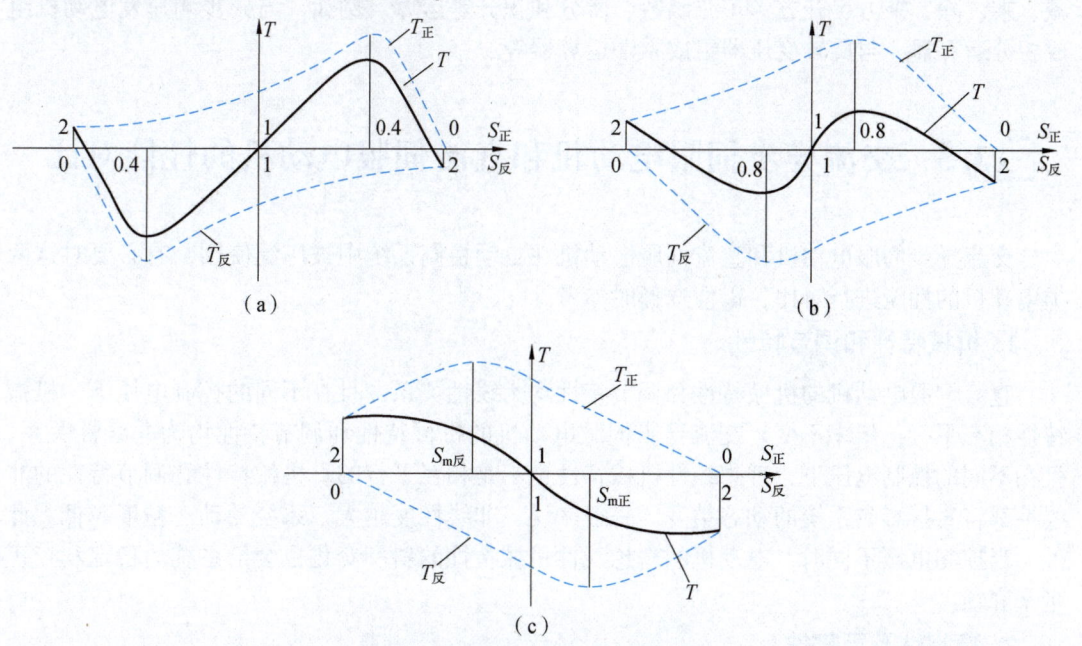

图 3-19 零信号时的机械特性

（a）$0 < S_{m正} < 1$，$S_{m正} = 0.4$ 时的机械特性；（b）$0 < S_{m正} < 1$，$S_{m正} = 0.8$ 时的机械特性；
（c）$S_{m正} > 1$ 时的机械特性

当转子电阻较小时，$0 < S_{m正} < 1$，机械特性对应图 3-19（a）（b），临界转差率 $S_{m正}$ 分别

为 0.4 和 0.8，在电动机运行的转差率范围内，即 0< $S_{m正}$ <1 时，合成转矩 T 大部分都是正的，只要阻转矩小于单相运行时的最大转矩，电动机仍将在转矩 T 作用下继续旋转。这样就产生了自转现象，造成失控。图 3-19（c）对应转子电阻已增大到使临界转差率 $S_{m正}$ >1 的机械特性。这时在电动机运行范围内，合成转矩均为负值，即为制动转矩，与负载阻转矩一起促使电动机迅速停转，这样就不会产生自转现象。因此，增大转子电阻是克服交流异步伺服电动机自转现象的有效措施。

3.2.6 交流异步伺服电动机的应用

交流异步伺服电动机一般用于自动控制系统中的位置伺服系统及速度控制系统，在这些系统中，交流异步伺服电动机主要作为执行元件。

以位置伺服系统为例，交流异步伺服电动机可以实现角度数据传输、位置指示等。在利用自整角机实现远距离操纵的应用中，可以增加交流异步伺服电动机以提升转矩。当自整角机发送机的轴以微小的转矩转动某一角度后，自整角机接收机与发送机有一角度差，其输出绕组产生与失调角相应的偏差电压，此偏差电压由放大器加以放大，并施加到伺服电动机上使之旋转。伺服电动机带动接收机，一直到发送机的输入角与接收机的输出角相等，此时偏差电压等于零。因为负载由接收机带动，所以负载也移动了与此相应的角度。若需要很大的驱动转矩带动负载，则与此相应的应选用输出功率大的伺服电动机。由于在位置伺服系统中，在输出轴上加微小的力，就能驱动很大的负载，并且负载的位置能与发送机的位置相对应，因此这类自动控制系统的应用是很普遍的。

另外，交流异步伺服电动机和其他控制元件一起可组成各种计算装置，以进行加、减、乘、除、乘方、开方、正弦函数、微分和积分等运算。例如，与异步测速发电动机组成积分运算器、与旋转变压器组成乘法运算器等。

3.3 交流异步伺服电动机和直流伺服电动机的性能对比

交流异步伺服电动机和直流伺服电动机在自动控制系统中被广泛使用，有必要对这两类电动机的性能进行对比，以便选择时参考。

1. 机械特性和调节特性

直流伺服电动机的机械特性和调节特性均为线性关系，且在不同的控制电压下，机械特性相互平行，斜率不变。交流异步伺服电动机的机械特性和调节特性均为非线性关系，且在不同的控制电压下，理想线性机械特性也不是相互平行的。机械特性和调节特性的非线性都将直接影响系统的动态精度，一般来说，非线性度越大，系统的动态精度越低。此外，当控制电压不同时，电动机的理想线性机械特性的斜率变化也会给系统的稳定和校正带来麻烦。

2. 稳定性及可靠性

直流伺服电动机由于存在电刷和换向器，因此其结构复杂、制造困难。又因为电刷与换向器之间存在滑动接触和电刷接触电阻的不稳定，所以将影响电动机运行的稳定性。此外，直流伺服电动机中存在换向器火花，它既会引起对无线电通信的干扰，又会给运行和维护带来麻烦。

交流异步伺服电动机结构简单、运行可靠、维护方便，适合在不易检修的场合使用。

3. 自转现象

对于两相交流异步伺服电动机，若参数选择不适当或制造工艺上存在缺陷，则会使电动机在单相状态下产生自转现象，而直流伺服电动机却不存在自转现象。

4. 体积、质量和效率

为了满足自动控制系统对交流异步伺服电动机性能的要求，转子电阻就得相当大。同时，电动机经常运行在椭圆形旋转磁场中，负序磁场的存在要产生制动转矩，使电磁转矩减小，并使电动机的损耗增大。当输出功率相同时，交流异步伺服电动机要比直流伺服电动机的体积大、质量大、效率低。因此，交流异步伺服电动机只适用于小功率系统，对于功率较大的控制系统，则普遍采用直流伺服电动机。

本章小结

伺服系统专指被控制量是机械位移或位移速度、加速度的反馈控制系统，其作用是实现精确地跟随或复现某个过程。伺服系统按照使用电源的性质不同，可分为直流伺服系统和交流伺服系统两大类。

直流伺服电动机是指使用直流电源驱动的伺服电动机，实质上就是一台他励式直流电动机。按励磁方式的不同，直流伺服电动机可以分为永磁式和电磁式两种。直流伺服电动机的稳态特性主要指机械特性和调节特性。随着自动控制系统对伺服系统性能要求的不断提高，出现了很多新型结构的直流伺服电动机，如取消了减速机构的低转速、大转矩的直流力矩电动机等。

交流伺服电动机通常是指两相交流异步伺服电动机。若在两相对称绕组中施加两相对称电流，即励磁绕组和控制绕组电压幅值相等且两者之间的相位差为90°电角度，便可在气隙中得到圆形旋转磁场。为了对电动机进行调速，控制绕组所加的控制电压是变化的，因此两相绕组所产生的磁动势幅值一般是不相等的，形成的不再是圆形旋转磁场，而是椭圆形旋转磁场。若改变控制电压的大小或改变它相对于励磁电压之间的相位差，则能改变气隙中旋转磁场的椭圆度，从而改变电磁转矩。当负载转矩一定时，通过调节控制电压的大小或相位来达到控制电动机转速的目的。控制电压等于零，在电动机运行范围内，当合成转矩为负值，即为制动转矩时，与负载阻转矩一起促使电动机迅速停转，这样就不会产生自转现象。

交流异步伺服电动机和直流伺服电动机在自动控制系统中被广泛使用，需要根据系统的要求和这两类电动机的性能特点进行选择。

思考题与习题

3-1 直流伺服电动机的转速、电磁转矩和电枢电流由什么决定？

3-2 已知一台直流伺服电动机，其电枢额定电压 $U_a = 110$ V，额定运行时的电枢电流 $I_L = 0.4$ A，转速 $n = 3600$ r/min，它的电枢电阻 $R_a = 50$ Ω，空载阻转矩 $T_0 = 15$ N·m。试问该电动机额定负载转矩是多少？

3-3 用一对完全相同的直流电动机组成电动机-发电动机组，它们的励磁电压均为

110 V，电枢电阻 R_a =75 Ω。已知当发电动机不接负载，电动机电枢电压为 110 V 时，电动机的电枢电流为 0.12 A，绕组的转速为 4 500 r/min。试问：

(1) 发电动机空载时的电枢电压为多少伏？

(2) 电动机的电枢电压仍为 110 V，而发电动机接上 0.5 kΩ 的负载时，机组的转速 n 是多大(设空载阻转矩为恒值)？

3-4　一台直流伺服电动机带动一恒转矩负载(负载阻转矩不变)，测得始动电压为 4 V，当电枢电压 U_a =40 V 时，其转速为 1 500 r/min。若要求转速达到 3 000 r/min，试问要加多大的电枢电压？

3-5　已知一台直流伺服电动机的电枢电压 U_a =110 V，空载电流 I_{a0} =0.055 A，空载转速 n_0' =4 600 r/min，电枢电阻 R_a =80 Ω。

(1) 试求电枢电压 U_a =67.5 V 时的理想空载转速 n_0 及堵转转矩 T_d。

(2) 该电动机若用放大器控制，放大器内阻 R_i =80 Ω，开路电压 U_i =67.5 V，求这时的理想空载转速 n_0 及堵转转矩 T_d。

(3) 当阻转矩 $T_L + T_0$ 由 $30×10^{-3}$ N·m 增至 $40×10^{-3}$ N·m 时，试求上述两种情况下转速的变化 Δn。

3-6　直流力矩电动机的结构有什么特点？分析为什么直流力矩电动机的转矩大、转速低。

3-7　单相绕组通入直流电、交流电及两相绕组通入两相交流电各形成什么磁场？它们的气隙磁感应强度在空间怎样分布，在时间上又怎样变化？

3-8　什么是对称状态？什么是非对称状态？两相交流伺服电动机在通常运行时是怎样的磁场？两相绕组通上相位相同的交流电流能否形成旋转磁场？

3-9　当两相绕组匝数相等和不相等时，加在两相绕组上的电压及电流应符合怎样的条件才能产生圆形旋转磁场？

3-10　怎样看出椭圆形旋转磁场的幅值和转速都是变化的？当有效信号系数 α_e 在 0~1 之间变化时，电动机磁场的椭圆度怎样变化？

3-11　什么是自转现象？为了消除自转，交流异步伺服电动机零信号时应具有怎样的机械特性？

第 4 章

无刷直流电动机

教学目的与要求

理解无刷直流电动机的系统组成和工作原理；掌握无刷直流电动机的数学模型和运行特性；了解无刷直流电动机的设计过程；理解无刷直流电动机的双闭环控制原理；理解无刷直流电动机转矩脉动产生的原因；掌握无刷直流电动机无位置传感技术，推断换相时刻；了解基于快速原型控制器的无刷直流电动机控制系统的组成和性能分析过程；掌握无刷直流电动机的应用领域。

学习重点

无刷直流电动机的系统组成和工作原理；三相无刷直流电动机的运行特性。

学习难点

无刷直流电动机的三相六状态运行分析、无位置传感器的转子位置检测。

4.1 概述

直流伺服电动机具有良好的机械特性和调节特性，堵转转矩又大，因而被广泛应用于驱动装置及伺服系统中。但是，直流伺服电动机中电刷和换向器之间的机械接触严重影响了电动机运行的精度、性能和可靠性，所产生的火花会引起电磁干扰，缩短电动机寿命，同时电刷和换向器使直流电动机结构复杂、噪声大、维护困难，限制了其在很多场合中的应用。因此，长期以来研究人员都在寻求不用电刷和换向器的无刷电动机。

无刷直流电动机是随着稀土永磁材料和电力电子技术的迅速发展而发展起来的一种新型电动机，这种电动机利用电子开关线路和位置传感器（电子换向）代替了传统直流电动机中的电刷和换向器(机械换向),无刷直流电动机既具有直流电动机的特性,又有交流电动机结构简单、运行可靠、维护方便等优点。其转速不再受机械换向的限制,若采用高速轴承,则可以在高达每分钟数万转的转速下运行,有利于减小电动机的体积,提高功率密度。

无刷直流电动机的原理构思早已被提出,但直到半导体器件的出现才使无刷直流电动机进入实用阶段。电力电子技术为电动机控制驱动器主电路提供最重要的功率半导体器件。随着半导体器件的迅猛发展,从小功率晶体管,到大功率晶体管,如电力晶体管(Giant Transistor,GTR)、金属-氧化物-半导体场效应晶体管(Metal-Oxide-Semiconductor Field-Effect Transistor,MOSFET)、绝缘栅双极型晶体管(Insulated Gate Bipolar Transistor,IGBT)等新型开关器件,以及功率开关器件控制驱动技术的发展,特别是崭新的功率模块、智能功率模块(Intelligent Power Module,IPM)的出现,完全改变了无刷直流电动机驱动器的面貌,减小了驱动器的体积、质量,提高了无刷直流电动机的运行可靠性并改善了可控性,扩大了无刷直流电动机的功率密度和速度范围。

稀土永磁材料的发展对无刷直流电动机功率密度的提高起着强有力的推动作用。特别是高磁能积、高矫顽力的钕铁硼永磁材料的出现和改进,极大地推动了永磁电动机的发展,使得永磁无刷直流电动机兼具功率大、体积小、质量轻、效率高、特性好等一系列优点。中国稀土的总储量占全球稀土资源的70%以上,为高性能无刷直流电动机的发展提供了储备力量。

4.2 无刷直流电动机的结构及工作原理

4.2.1 无刷直流电动机的结构

无刷直流电动机的结构和永磁同步电动机类似,经过专门的磁路设计,可获得梯形波的气隙磁场,感应的电动势也是梯形波,电枢电流为方波,性能更接近于直流电动机,但没有电刷,故称为无刷直流电动机。理想的永磁同步电动机的气隙磁场、感应电动势和电枢电流的波形为正弦波,因此永磁同步电动机也可称为正弦波无刷直流电动机。本章介绍的无刷直流电动机称为方波无刷直流电动机,永磁同步电动机的相关知识在第5章介绍。

无刷直流电动机的基本构成包括电动机本体、转子位置传感器、电子开关电路(逆变器)和控制器,如图4-1所示。

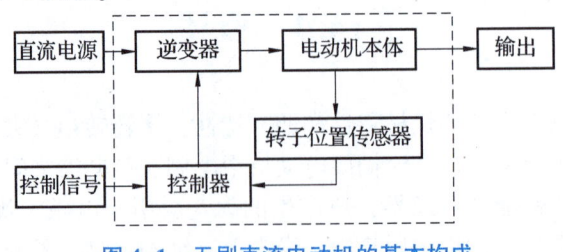

图4-1 无刷直流电动机的基本构成

1. 电动机本体

无刷直流电动机和永磁同步电动机的本体结构相似,其电枢绕组放在定子上,转子励磁采用稀土永磁材料，产生气隙磁通。定子在外、转子在内的结构称为内转子结构，定子在内、转子在外的结构称为外转子结构。外转子结构方便直接驱动轮毂，因此通常应用在电动汽车领域。图4-2为内转子无刷直流电动机的结构示意。

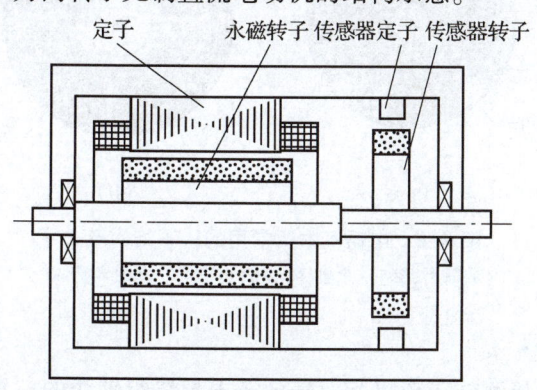

图4-2　内转子无刷直流电动机的结构示意

定子铁心用硅钢片叠成以减少铁心损耗，同时为减少涡流损耗，在硅钢片表面涂绝缘漆，将硅钢片冲成带有齿槽的冲片，槽数根据绕组的相数和极数来定。常用的定子铁心结构有两种，一种为分数槽（每极每相槽数为分数）集中绕组结构，其类似传统直流电动机定子磁极的大齿（凸极）结构，凸极上绕有集中绕组，有时在大齿表面开有多个小齿以减小齿槽转矩，如图4-3所示；另一种与普通的同步电动机或感应电动机类似，在叠装好的铁心槽内嵌放跨接式的集中或分布绕组，其线圈可以是整距也可以是短距，为减少齿槽转矩和噪声，定子铁心有时采用斜槽结构。

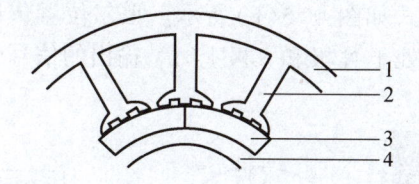

1—定子轭；2—定子齿；3—永磁体；4—转子铁心。
图4-3　分数槽集中绕组定子的结构示意

定子铁心中放置对称的多相（三相、四相或五相）电枢绕组，对称多相电枢绕组接成星形或三角形，各相绕组分别与电子开关电路中的相应功率晶体管相连。当电动机经功率开关电路接上电源后，电流流入绕组，产生磁场，该磁场与转子磁场相互作用而产生电磁转矩，电动机带动负载旋转。电动机转动起来后，便在绕组中产生反电动势，吸收一定的电功率并通过转子输出一定的机械功率，从而将电能转换为机械能。

电动机转子结构形式十分灵活，根据永磁体在转子中放置的位置不同，可以分为嵌入式和表贴式；根据励磁方式的不同，可以分为径向励磁式和切向励磁式。不同分类方法又可以相互组合，因此往往构成许多各有特色的转子磁路结构。电动机本体常用的转子结构形式如图4-4所示。其中，图4-4（a）所示结构是转子铁心外缘粘贴瓦片形稀土永磁体，这种结构在电动机高速运行时需要在永磁体外表面套一个起保护作用的紧圈；图4-4（b）所示结构是在转子铁心中嵌入稀土永磁体，这种结构永磁体的放置方式多种多样，可以根据需要进行灵活选择，从而得到不同的磁路结构形式，图中所示为矩形切向励磁永磁体。

45

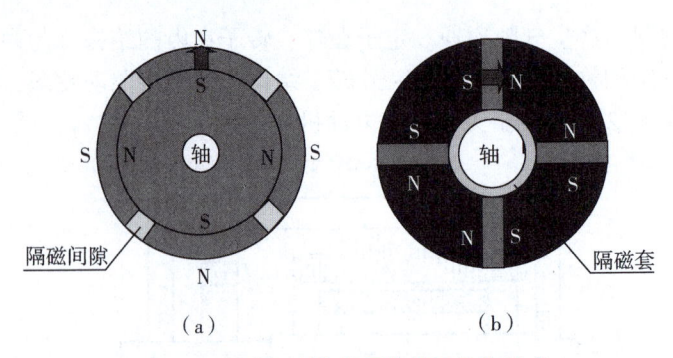

图 4-4　电动机本体常用的转子结构形式
(a)瓦片形稀土永磁体；(b)矩形切向励磁永磁体

2. 转子位置传感器

转子位置传感器是检测转子磁极相对于定子电枢绕组轴线的位置，并向控制器提供位置信号的一种装置。转子位置传感器也由定子和转子两部分组成，其转子与电动机本体同轴，以跟踪电动机本体转子磁极的位置，定子固定在电动机本体的定子或端盖上，以检测和输出转子位置信号。转子位置传感器的种类包括磁敏式、电磁式、光电式、接近开关式、正余弦旋转变压器式以及编码器式等。无刷直流电动机通常采用霍尔位置传感器，根据霍尔元件的霍尔效应来工作，其结构示意如图 4-5(a)所示，安装方式如图 4-5(b)所示。霍尔位置传感器定子包含三个霍尔元件 $H_1 \sim H_3$，空间上彼此相差 120°，分别与无刷直流电动机定子三相绕组首端所在槽中心线对齐；霍尔位置传感器转子与无刷直流电动机转子同轴安装，上面安装的有极弧宽度为 180°电角度的永磁体，永磁体轴线与电动机转子的主磁极轴线垂直，安装方式如图 4-5(b)所示。霍尔位置传感器的转子在转动过程中，当霍尔位置传感器定子分别处于 N 极和 S 极上时，输出的信号分别为低电平位置信号和高电平位置信号。

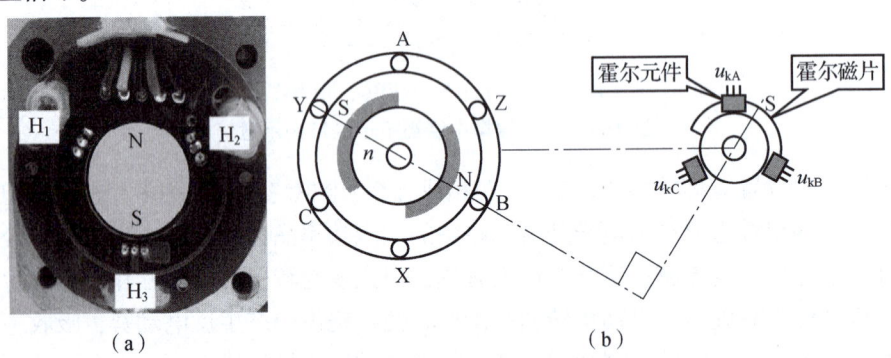

图 4-5　霍尔位置传感器
(a)结构示意；(b)安装方式

3. 电子开关电路(逆变器)

无刷直流电动机中电子开关电路(逆变器)多采用具有自关断能力的全控器件，如 GTR、门极关断晶闸管(Gate Turn-off Thyristor，GTO)、MOSFET 和 IGBT 等，其中 MOSFET 和 IGBT 目前在应用中已占主导地位。主电路有桥式和非桥式两种，如图 4-6 所示。其中，图 4-6(a)是非桥式开关电路，其他是桥式开关电路。在电枢绕组与逆变器的多种连接方式中，以三相星形六状态[图4-6(c)]应用最广泛。

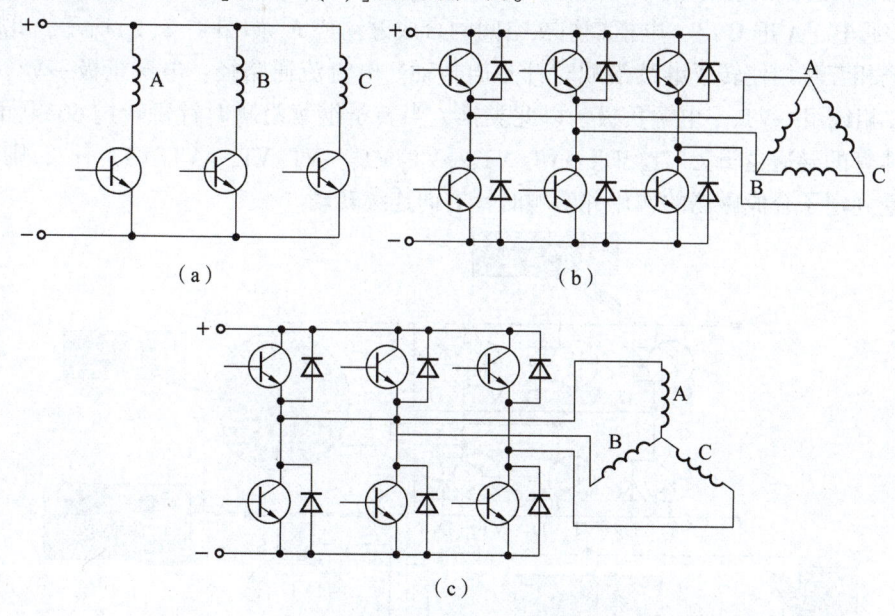

图4-6 逆变器主电路
(a)三相非桥式；(b)桥式-三相三角形；(c)桥式-三相星形六状态

4. 控制器

控制器是无刷直流电动机正常运行并实现各种调速伺服功能的指挥中心，主要具有以下功能。

(1)对正/反转、停车和转子位置信号进行逻辑综合，为功率开关电路各晶体管提供开、关信号(换相信号)，实现电动机的正转、反转及停车控制。

(2)在固定的供电电压下，根据速度给定和负载大小产生脉冲宽度调制(Pulse Width Modulation，PWM)信号来调节电流(转矩)，实现电动机开环或闭环控制。

(3)实现短路、过流、过电压和欠电压等故障的检测和保护。

4.2.2 无刷直流电动机的工作原理

对于无刷直流电动机，通过控制逆变器上的开关器件按一定顺序进行换相而形成的输入电流为一系列可以等效为方波的脉冲。

图4-7为无刷直流电动机系统图。控制电路对霍尔位置传感器检测的信号进行逻辑变换后产生脉宽调制PWM信号，经过驱动电路放大送至逆变器各功率开关管，从而控制电动机各相绕组按一定顺序工作，在电动机气隙中产生跳跃式旋转磁场。下面以两相导通三相星形六状态无刷直流电动机为例来说明其工作原理。

图4-8为无刷直流电动机的工作原理，当转子永磁体位于图4-8(a)所示位置时，转子位置传感器输出磁极位置信号，经过控制电路逻辑变换后驱动逆变器，使功率晶体管VT_1、VT_2导通，即绕组A、B通电，A进B出，电枢绕组在空间的合成磁动势F_a如图4-8(a)所示。此时，定、转子磁场相互作用拖动转子沿顺时针方向转动。电流流通路径：电源正极→VT_1→A相绕组→B相绕组→VT_6→电源负极。当转子转过60°电角度，到达图4-8(b)所示位

置时，位置传感器输出信号，经逻辑变换后使 VT_6 截止，VT_2 导通，此时 VT_1 仍导通，则绕组 A、C 通电，A 进 C 出，电枢绕组在空间的合成磁动势 F_a 如图 4-8（b）所示。此时，定转子磁场相互作用使转子继续沿顺时针方向转动。电流流通路径：电源正极→VT_1→A 相绕组→C 相绕组→VT_2→电源负极。以此类推，当转子继续沿顺时针每转过 60°电角度时，功率晶体管的导通逻辑为 $VT_3 VT_2$→$VT_3 VT_4$→$VT_5 VT_4$→$VT_5 VT_6$→$VT_1 VT_6$→…，则转子磁场始终受到定子合成磁场的作用并沿顺时针方向连续转动。

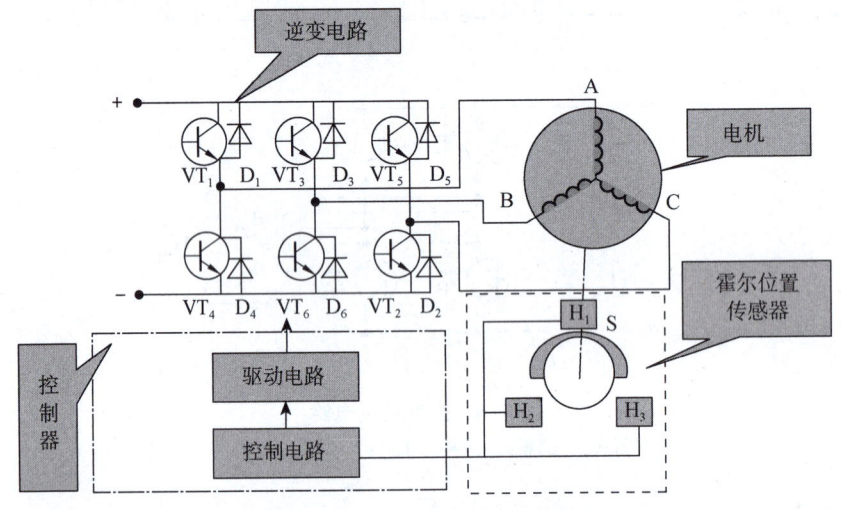

图 4-7 无刷直流电动机系统图

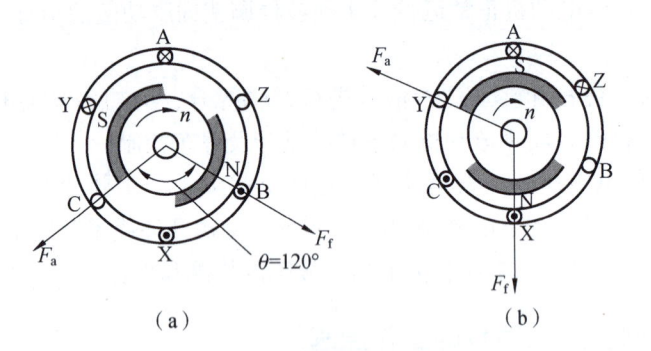

图 4-8 无刷直流电动机的工作原理
(a) A、B 通电；(b) A、C 通电

在图 4-8（a）到图 4-8（b）的 60°电角度范围内，转子磁场沿顺时针方向连续转动，而定子合成磁场在空间保持图 4-8（a）中 F_a 的位置不动，只有当转子磁场转够 60°电角度到达图 4-8（b）中 F_f 的位置时，定子合成磁场才从图 4-8（a）中 F_a 的位置沿顺时针方向跃变至图 4-8（b）中 F_a 的位置。可见，定子磁场在空间不是连续旋转的磁场，而是一种跳跃式旋转磁场，每个步进角是 60°电角度。

转子每转过 60°电角度，逆变器晶体管之间就进行一次换流，定子磁状态就改变一次。可见，电动机有 6 个磁状态，每一状态都是两相导通。每相绕组中流过电流的时间相当于转子旋转 120°电角度，每个晶体管的导通角为 120°电角度，故该逆变器为 120°导通型。两相导通三相星形六状态无刷直流电动机的三相绕组与各晶体管的导通顺序如表 4-1 所示。

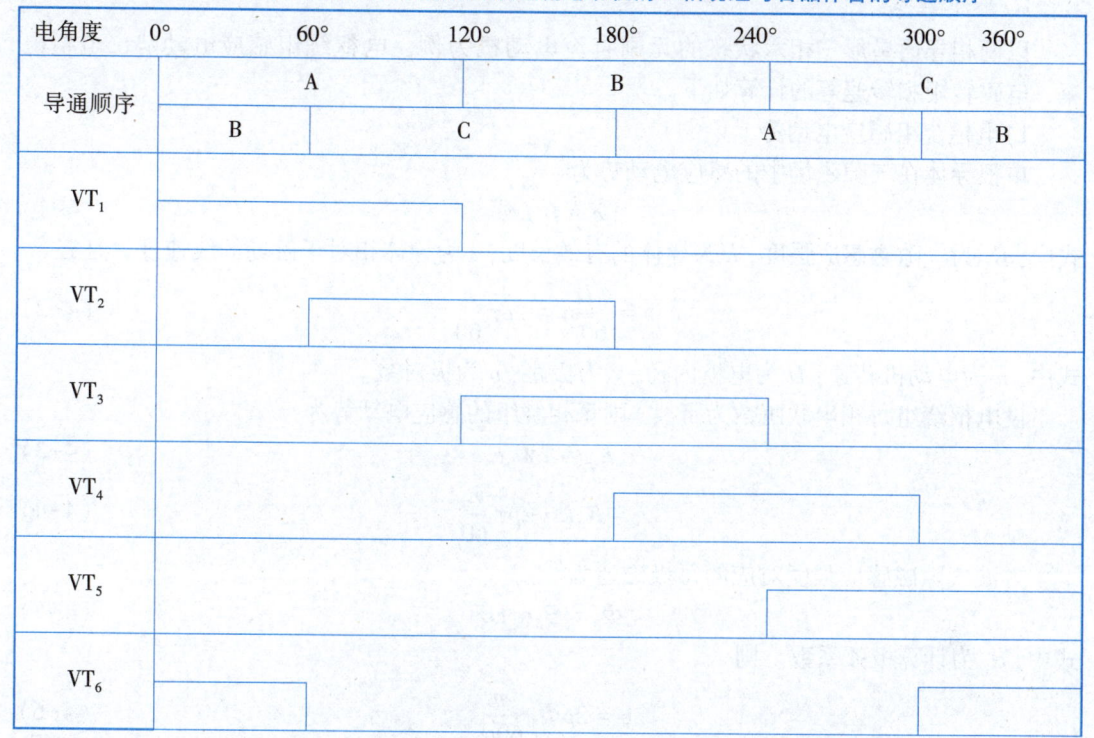

表 4-1 两相导通三相星形六状态无刷直流电动机的三相绕组与各晶体管的导通顺序

电角度	0°	60°	120°	180°	240°	300°	360°
导通顺序		A		B		C	
	B		C		A		B
VT₁							
VT₂							
VT₃							
VT₄							
VT₅							
VT₆							

4.3 无刷直流电动机的运行分析

4.3.1 无刷直流电动机的基本公式及数学模型

无刷直流电动机采用径向励激结构，由于永磁体的取向性好，可以方便地获得具有较好方波形状的气隙磁场。对于方波气隙磁场，当定子绕组采用集中整距绕组，即每极每相槽数 $q=1$ 时，方波磁场在定子绕组中感应的电动势为梯形波。无刷直流电动机通常由方波电流驱动，即与 120°导通型逆变器相匹配，由逆变器向方波电动机提供三相对称的、宽度为 120°电角度的方波电流。方波电流应与电动势同相位且位于梯形波反电动势的平顶宽度范围内，即对应的绕组处于导通状态，反电动势及电流波形如图 4-9 所示。

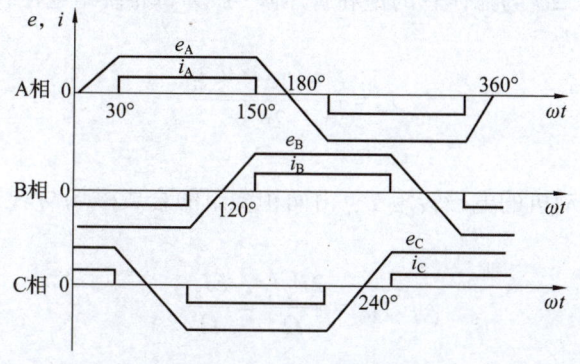

图 4-9 反电动势及电流波形

1. 基本公式

以两相导通星形三相六状态的无刷直流电动机为例,电枢绕组感应电动势、电枢电流、电磁转矩和转速等的计算如下。

1)电枢绕组感应电动势

单根导体在气隙磁场中的感应电动势为

$$e = B_\delta L v \tag{4-1}$$

式中,B_δ 为气隙磁感应强度;L 为导体的有效长度;v 为导体相对于磁场的线速度,且有

$$v = \frac{\pi D}{60} n = 2p\tau \frac{n}{60} \tag{4-2}$$

式中,n 为电动机转速;D 为电枢内径;τ 为极距;p 为极对数。

设电枢绕组每相串联匝数为 W_φ,则每相绕组的感应电动势为

$$E_\varphi = 2W_\varphi e \tag{4-3}$$

$$e = B_\varphi L \cdot 2p\tau \frac{n}{60} \tag{4-4}$$

方波气隙磁感应强度对应的每极磁通为

$$\Phi_\delta = B_\delta \alpha_i \tau L \tag{4-5}$$

式中,α_i 为计算极弧系数。则

$$e = 2p\Phi_\delta \frac{n}{60\alpha_i} \tag{4-6}$$

每相绕组感应电动势为

$$E_\varphi = \frac{p}{15\alpha_i} W_\varphi \Phi_\delta n \tag{4-7}$$

则电枢绕组感应电动势为

$$E = 2E_\varphi = \frac{2p}{15\alpha_i} W_\varphi \Phi_\delta n = C_e \Phi_\delta n \tag{4-8}$$

式中,$C_e = \frac{2p}{15\alpha_i} W_\varphi$ 为电动势常数。

2)电枢电流

在每个导通时间内有以下电压平衡方程式

$$U - 2\Delta U = E + 2I_a r_a \tag{4-9}$$

式中,U 为电源电压;ΔU 为晶体管的饱和管压降;I_a 为每相绕组电流;r_a 为每相绕组电阻。

因此,电枢电流为

$$I_a = \frac{U - 2\Delta U - E}{2r_a} \tag{4-10}$$

3)电磁转矩

在任一时刻,电动机的电磁转矩 T_{em} 由两相绕组的合成磁场与转子永磁体磁场相互作用而产生,则

$$T_{em} = \frac{2E_\varphi I_a}{\Omega} = \frac{EI_a}{\Omega} \tag{4-11}$$

式中,$\Omega = \frac{2\pi n}{60}$ 为电动机的角速度。则

$$T_{em} = \frac{\frac{2p}{15\alpha_i}W_\varphi \Phi_\delta n I_a}{\frac{2\pi n}{60}} = C_T \Phi_\delta I_a \tag{4-12}$$

式中，$C_T = \frac{4p}{\pi \alpha_i}W_\varphi$ 为转矩常数。

4）转速

电动机转速为

$$n = \frac{U - 2\Delta U - 2I_a r_a}{C_e \Phi_\delta} \tag{4-13}$$

空载转速为

$$n_0 = \frac{U - 2\Delta U}{C_e \Phi_\delta} = \frac{U - 2\Delta U}{\frac{2p}{15\alpha_i}W_\varphi \Phi_{\delta 0}} = 7.5\alpha_i \frac{U - 2\Delta U}{pW_\varphi \Phi_{\delta 0}} \tag{4-14}$$

2. 数学模型

假定无刷直流电动机工作在两相导通三相星形六状态方式下，反电动势波形为平顶宽度为 120° 的梯形波，电动机在工作过程中磁路不饱和，不计涡流和磁滞损耗，三相绕组完全对称，则三相绕组的电压平衡方程可以表示为

$$\begin{bmatrix} u_A \\ u_B \\ u_C \end{bmatrix} = \begin{bmatrix} R_S & 0 & 0 \\ 0 & R_S & 0 \\ 0 & 0 & R_S \end{bmatrix} \begin{bmatrix} i_A \\ i_B \\ i_C \end{bmatrix} + \begin{bmatrix} L-M & 0 & 0 \\ 0 & L-M & 0 \\ 0 & 0 & L-M \end{bmatrix} P \begin{bmatrix} i_A \\ i_B \\ i_C \end{bmatrix} + \begin{bmatrix} e_A \\ e_B \\ e_C \end{bmatrix} \tag{4-15}$$

式中，U_A、U_B、U_C 为定子绕组相电压；R_S 为每相绕组的电阻；i_A、i_B、i_C 为定子绕组相电流；e_A、e_B、e_C 为定子绕组相电动势；L 为每相绕组的自感系数（简称自感）；M 为每两相绕组间的互感系数（简称互感）；P 为微分算子。

电磁转矩方程为

$$T_{em} = (e_A i_A + e_B i_B + e_C i_C)/\omega \tag{4-16}$$

电动机在动态过程中的机械运动方程为

$$T_{em} - T_L - T_0 = J\frac{d\omega}{dt} \tag{4-17}$$

式中，T_L 为负载转矩；T_0 为摩擦转矩；J 为电动机转动惯量；ω 为机械角速度。

4.3.2 无刷直流电动机的运行特性

1. 启动特性

电动机启动时反电动势为零，电枢电流为正常工作时电枢电流的几倍到十几倍，因此启动电磁转矩很大，电动机可以很快启动，并能带负载直接启动。随着转子的加速，反电动势增加，电枢电流减小，电磁转矩降低，最后进入正常工作状态。空载启动时电枢电流和转速的变化如图 4-10 所示。

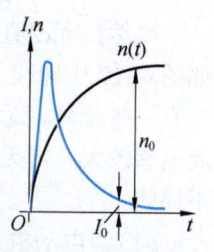

图 4-10 空载启动时电枢电流和转速的变化

2. 工作特性

无刷直流电动机的工作特性包括如下两方面关系：电枢电流与输出转矩的关系、电动机效率与输出转矩的关系，如图 4-11 所示。

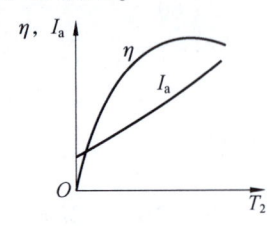

图 4-11 工作特性

1) 电枢电流与输出转矩的关系

无刷直流电动机的电磁转矩 T_{em} 和电枢电流 I_a 成正比，设摩擦转矩为 T_0，输出转矩为 T_2，则有

$$T_2 = T_{em} - T_0 = C_T \Phi_\delta I_a - T_0 = T_L \quad (4-18)$$

电枢电流随负载转矩增加而增加。

2) 电动机效率与输出转矩的关系

电动机效率为

$$\eta = \frac{P_2}{P_1} = 1 - \frac{\sum P}{P_1} \quad (4-19)$$

式中，$\sum P$ 为电动机的总损耗；P_1 为电动机的输入功率，$P_1 = I_a U$；P_2 为输出功率，$P_2 = T_2 n$。

$T_2 = 0$ 即没有输出转矩时，电动机效率为零。随着输出转矩的增加，电动机的效率也增加，当电动机的可变损耗等于不变损耗时，电动机效率达到最大值。随后，效率又开始下降。从效率特性可以看出，稀土永磁无刷电动机的高效率段较宽，当输出转矩 T_2 在一定范围变化时，仍可得到较高效率。这类电动机的主磁通受电枢反应影响小，电动机负载增大时，其电枢电流的增加相对较小，铜损耗就小，最高效率点下降较慢。

3. 机械特性

无刷直流电动机的机械特性为

$$n = \frac{U - 2\Delta U}{C_e \Phi_\delta} - \frac{2r_a}{C_e \Phi_\delta} I_a = \frac{U - 2\Delta U}{C_e \Phi_\delta} - \frac{2r_a}{C_e C_T \Phi_\delta^2} T_{em} \quad (4-20)$$

显然，无刷直流电动机与有刷直流电动机的机械特性的表达式相同，机械特性较硬，如图 4-12 中曲线 1 所示。但由于这是在忽略电枢绕组电感时得到的，故与实际的机械特性有一些差异。对于无刷直流电动机，参与换相的绕组为多相绕组，而不是单个线圈，因此电感较大。当无刷直流电动机采用不同的转子结构时，电感和电阻对机械特性的影响是不同的：

(1) 当电动机采用径向励磁结构形式时，电枢电感较小，电阻较大，电动机具有硬的机械特性，如图 4-12 中曲线 1 所示；

(2) 当电动机采用切向励磁结构形式时，电枢电感较大，机械特性较软，如图 4-12 中曲线 3 所示；

(3)通常情况下,电动机的电感和电阻均不应忽略,故机械特性介于上述两者之间,如图 4-12 中曲线 2 所示。

不同的供电电压驱动时,对于径向励激结构的无刷直流电动机,可得图 4-13 所示的机械特性曲线簇。图中低速大转矩时产生的弯曲现象,是因为此时流过开关管的电流较大,管压降 ΔU 增加较快,使电动机电枢绕组上的电压下降,转速进一步降低。

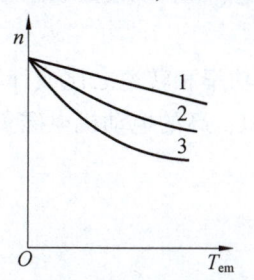

图 4-12 无刷直流电动机的机械特性

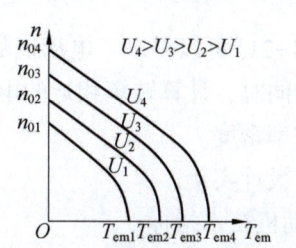

图 4-13 机械特性曲线簇

4. 调速特性

无刷直流电动机具有较好的控制性能,可以利用 PWM 方法,通过改变施加在电动机上电压的大小来实现平滑的速度调节。加在电动机上的等效电压 $U = U_d \tau$,因此可以通过调节加在逆变器上的直流母线电压 U_d 和 PWM 占空比 τ 进行调速。无刷直流电动机的调速特性如图 4-14 所示,当加在电动机上的电压超过始动电压后,电动机产生的电磁转矩大于负载转矩和摩擦转矩,电动机开始启动,随后电动机的转速和电压成正比,负载转矩越大,始动电压越大。

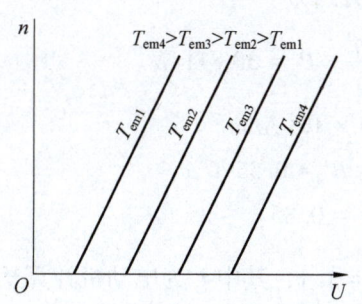

图 4-14 无刷直流电动机的调速特性

4.3.3 无刷直流电动机的设计

无刷直流电动机的设计是根据给定的额定值和基本技术性能要求,选用合适的材料,确定电动机各部分的尺寸,并计算其性能,以满足性能良好、节省材料、制造方便等基本要求。电动机设计涉及多方面知识,如电磁学、电路、机械、力学、声学等,设计的内容包括电磁设计、结构设计及工艺设计等。一个电动机的设计往往需要经过不断修正计算才能得到比较合理的方案。

1. 主要尺寸规格的确定

在电动机设计中,通常称电枢直径和电枢铁心计算长度为主要尺寸,电动机的其他尺寸、质量和技术经济指标都依赖于它。在无刷直流电动机中,主要尺寸、电动机的计算容量和电磁负荷之间存在着如下关系：

$$D_{i1}^2 l_i = \frac{6.1 P_i'}{\alpha_i A B_\delta n_N} \tag{4-21}$$

式中，D_{i1} 为电枢内径；l_i 为电枢铁心长度；A 为电动机线负荷；B_δ 为电动机气隙磁感应强度；α_i 为计算极弧系数；P_i' 为计算功率；n_N 为电动机额定转速（以上参数都取国际单位制的单位）。

由式(4-21)可以得出：电动机的主要尺寸由其计算功率和转速之比或计算转矩决定，其他条件相同时，计算转矩相近的电动机耗用的材料相似；高的电动机电磁负荷可以增加电动机的功率密度。

以下为设计实例。

1) 电动机技术指标

(1) 额定功率：$P_N = 30$ kW。

(2) 额定电压：$U_N = 300$ V(DC)。

(3) 额定转速：$n_N = 8\,000$ r/min。

(4) 额定效率：$\eta_N = 92.5\%$。

(5) 功率密度：$\rho_N = 0.45$ kW/kg。

(6) 工作状态：长期运行。

(7) 设计方式：方波。

2) 主要尺寸确定

(1) 预取效率：$\eta' = \eta_N = 92.5\%$。

(2) 计算功率：$P_i' = \dfrac{1 + 2\eta'}{3\eta'} \cdot P_i = 30\,811$ W。

(3) 预取线负荷：$A_s' = 190 \times 10^2$ A/m。

(4) 预取气隙磁感应强度：$B_\delta' = 0.55$ T。

(5) 预取计算极弧系数：$\alpha_i' = 0.85$。

(6) 预取长径比：$\lambda' = \dfrac{L}{D_a} = 1.1$，其中 L 为电动机计算长度，D_a 为定子内径。

(7) 电枢内径：$D_{i1} = \sqrt[3]{\dfrac{6.1 P_i'}{\alpha_i A_s' B_\delta' \lambda' n_N}} = 13.40$ cm $= 13.40 \times 10^{-2}$ m，取 $D_{i1} = 13.6 \times 10^{-2}$ m。

(8) 计算电枢铁心长：$L' = \lambda' D_{i1} = 14.96$ cm $= 14.96 \times 10^{-2}$ m。

(9) 实际长径比：$\lambda = \dfrac{L}{D_{i1}} = 1.102\,94$。

(10) 永磁体轴向长：$L_m = L = 15$ cm $= 15 \times 10^{-2}$ m。

(11) 转子铁心轴向长：$L_{ji} = L = 15$ cm $= 15 \times 10^{-2}$ m。

(12) 电枢外径：$D_1 = 21$ cm $= 21 \times 10^{-2}$ m。

(13) 计算气隙：$\delta = 0.14$ cm（含紧圈厚度）。

(14) 极对数：$p = 2$。

(15)极距：$\tau = \dfrac{\pi D_{i1}}{2p} = 10.681\ 4$ cm $= 10.681\ 4 \times 10^{-2}$ m。

2. 电磁负荷的选择

当线负荷 A 较高时：

(1)电动机的尺寸和体积将减小，可省钢铁材料；

(2)B_δ 一定时，由于铁心质量减小，铁耗随之减小；

(3)绕组用铜量将增加，这是由于电动机的尺寸小了，在 B_δ 不变的条件下，每极磁通将变小，为了产生一定的感应电动势，绕组匝数必须增加；

(4)增大了电枢单位表面上的铜耗，使绕组温升增高；

(5)定子绕组的去磁作用的影响比较显著，导致工作特性变差；

(6)改变了电气参数与电动机特性。

当气隙磁感应强度 B_δ 较高时：

(1)电动机的尺寸和体积将减小，可省钢铁材料；

(2)B_δ 的增大使电动机的铁耗增加，效率降低，同时使电动机温升增高；

(3)气隙磁位降和磁路的饱和程度将增加，空气隙与电动机定子磁路所需要的磁感应强度增高，势必要求高性能的磁钢和导磁材料，其成本随之上升；

(4)改变了电气参数和电动机特性。

因此，在同等功率和一定转速下，提高电动机的电磁负荷能够减小电动机的体积，节约材料的消耗和减小加工费用，但电磁负荷也不宜都选得太高，否则电动机铜耗、铁耗会相应增加，电动机效率会降低。又由于损耗的增加和散热面积的减小，因此温升增高，绝缘材料加速老化，影响到电动机的使用寿命。同时，无刷直流电动机的 B_δ 值直接取决于永磁材料的性能和尺寸，直接关系到电动机的成本，过高的 A、B_δ 对电动机的工作特性和可靠性也有不利的影响。因此，必须综合考虑电动机制造和运行的整个技术指标和经济指标选择合适的 A、B_δ。

在 A、B_δ 的乘积为一定的情况下，还应该考虑 A 和 B_δ 间的比例关系。由于电动机的电抗电动势正比于线负荷 A，因此设计时一般选用较小的 A 值和较大的 B_δ 值，以改善电动机的运行性能；同时，A 的减小也使定子绕组的用铜量降低。A 与 B_δ 的比例关系与电动机中铜、铁耗所占的比例也有密切关系，对于低速电动机，铁耗较小，B_δ 可以选用较大值；对于高速电动机，铁耗较大，B_δ 就不应选用较大的值。

此外，电磁负荷还与电动机的冷却条件、所用绝缘材料结构等级和电动机的功率以及转速(确切地说为电枢直径)有关。

电磁负荷选择时要考虑的因素很多，要分析对比所设计电动机与已有电动机之间在使用材料、结构、技术要求等方面的异同后再进行选取。因此，要从实际生产条件出发，综合进行分析和比较，以选择合理的电磁负荷数值。

3. 长径比值的选择

电动机的几何形状关系可以用电动机计算长度 L 与定子内径 D_a 的比值来表示，即

$$\lambda = \frac{L}{D_a} \tag{4-22}$$

λ 的大小对电动机的性能指标和经济指标是有影响的。$D_a^2 L$ 不变而 λ 较大时，有以下影响。

（1）电动机细长，绕组端部变短，用铜量相应减少，可提高绕组铜的利用率。单位功率的材料消耗减少，成本降低。

（2）电动机的体积未变，因而铁的质量不变，在同一磁感应强度下基本铁耗不变，但附加铁耗降低，机械损耗因直径变小而减小。电动机中总损耗下降，效率提高。

（3）绕组端部较短，因此端部漏抗减小。一般情况下，这将使总漏抗减小。

（4）电动机细长，在采用气体作冷却介质时，风路加长，冷却条件变差，从而导致轴向温度分布不均匀度增大。

（5）由于电动机细长，线圈数目较少，线圈制造工时和绝缘材料的消耗减少。但电动机冲片数目增多，冲模磨损加剧；同时机座加工工时增加，并因铁心直径较小，下线难度稍大。此外，为了保证转子有足够的刚度，必须采用较粗的转轴。

（6）由于电动机细长，转子的转动惯量与圆周速度较小，这对于转速较高或要求机电时间常数较小的电动机，有利于启动和调速。

因此选择 λ 值时，通常主要考虑的因素有：参数与温升、节约用铜、转子的机械强度和转动惯量等。为了全面衡量电动机的性能指标和经济指标，根据生产经验，λ 有一定的范围。实际设计时，λ 值的选择往往需要通过若干计算方案的全面比较分析，才能作出正确判断。

4. 槽数和极对数的选择

当电动机尺寸固定时，槽数决定绕线匝数、加工制造上的难度、铁心饱和的程度以及对转矩的影响。槽数越多，可以降低气隙磁阻的不均匀程度，减小由此产生的转矩脉动。电动机的齿槽结构会引起的磁路不均匀，对应产生的转矩称为齿槽转矩，工程上一般采用定子斜槽一个齿距角的方法来消除。

选择极对数时应综合考虑性能指标和经济指标。在设计电动机时，有时要选取几种极对数进行比较，才能确定合适的极对数。

当增加极对数时：

（1）转子外径、长度和气隙磁感应强度确定后，极数的增加，可减少每极磁通，定子轭及机座的横截面积可相应减少，从而减少电动机的用铁量。

（2）定子绕组端接部分随极对数增加而缩短，同样的电流密度下，绕组用铜量减少；磁极增多后，定子绕组电感相应减小。

（3）制造工时相应增加；漏磁不能太大，极弧系数减小，原材料的利用率变差。

（4）同样的转速下，定子齿的铁耗随极对数的增加而增大，而定子轭的铁耗则增加很少；电流密度不变时，定子绕组中的铜耗随极对数的增加而降低。一般来说，电动机效率随极对数的增加而有所下降。

5. 永磁材料及铁心材料的选择

目前常用的永磁材料主要有钐钴永磁材料和钕铁硼永磁材料，这两种永磁材料又分别有烧结式和黏结式之分。一般地，烧结式永磁材料在同等条件下可以产生比黏结式永磁材料高的气隙磁感应强度，适用于高磁负荷的电动机。烧结式永磁材料产生的气隙磁感应强度一般为 0.55~0.7 T，有的也会在 0.7~0.9 T 之间；黏结式永磁材料性能相对来说较低，一般气隙磁感应强度在 0.35~0.45 T 之间。黏结式永磁材料的优点是加工工艺简单，可以根据需要制成各种形状的永磁体，适用于大批量生产。在设计电动机时应根据选定的磁负荷和工艺要求合理选择永磁材料。

电动机中使用的铁心材料通常称为软磁材料，它们具有低的磁滞回路和高的磁导率等特性。目前产业界最常使用的铁心材料种类有热轧硅钢片、冷轧硅钢片、铸钢、锻铁等。对无刷直流电动机来说，铁损耗主要集中在定子上，定子一般采用硅钢片叠加而成。在设计电动机时，使电动机在额定工作下，硅钢片中磁感应强度值在磁化曲线临界饱和点附近，以达到充分利用材料的目的。一般地，硅钢材料的饱和点在 1.6~1.7 T 之间，特种材料则在 2.2 T 左右，如 1J22，这种材料特别适用于航空航天领域电动机体积、质量要求严格的场合。

6. 定子绕组导线横截面的选择

定子绕组导线横截面的选择取决于导线的电流密度 j_a。若选取的 j_a 较大，则导线横截面较小，从而可以缩小槽形，还可以相应地减小定子铁心尺寸、节省材料、减轻质量和降低成本；但是 j_a 过大时，铜耗增大，效率降低，运行费用提高，电动机温升上升。为了节省电动机的有效材料，电动机设计中总是希望选取较大的 j_a 值，这时需要加强电动机的冷却措施或提高绝缘等级。因此，定子绕组电流密度 j_a 的大小与电动机的绝缘等级、结构形式、冷却条件和转速等有关。

此外，导线横截面太小时可用两根或三根并绕。导线横截面较大时宜用扁线，这时应选用矩形槽，导线的高度与宽度应结合矩形槽的形状和槽绝缘确定。

7. 气隙、槽满率及漏磁系数的选择

设计时必须注意气隙、槽满率等问题。气隙、槽满率直接关系到制造难度、制造工艺等。对于电动机气隙的选择，考虑到加工工艺，可以取得小一些，以节约永磁材料的用量；对于电动机槽满率，不应太大，也不应太小，太大会造成下线困难，太小则槽的利用率不高，导致电动机材料的浪费。

无刷直流电动机有一套成熟的设计流程，包括主要尺寸、定子结构、转子结构、磁路、电路、电枢反应和电动机性能计算，这里不再详细展开。

4.4 无刷直流电动机的控制

4.4.1 无刷直流电动机的双闭环控制

对于有位置传感器的无刷直流电动机，常用的控制方法是经典的速度环、电流环双闭环控制。本节利用仿真模型的搭建过程，介绍无刷直流电动机的双闭环控制。以下分别建立无刷直流电动机本体和逆变器模块，结合控制模块进行仿真分析。

1. 无刷直流电动机本体模块

无刷直流电动机本体模块一般分为四部分：电压平衡模块、反电动势计算模块、电磁转矩计算模块和运动方程模块。通过检测电动机定子反电动势过零点信号，并对该信号移相，可以得到换相逻辑。

电动机的相关参数如下：

(1) 直流母线电压：270 V(DC)；

(2) 额定功率：11 kW；

(3) 额定转速：7 500 r/min；

(4) 额定负载：14.1 N·m；

(5) 电动机相电阻：0.023 Ω；

(6) 电动机相电感：0.1 mH；

(7) 电动势系数：0.016 10；

(8) 转矩系数：0.153 80。

1) 电压平衡模块

根据式(4-15)可在 MATLAB 环境中搭建无刷直流电动机的电压平衡模块，仿真模型如图 4-15 所示。

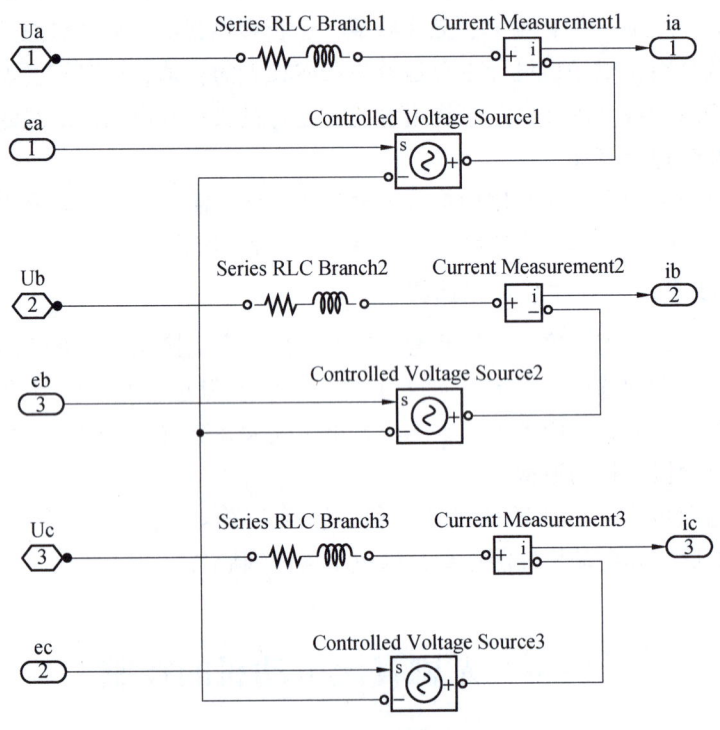

图 4-15 电压平衡模块仿真模型

2) 反电动势计算模块

反电动势 e_a、e_b、e_c 是互差 120°电角度的梯形波，以 A 相为例，由式(4-7)和 A 相的反电动势波形(图 4-16)可知，无刷直流电动机的反电动势不仅与电动机转速有关，还与电动机旋转的电角度有关。通过电动机换向过程可知，电动机绕组反电动势在平顶波部分时该绕组处于导通状态，这样，在确定反电动势的波形的同时也就得到了逆变器六个晶体管的开关信号。反电动势计算模块仿真模型如图4-17所示，该模块输入信号为电角度angle，角速度ω，以及正/反转信号ZF，输出信号为三相反电动势e_a、e_b、e_c以及六路开关管的开关信号 A+、A-、B+、B-、C+、C-。在此模型中，饱和环节的上极限值设定为0.5，下极限值设定为-0.5，用削去顶部的正弦波来代替梯形波。Gain3、Gain4、Gain5为无刷直流电动机反电动势系数。

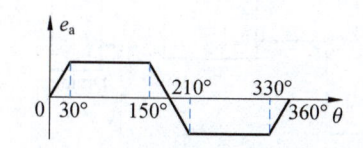

图 4-16 A 相的反电动势波形

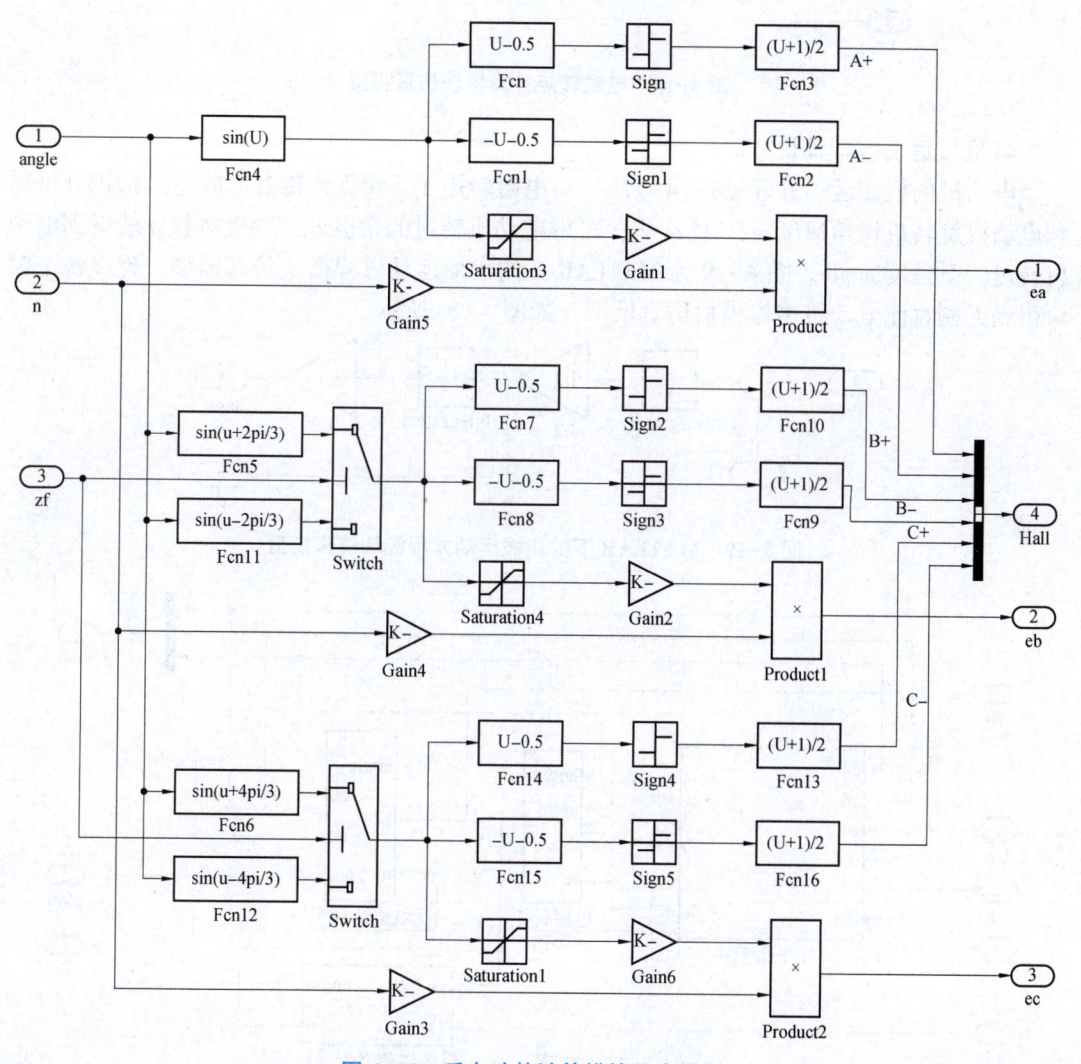

图 4-17 反电动势计算模块仿真模型

3) 电磁转矩计算模块

根据无刷直流电动机的电磁转矩方程(4-16)，可得到电磁转矩计算模块仿真模型，如图 4-18 所示。

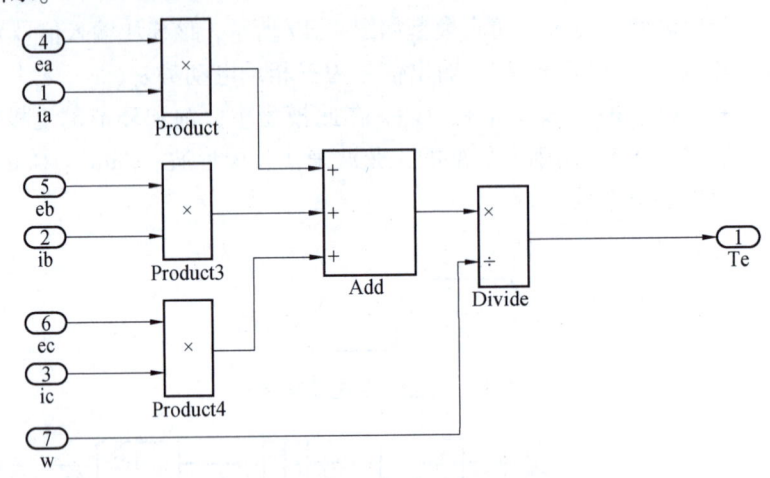

图 4-18 电磁转矩计算模块仿真模型

4）机械运动方程模块

电动机的机械运动方程见式(4-17)，对电磁转矩 T_{em} 和负载转矩 T 的差进行积分可得到电动机旋转机械角速度 ω，对 ω 积分可得电动机转过的角度 θ，乘极对数 p 就得到电动机转过的电角度 angle。图 4-19 为 MATLAB 下的机械运动方程模块仿真模型。连接各个模块得到无刷直流电动机本体模块仿真模型，如图 4-20 所示。

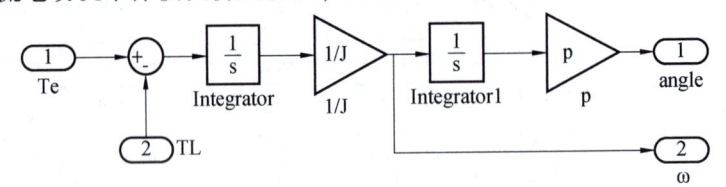

图 4-19 MATLAB 下的机械运动方程模块仿真模型

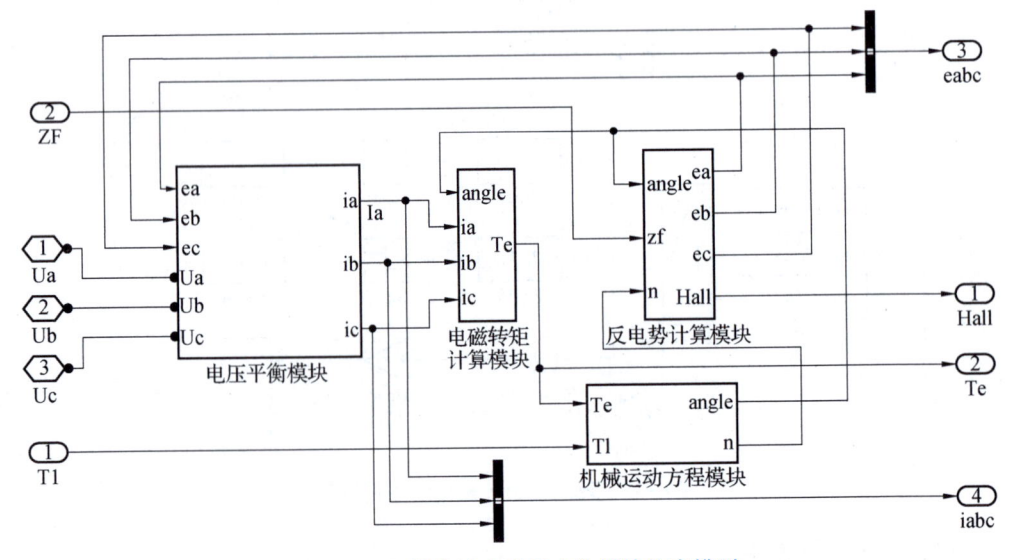

图 4-20 无刷直流电动机本体模块仿真模型

2. 逆变器模块

无刷直流电动机在换相、斩波时，会引起母线电流的脉动，在小功率情况下，这种微小的脉动可以忽略，而在大功率情况下，这种脉动将会被放大很多倍。在实际中，线路存在寄生电感和寄生电阻，大的电流脉动将引起母线电压突变。为了达到模拟实际逆变器的效果，用六个 MOSFET 搭建逆变器模型，并考虑线路的寄生电阻、寄生电感和母线滤波电容。建立逆变器模块仿真模型，如图 4-21 所示，VCC、GND 表示母线输入电压，L1、L2、L3、L4 代表母线寄生电感和寄生电阻，A、B、C 表示为三相逆变器的输出，输入信号为六个 MOSFET 的控制信号，C1、C2、C3 代表小容量的滤波电容，C4、C5、C6、C7 代表大容量的滤波电容。

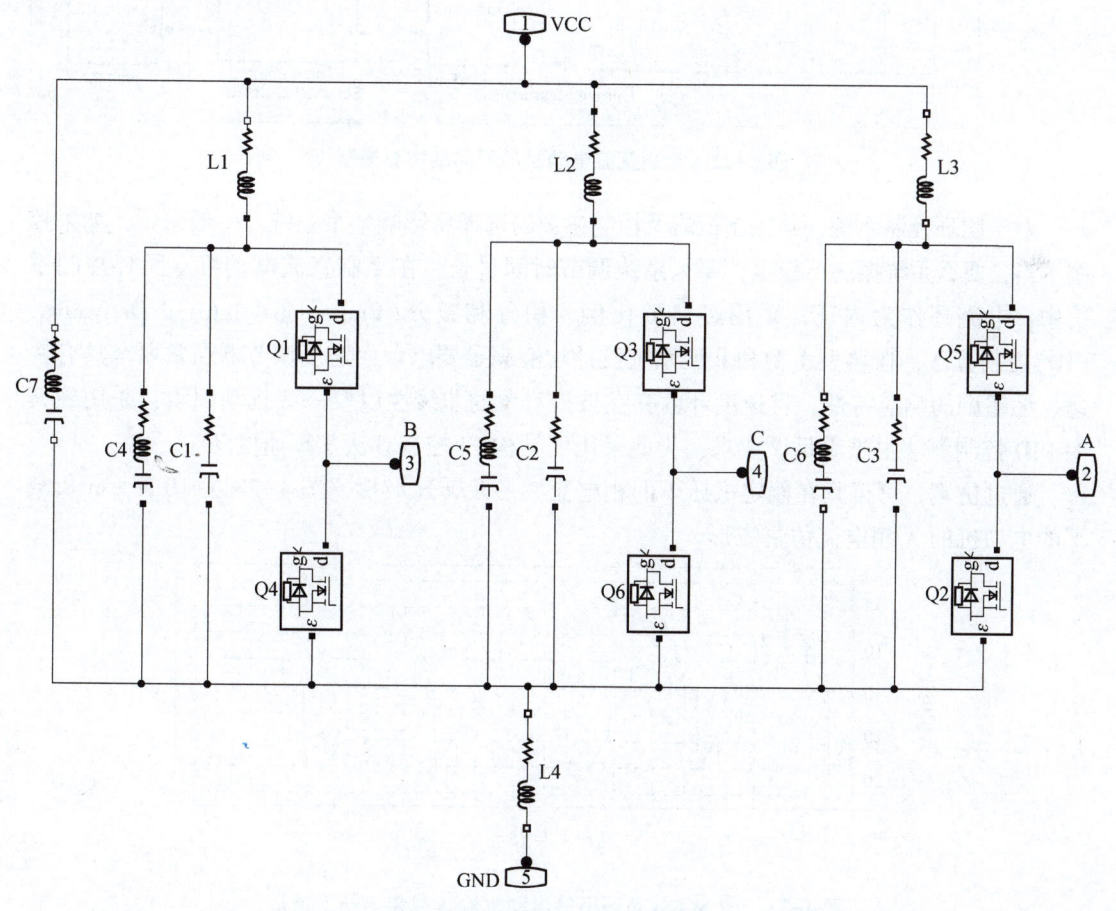

图 4-21 逆变器模块仿真模型

3. 无刷直流电动机的双闭环仿真

联立电动机模块和逆变器模块，得到无刷直流电动机的双闭环仿真模型，如图 4-22 所示。图中 PWM 模块产生脉宽调制信号。PWM 模块通过对双极性方波积分得到三角波，三角波的频率由方波的频率决定，幅值由放大增益决定，三角波作为载波与输入电压相比得到 PWM 波。PWM 信号和六路霍尔(Hall)信号输入通过逻辑换向模块(LOGIC)产生六路功率晶体管的驱动信号。

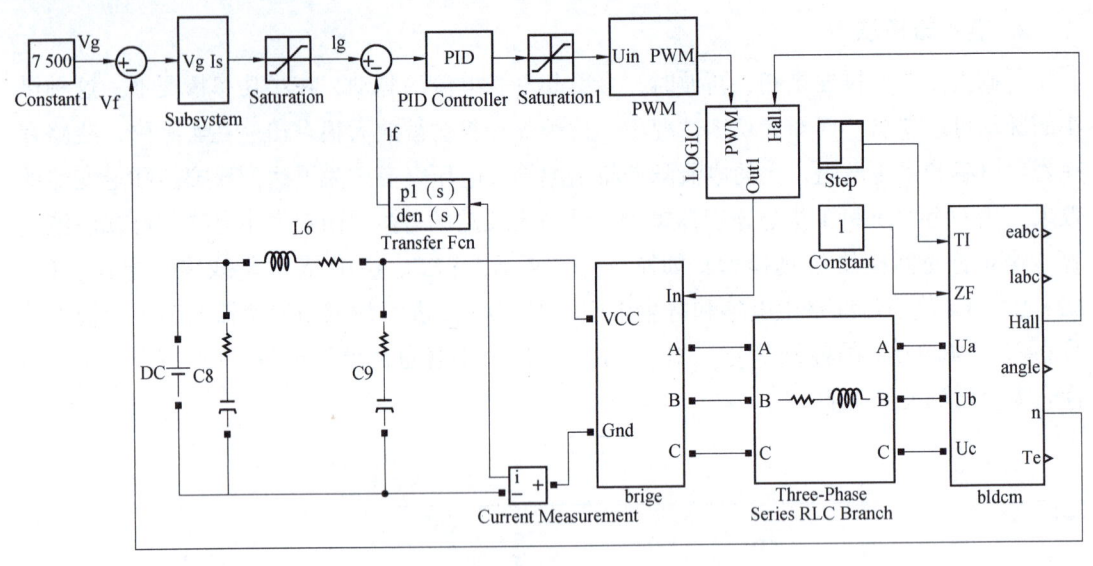

图 4-22 无刷直流电动机的双闭环仿真模型

对于闭环控制系统，其控制策略及控制参数的选择将影响整个系统。一般来说，如果控制不当，要么系统振荡不稳定，要么系统调节时间过长。在无刷直流电动机双闭环控制系统中，电流环作为内环，采用经典的比例、积分和微分（Proportional Integral Derivative，PID）控制算法，按典型Ⅰ型和Ⅱ型系统设计均能满足要求。而速度调节器通常要求具有快速、无超调的响应特性，且速度环内存在被控对象的非线性以及一些扰动因素，采用经典的 PID 控制算法很难满足该要求，为此采用变结构 PI 控制算法实现速度环。

通过仿真，可得到在额定电压下的相电流波形及转速波形。图 4-23 为 10 N·m 负载下的电动机的 A 相电流仿真波形。

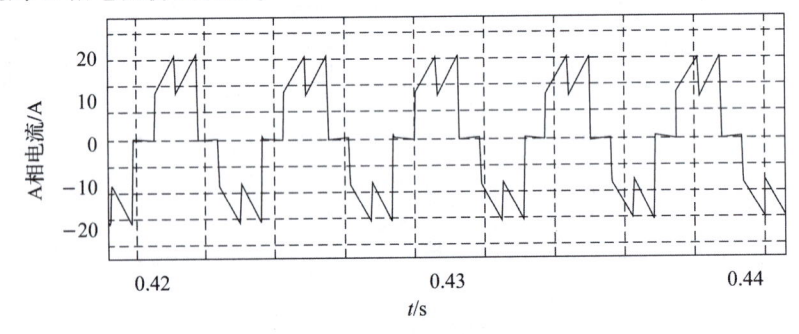

图 4-23 10 N·m 负载下的电动机的 A 相电流仿真波形

图 4-24 为突加负载时电动机转速的仿真波形。该仿真模型中，系统给定转速 7 500 r/min，当负载从 3 N·m 突加到 10 N·m 时，转速立刻下降，速度偏差增大，这时速度环比例增益较大，控制模块输出电压迅速升高，PWM 占空比增大，电动机转速升高。当转速平稳时，速度环积分环节起主要作用，减少转速静差。从图中可以看出，该动态过程响应过程时间较短，满足自动控制系统响应速度的要求。

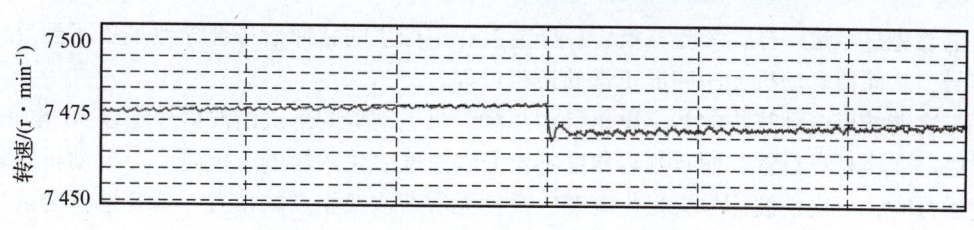

图 4-24 突加负载时电动机转速的仿真波形

4.4.2 无刷直流电动机的无位置传感器控制

在无刷直流电动机运行的过程中,可以利用位置传感器实时检测转子的位置信号,经过逻辑转换向换相电路提供准确的换相信号,从而控制逆变器中功率晶体管的通断,驱动电动机旋转。然而,在实际应用中发现,位置传感器的安装误差难以避免,这会降低电动机的工作可靠性和控制性能;位置传感器占用电动机结构空间,限制了电动机向小型化发展。因此,无位置传感器控制技术的研究与应用,对于提升无刷直流电动机全方位的控制性能至关重要。无位置传感器控制方式尽管会导致转子位置检测精度有所降低,但其能够拓宽电动机的适用范围、提升电动机工作可靠性和使用寿命。无刷直流电动机的无位置传感器控制方法如下。

1. 反电动势检测法

反电动势检测法是一种广泛应用且技术最成熟的检测方法,简单可靠、容易实现。反电动势检测法包括相反电动势法和三次谐波反电动势法,相反电动势法包括反电动势过零法、反电动势积分及锁相环法等。

反电动势过零法是通过检测反电动势波形的过零点得到转子位置,从而控制逆变器的开关动作。反电动势过零法分相反电动势过零法和线反电动势过零法。对反电动势为梯形波的无刷直流电动机来说,由于在任意时刻只有两相导通,而另一相悬空,因此可以方便地检测出悬空相的反电动势。而悬空相反电动势的过零点,再延时 30°电角度即为换流时刻。

相反电动势过零法存在一些缺点:低速或转子静止时不适用;电压比较器对被检测信号中的毛刺、噪声非常敏感,有时会产生不准确的反电动势过零信号;相反电动势 30°延迟角会受到电动机转速变化的影响,从而导致误差;由于电感电流不能突变,因此续流二极管在导通过程中产生的脉冲信号会干扰相反电动势的采集,导致换相失败。

线反电动势过零法通过将任意两相反电动势相减得到电动机的线反电动势,在转子运行的整个周期中,线反电动势为零处,就是换相点的位置。图 4-25 为相反电动势、线反电动势过零点与换相点的关系,线反电动势的波形呈梯形波分布,且幅值是相反电动势幅值的 2 倍。与相反电动势过零法比较,线反电动势过零法不需要延迟 30°电角度处理,避免了速度变化带来的延迟角相移。与此同时,线反电动势的幅值比相反动电动势高出 1 倍,因此,在完全相同的工况下,线反电动势信号更易采集,而且不需要额外设计电路来获取中性点电压,降低了设计的复杂性。

反电动势积分及锁相环法是对非导通相的相反电动势积分,在通常换流条件下,积分结果为 0,电动机按正常时序进行换相。但当电动机超前换相时,反电动势积分值为负,导致换相频率变慢。相反,若发生滞后换相,则积分值为正,就会加快电动机的换相频率。通过积分值正负情况来控制电动机保持正常的换相频率,从而进行正确的换相。但同相反电动势过零法一样，续流二极管在导通过程中产生的脉冲信号会导致采集不到反电动势信号，从而使电动机无法完成正常的换相过程。

三次谐波反电动势法的基本思想是将相绕组反电动势的三次谐波信号延迟90°电角度，便可以获取换相点位置，而且延迟角度不会受到速度变化的影响。但是，当电动机以较低转速运行时，三次谐波信号会发生畸变，致使无法获取换相点的位置，需要选择合适的电动机启动策略使电动机过渡至速度阈值以上，再切换到反电动势检测环节。

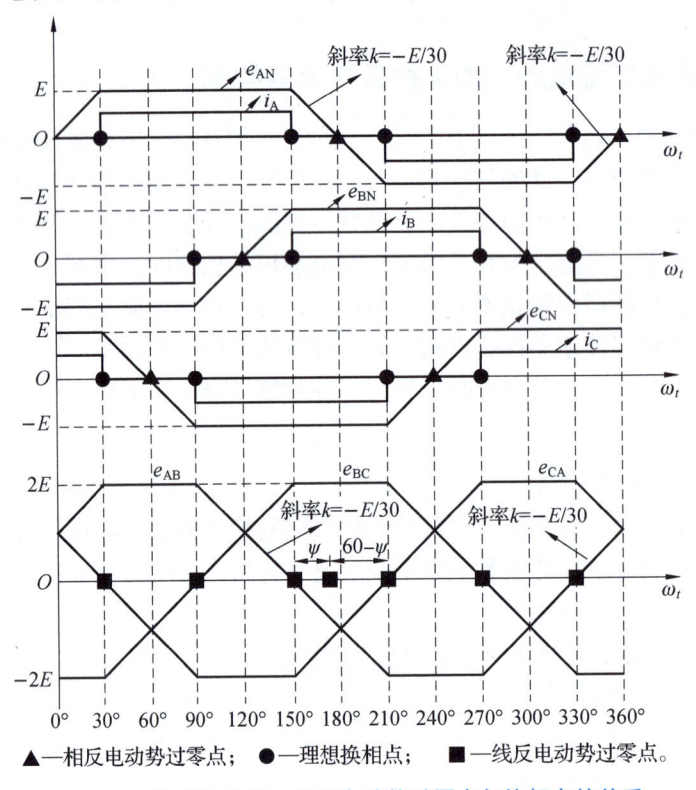

图 4-25　相反电动势、线反电动势过零点与换相点的关系

2. 续流二极管法

采用两两导通、另一相悬空的模式，通过检测回接逆变功率晶体管的续流二极管的通断状态，可以准确地确定无刷直流电动机的换相时刻。然而，由于续流二极管的数量众多，控制方式复杂，技术不够成熟；实际运用要求能够识别出无效的错误导通信号，操作难度较高。同时，此法检测精度不够高，需要一定的补偿措施，在国内的应用并不多。

3. 磁链函数法

磁链函数法又称速度无关位置磁链函数法，磁链函数的峰值点对应的是换相时刻，通过对磁链函数设置门槛值来确定换相时刻。但由于计算量大、积分计算复杂、时间成本长、检测转子信息延迟等原因，存在一定的换相误差。为了解决这一问题，可以通过磁链观测来获取电动机转子的位置信息，即从电动机定子绕组磁链中获得转子磁链矢量，但是由于积分饱和度和累计误差的存在，这些信息的准确性会受到影响。

4. 状态观测器法

状态观测器法的原理是将电动机的三相电压、电流经派克变换之后，估算出转子位置。

将直角坐标下的相电流、相电压转变到旋转坐标系下，根据派克变换方程计算出相电压，并将该值与转换得到的电压值相比较，由两坐标系的相位差和比较得到的电压差值构造出关系式 $\Delta U = f(\theta)$，当 $\Delta \theta$ 趋于 0 时，$\Delta U \propto \Delta \theta$，因此，通过构造电压差值状态观测器可以实时获取 ΔU 的值，间接地获取 $\Delta \theta$，也就是需要的转子位置信息。该方法适用于正弦波驱动的无刷直流电动机，而且计算较为复杂，在方波驱动的无刷直流电动机中应用并不广泛。

无位置传感器控制技术各有其优势和不足，因此应根据系统性能要求和应用场景选择最合适的控制方式。

4.5　无刷直流电动机的转矩脉动

转矩脉动问题一直是阻碍无刷直流电动机在某些领域应用的瓶颈。无刷直流电动机如果具有较大的转矩脉动，就会降低系统的使用寿命和稳定性。因此，研究无刷直流电动机转矩脉动产生的机理及抑制方法，对提高设备的运行质量和延长寿命具有现实意义。

引起电磁转矩脉动的原因主要有以下方面。

1. 绕组换相

无刷直流电动机定子绕组由电阻与电感组成，无刷直流电动机在通电时，电动机每经过一个磁状态，定子绕组中的电流就要换相一次，在理想运行情况下，电动机在换相过程开始时，导通相有电流流过，关断相电流为 0；但是根据电感的自身特性，在实际运行的换相过程中，电流的变化存在延迟，电流不会突变，因此会使得定子电流会存在波动。图 4-26(a) 为理想情况下的 A 相电流，图 4-26(b) 为实际情况下的 A 相电流。对照图 4-9(a)(b) 可知，90°电角度和 270°电角度为换相时刻，此时由于电感的存在，电流不会发生突变，因此产生了脉动，进而使得电磁转矩产生波动。

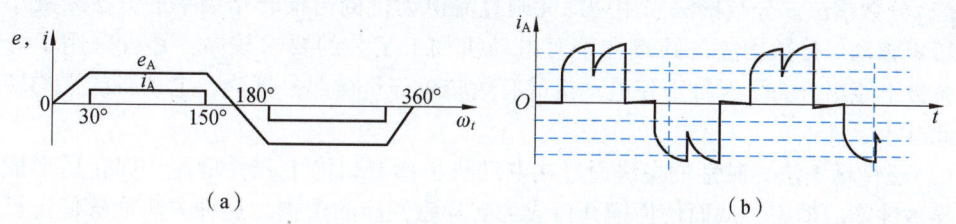

图 4-26　绕组换相引起的电流脉动
(a) 理想情况下的 A 相电流；(b) 实际情况下的 A 相电流

绕组换相引起的转矩脉动可以通过以下方法进行抑制。

(1) PWM 斩波法。PWM 斩波法针对高速时的电动机换相转矩脉动问题有较好的抑制效果。其工作原理：通过在断开前和导通后分别对开关器件斩波处理，来调整无刷直流电动机在电流换相期间各绕组端电压，使电动机在换相期间的电流上升速度等于其下降速度，从而来弥补总电流幅值的变化，达到减小无刷直流电动机换相转矩脉动的目的。

(2) 滞环电流法。滞环电流法的工作原理：把滞环电流调节器加入无刷直流电动机系统的电流环中，然后对电流的设定值和实际值进行比较。当电流实际值大于滞环宽度的上限时，开关器件关断，电流减小；当电流实际值小于滞环宽度的下限时，开关器件导通，电流增加。

(3)重叠换相法。重叠换相法的工作原理：在换相过程中，将原本应该立即导通的开关器件提前导通，并且将原本应该立即关断的开关器件延迟关断。提前和延迟的时间即为重叠时间，通过重叠换相法能够对换相期间的电流进行补偿，从而抑制电动机的转矩脉动。在重叠期间，定频采样电流调节技术利用PWM来减小无刷直流电动机的换相转矩脉动，通过电流调节来自动控制重叠时间，从而克服了重叠区间难以确定的问题。但是，重叠换相法存在一些局限性：必须保证开关频率和电流采样频率足够高；需要离线求解开关状态，在操作中实现较为困难。

2. 齿槽效应

无刷直流电动机的转子为永磁体结构，而定子铁心往往开槽。有齿有槽的这种结构，使得定、转子之间的气隙宽度不一样，气隙磁路分别在齿和槽位置上的对应磁阻存在差异，气隙磁感应强度存在脉动，如图4-27所示。电动机在运行时，定子齿槽与转子永磁体的相互作用，会产生一个幅值随转子转角变化而变化的转矩，称为齿槽转矩。由于定子齿与转子磁极相吸产生切向磁拉力，使转子有旋转到与定子成特定角度的趋势，导致永磁体的磁路磁阻最小，即转子磁极力图与定子齿"对齐"，故该转矩又称为定位转矩。齿槽转矩会与电磁转矩相互叠加，齿槽转矩随转子的角位置变化，其结果是导致转矩脉动。

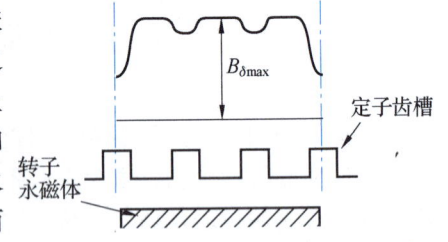

图4-27 齿槽对气隙磁感应强度的影响

齿槽效应引起的转矩脉动可以通过以下方法进行抑制。

(1)定子斜槽法。定子斜槽法是抑制无刷直流电动机齿槽转矩脉动较为常用的方法，通过计算得到无刷直流电动机所需的斜槽系数，并选取最优的斜槽系数。定子斜槽法的缺点在于会减少绕组反电动势的高次谐波，致使电动机绕组的反电动势更加接近于正弦波。

(2)分数槽法。分数槽法采用增加无刷直流电动机的齿槽转矩频率的方法来减小电动机的转矩脉动。分数槽法的缺点在于对电动机加工工艺的要求较高，并且采用了分数槽后，各极下绕组分布不对称而使电动机的有效转矩分量被部分抵消，电动机的平均转矩也会因此减小。

(3)磁性槽楔法。磁性槽楔法通过在电动机齿槽开口涂上磁性槽泥，固化后形成一定具有导磁性能的槽锲，从而使齿槽开口成为有导磁性能的槽楔。这种方法能够使定子和转子之间的气隙磁分布更加均匀，从而抑制电动机的齿槽转矩脉动。由于磁性槽锲材料的导磁性能不是很好，因此对于转矩脉动的削弱程度有限。

(4)闭口槽法。闭口槽法就是将无刷直流电动机的定子槽封闭，并且槽口和齿部使用的材料一致。采用这种方法可以提高无刷直流电动机槽口的导磁性能，所以闭口槽比磁性槽锲更能有效地削弱转矩脉动。但采用闭口槽，给绕组嵌线带来极大不便，同时也会大大增加槽漏抗，增大电路的时间常数，从而影响电动机控制系统的动态特性。

3. 非理想条件下的反电动势

在理想条件下，无刷直流电动机的反电动势是理想的梯形波，波形宽度为120°电角度，当电动机在导通状态下运行时，电动机接通电源，会接入一个120°电角度的方波电流，此时，电动机的电磁转矩是恒定不变的。在实际情况下，因为绕组的绕法、电动机制造工艺或转子永磁体充磁不理想等因素，可能造成电动机反电动势不是理想梯形波，但是控制系统依然按照反电动势为理想梯形波的情况供给方波电流,从而引起电磁转矩脉动。

此类电磁转矩脉动的抑制需要对反电动势进行精确的测定,采用有限元法可以得到与实际情况相吻合的反电动势波形,从而得到精确的电流波形。首先利用有限元法得到无刷直流电动机三相的反电动势,然后对 4.4.1 节的反电动势计算模块进行修改,将有限元法得到的反电动势标幺值作为输入量注入 table 控件中,这样在动态仿真过程中,反电动势可以通过查表拟合得出的标幺值(基于转子位置)乘反电动势系数和转速得到。半个电周期内 A 相反电动势标幺值及电流导通区间如图 4-28 所示,可以看出反电动势的平顶波部分小于 120°电角度。

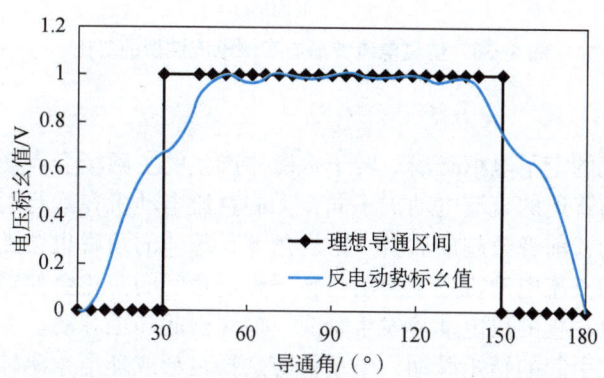

图 4-28　A 相反电动势标幺值及电流导通区间

采用查表法的反电动势计算模块仿真模型如图 4-29 所示,图中虚线图标注部分即为注入反电动势标幺值的 table 控件。利用搭建的电动机模型仿真了母线电压为 120 V、PWM 占空比为 100%驱动状态下电动机的相电流。仿真电流波形与实测电流波形的对比如图 4-30 所示,考虑反电动势非理想得到的电流波形更接近实测波形。

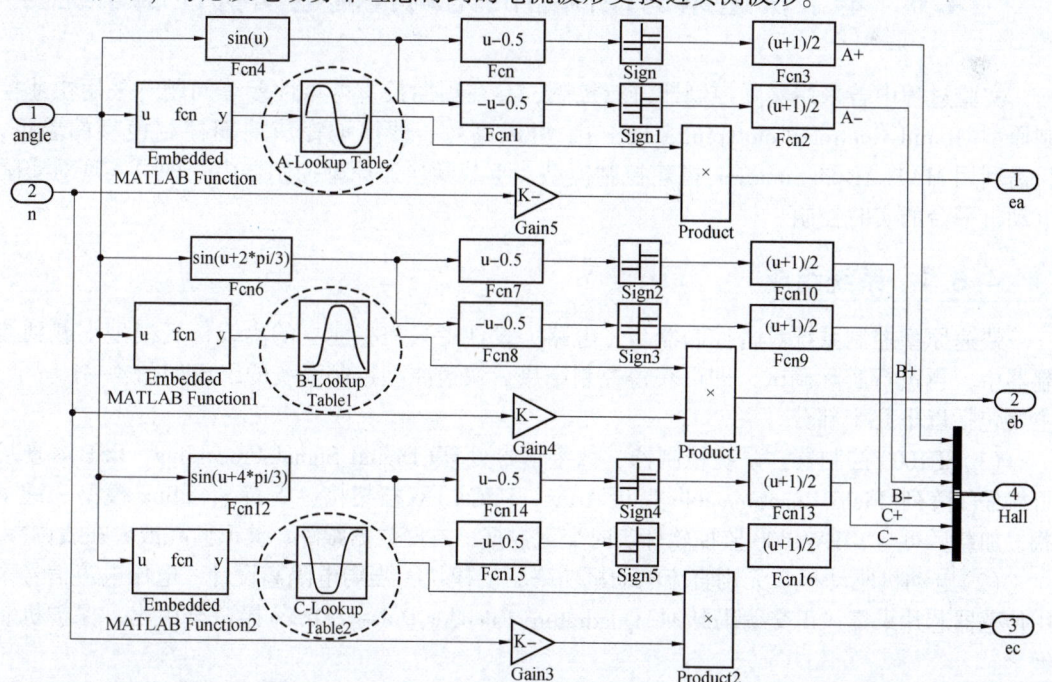

图 4-29　采用查表法的反电动势计算模块仿真模型

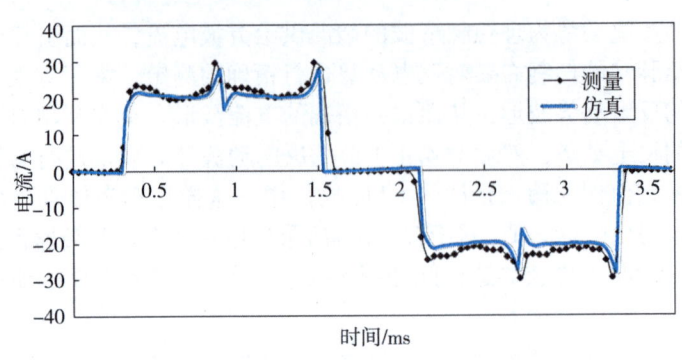

图 4-30　仿真电流波形与实测电流波形的对比

4. 电枢反应

无刷直流电动机的定子电枢磁场对转子永磁体产生的主磁场会有影响,即无刷直流电动机的电枢反应。与普通的直流电动机不同,无刷直流电动机在运行时,定子磁场与转子磁场之间不是正交的,前者会超前后者一定的角度,超前的角度也会随电动机的运转而发生改变,因此,无刷直流电动机定子磁场与转子磁场之间的变化会使得电动机的合成磁场发生畸变,进而使电动机的反电动势发生畸变,最终引起转矩脉动。

为减小电枢反应引起的转矩脉动,电动机应选择瓦形或环形永磁体径向励磁结构,适当增大气隙,也可设计磁路使电动机在空载时达到足够饱和。

另外,机械加工工艺水平的差异和电动机部件材料性能的优劣都会造成无刷直流电动机转矩脉动。

4.6　基于快速原型控制器的无刷直流电动机控制系统

实验过程中若采用实际控制器进行控制,存在周期长、可靠性差等问题。采用快速控制原型(Rapid Control Prototyping,RCP),可以高效、便捷地完成前期控制模型的验证,只需利用 MATLAB 的 Simulink 搭建控制模型,下载到快速原型控制器中,即可实现对实际电动机平台的实时控制。

4.6.1　系统组成

快速原型控制系统具备控制器与主电路,设计者只需将建立的离线仿真模型下载到控制器中,再进行实际调试,即可获得控制结果。快速原型控制系统的组成如图 4-31 所示,主要包括以下几个部分。

(1) SP1000 控制器:系统控制器,数字信号处理(Digital Signal Processing,DSP)+现场可编程门阵列(Field Programmable Gate Array,FPGA)双核架构,支持 Simulink 模型一键下载,加载后可与 VIEW1000 监控软件实时交互数据,方便数据跟踪、波形监控或者在线调参。

(2) 电动机驱动板:无刷直流电动机功率驱动模块,强弱电隔离设计,电压电流信号采用传感器芯片采集,正交编码脉冲(Quadrature Encoder Pulse,QEP)接口全引出,保护机制健全。

(3) 磁粉制动器:小型张力制动器,具有百分比电压输出、0~24 V 旋钮调节、数字显示、短路保护和过载保护功能。

(4)无刷直流电动机:运行时可通过磁粉制动器进行加载。

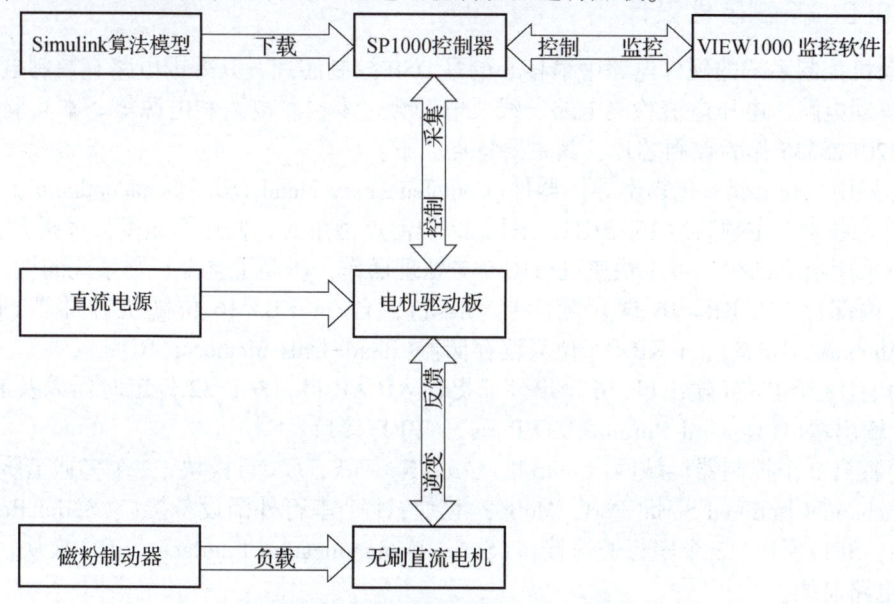

图 4-31 快速原型控制系统的组成

(5)直流电源:用于驱动板的供电及电动机的供电。

(6)Simulink 算法模型:Simulink 是 MATLAB 的一个强大组件,可以帮助使用者快速、准确地构建复杂的系统,而无须复杂的编程,只需要简单的鼠标操作,就可以轻松实现动态系统建模、仿真和综合分析的功能。当系统模型搭建完成后,可以直接在控制器中快速下载,省去了烦琐的设置步骤。

(7)VIEW1000 监控软件:上位机软件,采用以太网通信,用于实现与 SP1000 控制器的实时数据交互,方便客户进行数据分析、波形监控及在线调参等。

图 4-32 为基于快速原型控制器的半实物电动机控制实验系统实物图,硬件组成主要有 SP1000 控制器、电动机驱动板、无刷直流电动机、磁粉制动器、计算机等。软件主要使用 MATLAB 和上位机软件(VIEW1000)。

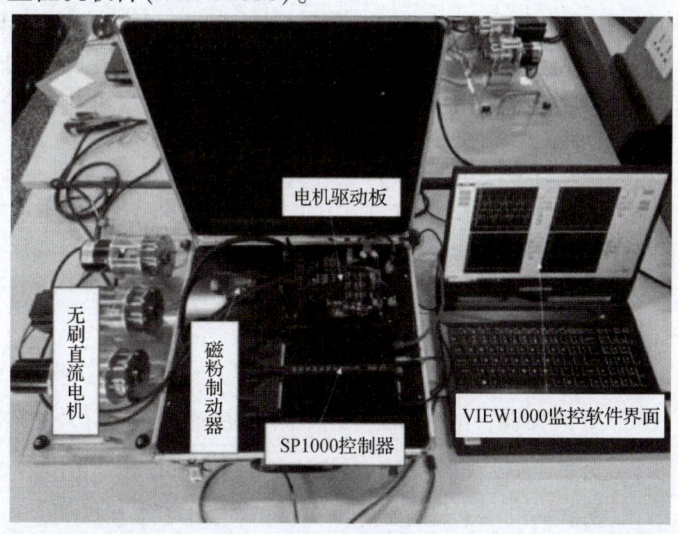

图 4-32 基于快速原型控制器的半实物电动机控制实验系统实物图

4.6.2 系统硬件设计

电动机控制系统的硬件电路中最核心的是 DSP 控制芯片,其外围电路有控制电路、逆变器及驱动电路、电压电流检测电路、线反电动势过零检测电路和电源等。本实验平台选取 TMS320F28335 作为控制芯片,其主要特点如下:

(1)采用互补金属氧化物半导体器件(Complementary Metal Oxide Semiconductor,CMOS)高性能静态技术,主频高达 150 MHz,采用 32 位浮点型单元,使运算速度大大提升;

(2)采用哈佛结构,可以快速进行中断与处理操作,提高了整个控制系统的性能;

(3)内部含 256 KB×16 位片载闪存(flash),含 34 KB×16 位随机存储器(Random Access Memory,RAM),1 KB×16 位只读存储器(Read-Only Memory,ROM);

(4)有 18 个 PWM 输出口,6 个事件捕捉输入 CAP 口,8 个 32 位定时器以及 88 个通用输入/输出端口(General Purpose I/O Ports,GPIO)接口;

(5)拥有 2 个控制器局域网(Controller Area Network,CAN)模块,2 个多通道缓冲串行口(Multichannel Buffered Serial Port,McBSP)模块,1 个串行外围设备接口(Serial Peripheral Interface,SPI)模块,3 个串行通信接口(Serial Communication Interface,SCI)模块,1 个内部集成电路总线。

由于 DSP 芯片自身的负载能力有限,为了提高电动机的启动、停止和转速控制能力,本系统采用了 IPM-FSBB30 模块来驱动六个 IGBT 功率晶体管。IPM-FSBB30 是一种高效的低功率电动机驱动芯片,具有电路欠压保护和过流保护功能,而且采用单电源 IGBT 栅极驱动,使得系统的可靠性大大提高。

由于 TMS320F28335 控制芯片的电压较低,能承受的电压电流也较低,为了使驱动板发生的故障不会扩散到核心板,因此在控制信号进入驱动板时应先进行隔离。本系统在驱动板与核心板之间加设光耦隔离电路,将输入电路和输出电路的信号以光为介质进行传递,使核心板与控制板隔离,这不仅加强了系统的鲁棒性,同时也保证了驱动板的故障不会扩散到核心板。DSP 处理器产生的是高频 PWM 波,为了避免信号在隔离前后出现延迟,本系统设计时采用 ACPL-P480 快速光耦芯片作为隔离芯片。

快速原型控制器 SP1000 可以将图形化程序语言编写的控制转变为数字输入(Digital Input,DI)/数字输出(Digital Output,DO)、模拟输入(Analog Input,AI)/模拟输出(Analog Output,AO)量,实现实际的硬件控制。通过 Simulink 搭建所设计的控制算法模型,将模型接口与硬件驱动接口相连接,然后在 CCS 软件环境下输出为可执行文件,并将其放到 SPACE 控制器中运行。控制器资源如表 4-2 所示。

表 4-2 控制器资源

CPU	TMS320F28335+FPGA
同步 PWM	外扩 6 组,12 通道,可配置 PWM 多种工作模式
同步 DO	外扩 4 路,TTL 电平
同步 DI	外扩 4 路,TTL 电平
同步 ADC	外扩 16 路,16 位精度,最高采样率配置 200KSPS(采样千次每秒)
同步 DAC	外扩 4 路,16 位精度,最快建立时间 10 μs,输出范围 0~2.5 V
QEP/CAP	外扩一组 QEP 编码器接口/外扩 3 路 CAP 捕获接口
通信接口	一路 USB 口,一路 100 M 网口,一路 RS232/RS485 口

4.6.3 系统软件设计

无刷直流电动机控制系统采用电流和速度双闭环控制,以无位置传感器控制为例,转子位置信号采用反电动势过零法,整个系统的结构框图如图4-33所示。

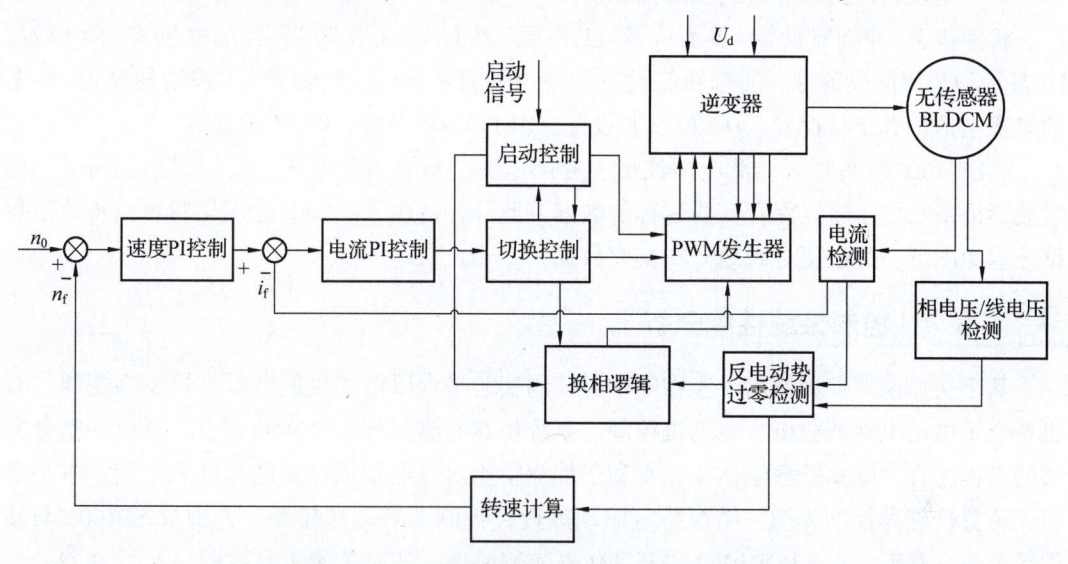

图4-33 无刷直流电动机控制系统的结构框图

双闭环结构中,电流环位于内部,速度环位于外部。采用线性PI调节的电流环和速度环可以有效地消除控制对象的偏差,其控制流程如图4-34所示。

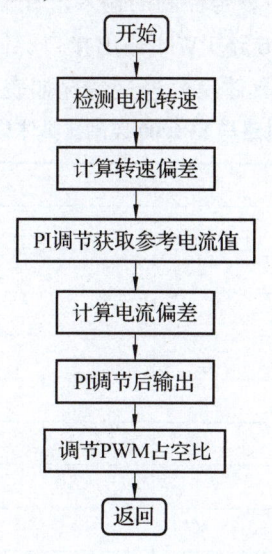

图4-34 双闭环PI调节的控制流程

双闭环控制结构的工作原理:将位置检测获取的转速信号经转速计算模块得到电动机的实际转速,转速实际值与给定值经比较得到的转速偏差量进入转速PI调节器,通过PI计算获得参考电流值并与反馈环节采集的反馈电流进行比较,把电流偏差送入电流PI调节器,计算出PWM占空比信号,从而实现对电动机转速的调节。PI参数的设置决定了调节性能,只有通过比例和积分控制系数的相互配合,才能达到最佳的控制效果。

VIEW1000 软件是专门为 SP1000 控制器设计的上位机监控软件，通过对各控制变量的实时监测，为控制器的运行提供更加精准的数据采集。VIEW1000 的界面功能包含功能按钮、通用 DI 指示灯、波形显示、数值设定等。使用者通过各功能设置，能够更加直观、具体地了解控制器内部运行的实时信息。

软件包含"控制器设置"界面以及"工作区"界面。"工作区"界面的设置有 DO 设置、DI 显示和观测值设置等。通过功能设置，使用者能够进行实时监控。"控制器设置"界面的设置包括仿真步长设置、DO 控制源设置、QEP/CAP 设置、PWM 设置等。

VIEW1000 软件可以监测电压波形、并网电流波形、直流电压、电流波形，同时，通过波形记录功能，可以保存实验过程的数据。此外，使用 MATLAB 绘图工具可以将原始数据显示为图形，可以更直观地分析实验数据。

4.6.4 控制系统性能分析

基于快速原型控制器的半实物电动机控制实验平台以电动机的分析与控制为主线，有机整合了电动机性能分析、电动机控制、系统仿真与测试等多个实验环节，形成一整套完整的工程综合训练实验教学体系，有利于加深学生对专业知识理解的深度和广度。本小节以无位置传感器控制为例，结合特定驱动库设计控制系统算法模型，并通过 SP1000 与硬件系统建立联系，在 VIEW1000 中开展仿真实物验证，实时监测实验数据。

在 Simulink 的库浏览栏中，可以根据系统自带的特定驱动库，添加各种驱动模块，包括 ADC、DAC、DI、PWM、编码器和示波器等，通过调用这些驱动模块，可以将模型与硬件实现有效的匹配。算法模型中参与控制的输入量和输出量有 Hall 信号、电压、电流和 PWM 信号，快速原型控制器需要 6 路 PWM 输出接口，同时需要一个通信接口将参考值传给模型。主电路与 SP1000 控制器具体信号连接情况如表 4-3 所示。

表 4-3 主电路与 SP1000 控制器具体信号连接情况

接口	信号
PWM_1A	第一路 PWM 占空比
PWM_1B	第二路 PWM 占空比
PWM_2A	第三路 PWM 占空比
PWM_2B	第四路 PWM 占空比
PWM_3A	第五路 PWM 占空比
PWM_3B	第六路 PWM 占空比
ADC7	A 相电流
ADC4	B 相电流
ADC3	C 相电流
ADC15	直流电压
CAP_GPIOSTATE	换相信息

基于特定 Simulink 库和算法模型搭建出 BLDC_Sensorless 快速原型控制模型，主要包括电压电流采集模块、转速计算模块、三段式启动模块以及无感控制模块（线反电动势过零检测模块），以下对每个模块进行展开介绍。

1. 电压电流采集模块

电压电流采集模块仿真模型如图4-35所示,ADC15采集直流电压,ADC7采集A相电流,ADC4采集B相电流,ADC3采集C相电流;ADC数字量换算成实际的电压电流信号的变比,电压电流=ADC模块×运放变比×(20/65 535);与VIEW1000的示波器窗口建立连接,通道号与VIEW1000的示波器通道地址完全对应,如在VIEW1000中示波器控件的CH7用于显示直流电压,CH1用于显示A相电流,CH2用于显示B相电流,CH3用于显示C相电流,CH15用于显示转速(图中未画出)。

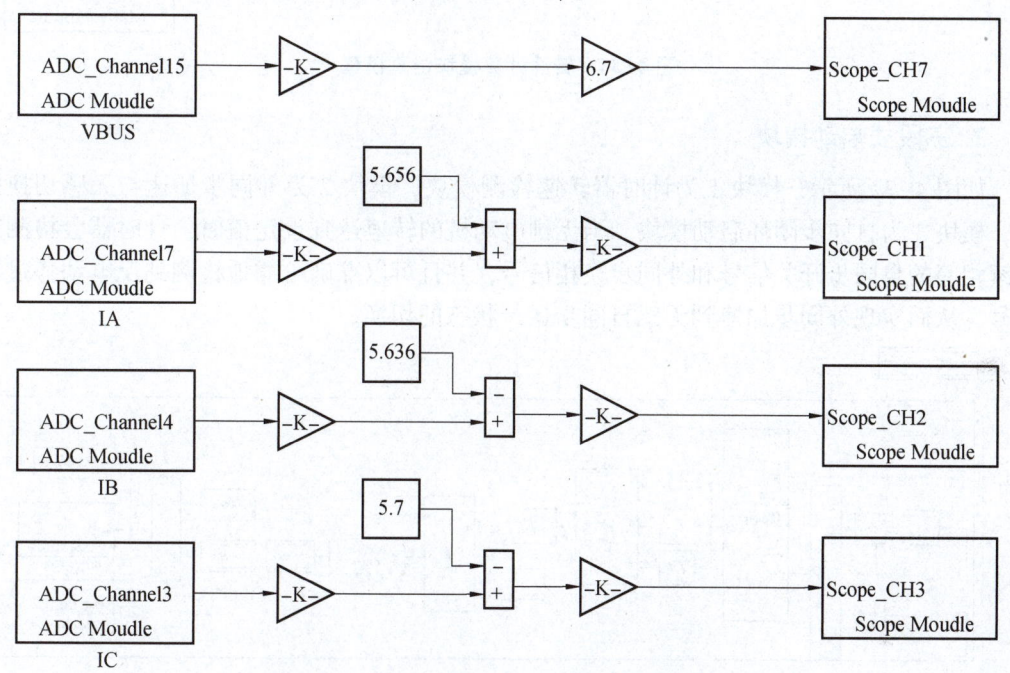

图 4-35 电压电流采集模块仿真模型

2. 转速计算模块

图4-36为转速计算模块仿真模型,采用SP1000上的CAP模块对位置脉冲信号进行捕获,CAP计数器的时基为150 MHz,其工作机制就是当CAP第一级检测到信号上升沿时,锁存当前计数值,然后当CAP第二级检测到信号的下降沿时,同样锁存当前计数值,二者的差值可以通过CAP1_Counter1获取,当CAP第三级检测到信号的上升沿时,继续锁存当前计数值,然后与第一级的差值通过CAP1_Counter2获取。

模型中读取的CAP1_Counter2的值,即一个方波周期的计数值,在转速不变的情况下为一个定值,由于电动机是两对极,旋转一圈为两个方波周期,即CAP1_Counter2的2倍,电动机旋转一圈所需时间为CAP1_Counter2×2×(1/150 000 000)(s),那么1 s电动机旋转的圈数为1/[CAP1_Counter2×2×(1/150 000 000)](圈)。因为转速一般用转/分(r/min)表示,所以还要乘60,简化后转速=60×150 000 000/(CAP1_Counter2×2)(r/min),再次简化后转速=4 500 000 000/CAP1_Counter2(r/min)。

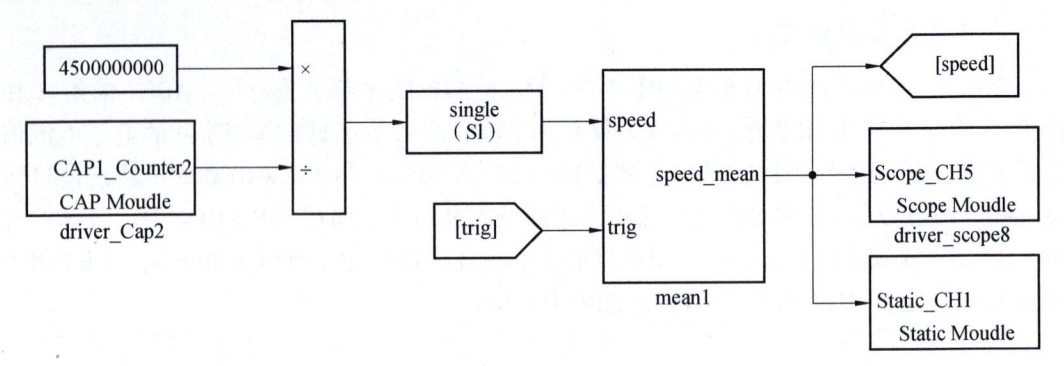

图 4-36 转速计算模块仿真模型

3. 三段式启动模块

如图 4-37 所示，模块 1 为计时器转速检测模块，模块 2 为外同步加速与无感切换模块，模块 3 为自同步闭环启动模块。当无刷电动机的转速达到设定值时，计时器会检测到连续相等的自同步开关信号和外同步换相信号，并且可以准确可靠地检测到反电动势过零信号，从而实现外同步加速到无感自同步运行状态的切换。

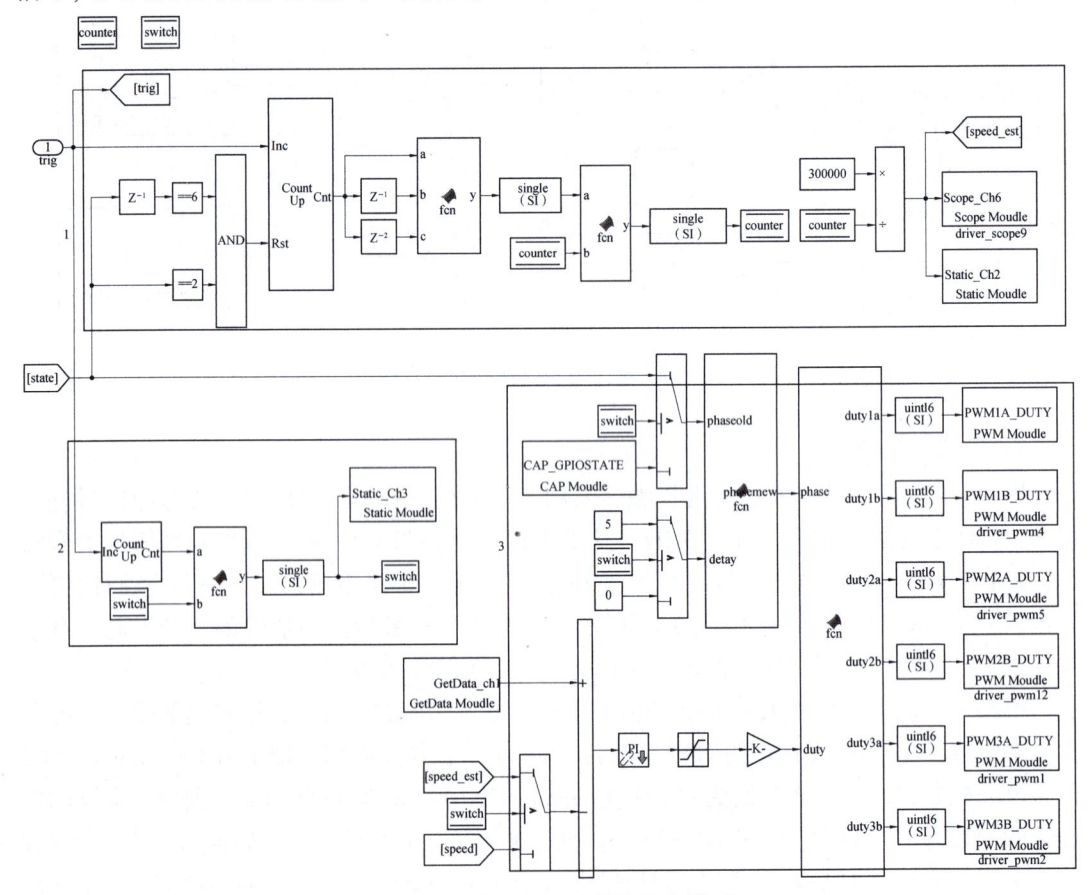

图 4-37 三段式启动模块仿真模型

4. 线反电动势过零检测模块

根据无感原理，通过采集线电压和相电流得出线反电动势，由线反电动势过零点得到新的位置信号，输出相应的占空比，控制电动机旋转。线反电动势过零检测模块仿真模型如图 4-38 所示。

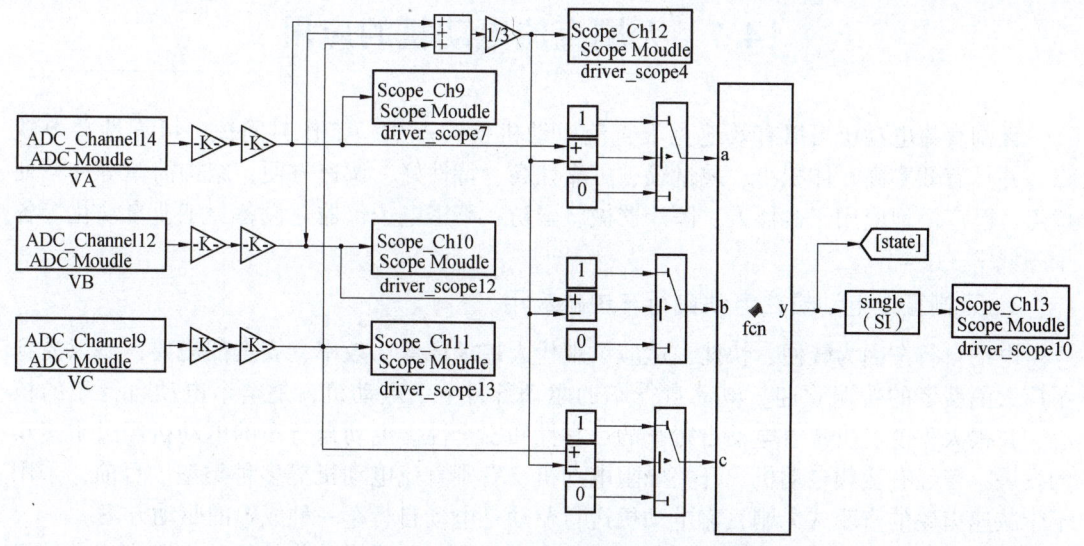

图 4-38　线反电动势过零检测模块仿真模型

通过各个模块的设计，完成了在专用 Simulink 库上的快速原型控制模型搭建。通过快速原型控制器 SP1000 将建立的算法模型导入，并与上位机 VIEW1000 建立通信即可展开对无位置传感器控制策略的实验验证。

实验所用无刷直流电动机的参数：额定电压为 24 V，额定电流为 3.3 A，额定转矩为 0.18 N·m，额定转速为 3 000 r/min，极对数为 2。

将搭建的 BLDC_Sensorless 快速原型控制仿真模型下载到 SP1000 控制器并进行编译，模型下载完成后将 VIEW1000 与 SP1000 相连接并建立通信，分别设置不同的转速，观察示波器控件里的电流波形，并对传感器测量的实际转速和模型计算出的转速进行比较。模型运行过程中可通过上位机界面查看控制效果，同时可以单击"录波"按钮，以备后期分析数据。

当转速由 1 000 r/min 增长到 2 000 r/min 时，在磁粉张力数值显示 10%负载的情况下，测量的转速波形如图 4-39 所示。

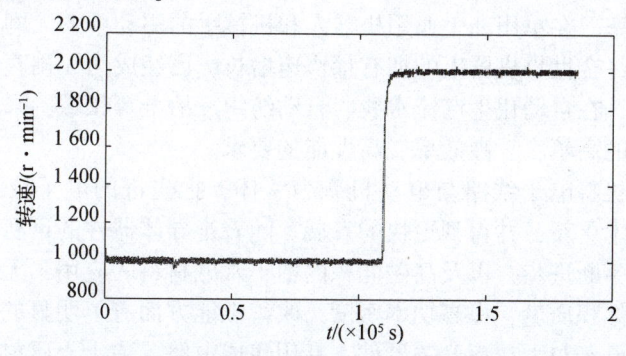

图 4-39　转速由 1 000 r/min 增长到 2 000 r/min 时测量的转速波形

可见，模型计算出来的转速在稳态和突变阶段都能够准确地反映实际运行情况，而且在无感控制下具有一定的带载能力，说明本小节设计的无位置传感器无刷直流电动机实物仿真系统具有良好的动态性能。

4.7 无刷直流电动机的应用

无刷直流电动机可以有效地克服直流电动机换向恶劣、工作时间短、可靠性差等缺点，并具有效率高、体积小、质量轻、可靠性高、特性好、调速方便、结构简单等一系列优点，已广泛地应用于机器人、医疗器械、国防、精密电子仪器与设备、工业自动化等各个领域中。

1. 无刷直流电动机在电动自行车中的应用

电动自行车因为轻便、快捷，适应了现代人追求环保、效率、安全的需要，所以受到了广大消费者的普遍欢迎。电动自行车的驱动部件——电动机，是整个电动自行车的核心，在很大程度上决定着电动自行车的可靠性和安全性。电动自行车的电动机经过十多年的发展，曾经有变频电动机、开关磁阻电动机、有刷直流电动机等多种类型。目前，采用不带减速齿轮的直驱式无刷直流电动机进行驱动是电动自行车一种成熟的驱动方案。

无刷直流电动机之所以被广泛应用于电动自行车，是因为其与传统的有刷直流电动机相比具有以下两方面的优势。

（1）寿命长、免维护、可靠性高。在有刷直流电动机中，由于电动机转速较高，电刷和换向器磨损较快，一般工作 1 000 h 左右就需更换电刷。另外，其减速齿轮箱的技术难度较大，特别是传动齿轮的润滑问题，是目前有刷方案中比较大的难题。因此，有刷电动机存在噪声大、效率低、易产生故障等问题。相应地，无刷直流电动机的优势很明显。

（2）效率高、节能。一般而言，无刷直流电动机没有机械换向的摩擦损耗及齿轮箱的消耗，比有刷直流电动机效率更高、更节能。

在电动自行车上应用的无刷直流电动机通常制成外转子盘式电动机，安装在车轮的轮毂内，直接带动车轮转动。定子铁心一般做成多对极、多个槽数，以满足大力矩、低转速的要求。

2. 无刷直流电动机在工业自动化领域中的应用

近年来，在新一代数控机床的进给伺服控制中采用无刷直流电动机，提高了数控机床的快速性和加工效率。在军用和工业用机器人和机械手的驱动中，无刷直流电动机的应用也相当广泛。目前，全世界机器人的拥有量快速增长，已经成为无刷直流电动机的主要应用领域之一。此外，在自动化生产流水线、自动纺织、冶金等领域，采用无刷直流电动机可以满足机械设备的高精度、高效率、高性能的要求。

无刷直流电动机将电子线路与电动机融为一体，把先进的电子技术应用于电动机领域，促使电动机技术更新，并得到更快的发展。随着半导体器件的迅猛发展、功率开关器件控制驱动技术的不断进步，以及高磁能积的稀土永磁材料的应用，无刷直流电动机在减小电动机和驱动器体积质量，提高功率密度，改善性能方面有了明显的进展。目前，无刷直流电动机的发展已经与大功率开关器件、专用集成电路、稀土永磁材料、新型控制理论及电动机理论的发展紧密结合，体现着当今应用科学的许多最新成果，促进了高效节能电动机技术国有知识产权的开发，因而具有很强的应用前景。

本章小结

  无刷直流电动机利用电子开关电路和位置传感器(电子换向)代替了传统直流电动机中的电刷和换向器(机械换向)，既具有直流电动机的特性，又具有交流电动机结构简单、运行可靠、维护方便等优点。

  无刷直流电动机经过专门的磁路设计，可获得梯形波的气隙磁场，感应的电动势波形是梯形波，电枢电流波形为方波。基本构成包括电动机本体、控制器、电子开关电路(逆变器)和转子位置传感器。控制器对转子位置传感器检测到的信号进行逻辑变换后产生PWM信号，经过驱动电路对其进行放大后送至逆变器各功率晶体管，驱动主开关电路的各功率晶体管按一定的顺序导通，从而控制电动机各相绕组按一定的顺序导通，在电动机定子中产生跳变的旋转磁场。转子每转过60°，逆变器晶体管换流一次、定子磁状态改变一次，电动机有6个磁状态，每个开关管导通120°，即两两导通、三相六状态。转子磁场顺时针连续旋转，定子磁场每隔60°跳跃旋转，定子磁场始终超前转子磁场，吸引转子持续转动。

  无刷直流电动机具有较好的控制性能，可以通过调节加在逆变器上的直流母线电压和PWM占空比进行调速。对于有位置传感器的无刷直流电动机，常用的控制方法是经典的速度环、电流环双闭环控制。位置传感器增加电动机尺寸和成本，使结构设计复杂、接线多、可靠性降低，可以利用反电动势过零检测等方法检测转子位置，实现无位置传感器无刷直流电动机控制。

  转矩脉动问题一直是阻碍无刷直流电动机在某些领域应用的瓶颈。引起电磁转矩脉动的原因包括：绕组换相、齿槽效应、反电动势非理想、电枢反应、机械加工工艺水平低和材料性能差。

  基于快速原型控制器的无刷直流电动机控制系统，有机整合了无刷直流电动机性能分析、电动机控制、系统仿真与测试等多个环节，可以高效、便捷地完成电动机控制模型的验证，实现对电动机的实时控制。

思考题与习题

  4-1 对比无刷直流电动机与有刷直流电动机的相同点和不同点。
  4-2 简述两两导通、三相六状态无刷直流电动机的工作原理。
  4-3 无刷直流电动机中通常采用哪种转子位置传感器？其作用是什么？
  4-4 无刷直流电动机的反电动势波形宽度不是理想的120°，如果按120°进行控制会对电动机的性能有怎样的影响？
  4-5 在直流电源电压一定的情况下，怎样实现无刷直流电动机的转速调节？
  4-6 无刷直流电动机的电磁转矩中为什么会有脉动？怎样削弱脉动成分？
  4-7 分析无位置传感器无刷直流电动机利用反电动势过零法检测转子位置的原理。
  4-8 提高无刷直流电动机的转速对电动机的功率密度有什么影响？提高电负荷和气隙磁感应强度分别对电动机的效率和功率密度有什么影响？

第 5 章 永磁同步电动机

教学目的与要求

掌握永磁同步电动机的结构及工作原理；理解永磁同步电动机的矢量控制原理；了解基于快速原型控制器的永磁同步电动机控制系统的组成和性能分析过程；掌握永磁同步电动机和无刷直流电动机的区别；掌握永磁同步电动机在电动汽车中的应用。

学习重点

永磁同步电动机的结构及工作原理；永磁同步电动机在电动汽车中的应用。

学习难点

永磁交流伺服电动机与无刷直流电动机的异同，构建对应的伺服系统。

5.1 概述

由于无须励磁电流，具有高效率、高功率因数以及高功率密度等特点，永磁同步电动机的研究逐渐成为热点。随着微电子技术、电力电子技术、永磁材料技术、现代控制理论以及计算机应用技术的快速发展，永磁同步电动机交流调速系统具有优良的低速性能，并可实现弱磁高速控制，拓宽了系统调速的范围，广泛应用于电动汽车、高铁、航空航天、机器人、风力发电、数控机床、轧钢、电梯曳引系统以及船舶推进系统等领域。

当前永磁同步电动机的研究正朝着高速化、大转矩、大功率、微型化和智能化的方向发展，出现了很多高性能的永磁同步电动机。例如，德国西门子公司开发的 230 r/min、1 095 kW 的六相永磁同步电动机，主要为舰船提供动力，其体积比传统的直流电动机小近60%，损耗降低约20%。瑞士阿西布朗勃法瑞(Asea Brown Boveri，ABB)公司建造的用于舰船推进的永磁同步电动机最大安装容量达到 38 MW。

我国稀土资源丰富,在研究开发高磁能积永磁材料方面具有得天独厚的优势。但我国永磁电动机的研究起步较晚,随着国内一流高校、科研院所、企业的研发投入,目前我国研制生产的永磁同步电动机在功率密度、效率等技术指标上和美日等国家相当。

5.2 永磁同步电动机的结构及工作原理

5.2.1 永磁同步电动机的结构

基于永磁同步电动机的伺服系统由永磁同步电动机本体、功率驱动单元、信号反馈单元和控制单元组成,如图 5-1 所示。

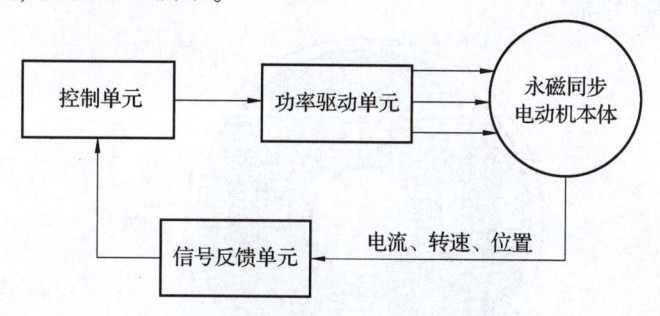

图 5-1 基于永磁同步电动机的伺服系统

1. 永磁同步电动机本体

永磁同步电动机定子的结构与异步电动机、无刷直流电动机基本相同,也是由定子三相对称分布绕组与定子铁心组成的,而转子则有所不同。按照永磁体在转子内摆放位置的不同,永磁同步电动机一般可以分为表贴式永磁同步电动机和内嵌式永磁同步电动机两种。其中,内嵌式永磁同步电动机又可分为插入式和内置式,如表 5-1 所示。

表 5-1 永磁同步电动机的分类

类型		特点	转子磁路结构
表贴式永磁同步电动机		$L_d = L_q$	
内嵌式永磁同步电动机	插入式	$L_d < L_q$	
	内置式	$L_d \ll L_q$	

表贴式永磁同步电动机的定子绕组与普通异步电动机类似,由三相定子绕组产生同步旋转的定子旋转磁场。转子则将永磁体牢牢地粘贴在转子铁心外表面上。表贴式永磁同步电动机的特点如下:

(1) 表贴式永磁同步电动机一般仅用于低速同步运行的场合；

(2) 因为永磁材料的相对磁导率较低（近似大于或等于1），永磁体又粘贴在转子铁心外表面上，d 轴和 q 轴（通常，将直流电动机的励磁绕组轴线称为直轴或 d 轴，将电枢绕组轴线称为交轴或 q 轴。对于永磁同步电动机，d 轴为永磁体的轴线，q 轴与 d 轴互差 90°电角度）的同步电抗几乎相等，$L_d = L_q = L_s$，其特性表现为隐极式同步电动机的特点；

(3) 由于有效气隙较大，d 轴和 q 轴的同步电抗较小，则相应的电枢反应也较小。

内嵌式永磁同步电动机的定子绕组与表贴式永磁同步电动机相同，均形成同步转速的定子旋转磁场；而转子则与表贴式永磁同步电动机不同，其永磁体被牢牢地镶嵌在转子铁心内部。

内嵌式永磁同步电动机的转子永磁体的结构和形状是专门设计的，以确保转子磁动势和磁场空间呈正弦分布。内嵌式永磁同步电动机转子永磁体的结构种类繁多。图 5-2 为一种典型的永磁体转子结构。

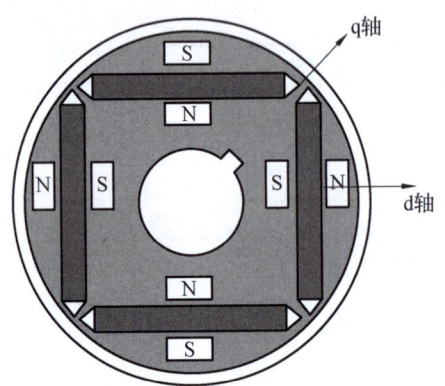

图 5-2 一种典型的永磁体转子结构

内嵌式永磁同步电动机的特点如下：

(1) 内嵌式永磁同步电动机转子结构比较复杂、运行可靠，可以在高速场合下运行；

(2) 内嵌式永磁同步电动机的气隙较小，d 轴和 q 轴的同步电抗均较大，电枢反应磁动势较大，因而存在相当大的弱磁升速空间；

(3) 由于内嵌式永磁同步电动机 d 轴的有效气隙比交轴的大，因此，d 轴同步电抗小于 q 轴同步电抗，即 $x_d < x_q$，也就是电感 $L_d < L_q$。

另外，永磁体可以通过多块进行拼接，放置方式多样，如新型永磁体排列方式 Halbach 阵列（图 5-3），将不同磁化方向的永磁体按照一定的顺序排列，使阵列一边的磁场显著增强而另一边显著减弱，这种排列方式很容易得到在空间正弦分布的磁场。

图 5-3 Halbach 阵列

2. 功率驱动单元

功率驱动单元是向定子绕组供电的电力电子逆变电路，包括可关断功率器件，如 MOSFET 或 IGBT 构成的主电路及功率晶体管的驱动电路。功率驱动单元及其与电动机绕组的连接如图 5-4 所示。与无刷直流电动机任意时刻是两相通电不同，永磁同步电动机在任意时刻其三相都通电。

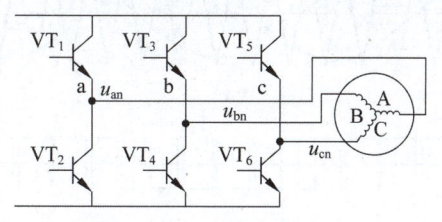

图 5-4　功率驱动单元及其与电动机绕组的连接

3. 信号反馈单元

信号反馈单元(图 5-5)包括传感转子位置、转速与定子电压和电流(有时还包括直流母线电压和电流)的信号检测等电路，实现控制所需机械量和电气量的反馈。其中，电压、电流、转速信号可以采用功率分析仪辅以相应的传感器进行检测。为满足高性能控制的要求，转子位置传感通常采用光/电编码器或者旋转变压器。

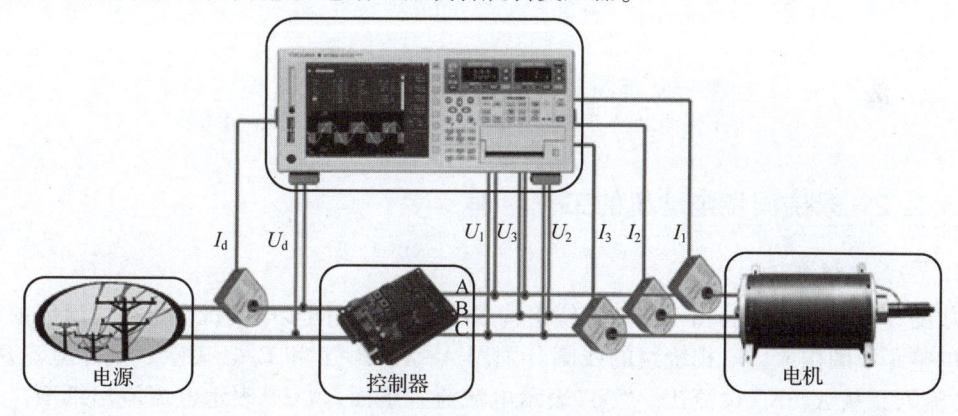

图 5-5　信号反馈单元

4. 控制单元

控制单元是控制电动机运行的指挥中心，大多采用高速、高精度微处理器(如单片机和数字信号处理器)及其外围接口电路(输入、显示、存储)设计而成。控制单元的基本功能是接收控制指令和反馈信息，进行判断和运算，利用正弦(Sine)PWM 技术，生成宽度按照正弦规律变化的脉冲信号，控制逆变电路晶体管的导通和关断，控制定子绕组的供电。

正弦波脉宽调制技术以频率与期望的输出电压波相同的正弦波作为调制波，以频率比期望波高得多的等腰三角波作为载波，由它们的交点确定逆变器开关器件的通断时刻，从而获得幅值相等、宽度按正弦规律变化的脉冲序列。三相 PWM 逆变器双极性 SPWM 波形如图 5-6 所示。

综上所述，永磁同步电动机在收到控制指令后，通过微处理器运行预先编制好的程序，生成所需的脉冲，控制逆变主电路中电力电子器件的通/断，将电压施加到永磁同步电动机的定子三相绕组上，在气隙中产生旋转磁场。气隙磁场与转子磁场相互作用，产生电磁转矩。电磁转矩使电动机转子顺着旋转磁场方向运行，拖动负载做伺服运动。

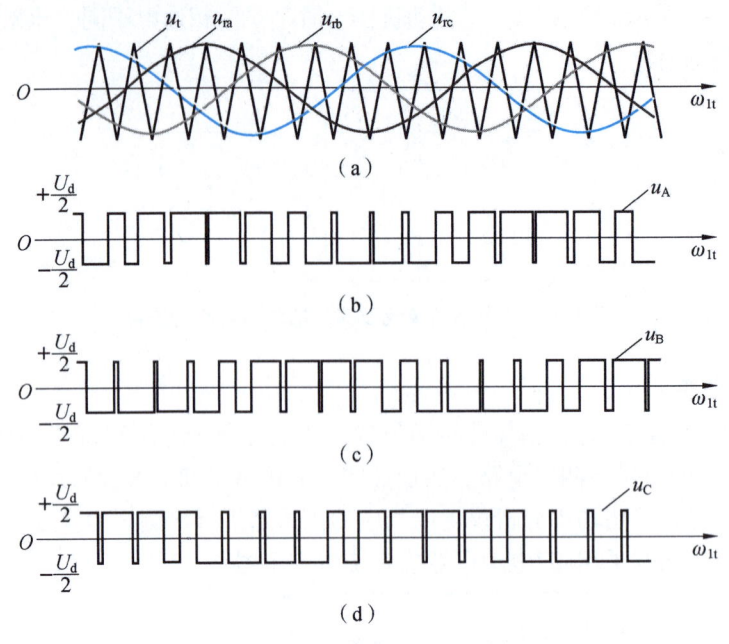

图 5-6　三相 PWM 逆变器双极性 SPWM 波形
（a）三相正弦调制波与双极性三角载波；(b) A 相；(c) B 相；(d) C 相

5.2.2　永磁同步电动机的工作原理

1. 定子旋转磁场

如图 5-7 所示，一台由三相对称绕组构成的三相永磁同步电动机，每相绕组仅由一个独立的整距线圈构成，三相绕组的线圈分别用 A-X、B-Y 和 C-Z 表示。规定电流从 X、Y、Z 流入，从 A、B、C 流出。"⊗"表示电流流入纸面，"⊙"表示电流流出纸面，三相绕组的 A、B、C 轴线在空间上互差 120°电角度。

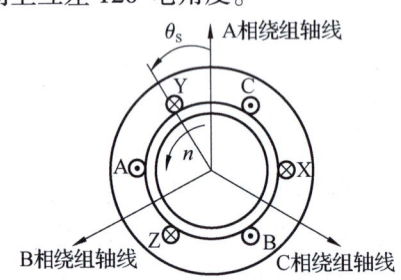

图 5-7　三相对称绕组结构示意

当三相绕组接三相对称交流电源时，绕组内部产生三相对称电流。电流的瞬时表达式为

$$\begin{cases} i_A = I_m\cos\omega t \\ i_B = I_m\cos(\omega t - 120°) \\ i_C = I_m\cos(\omega t - 240°) \end{cases} \quad (5-1)$$

三相对称电流波形和 $\omega t = 0$ 的时间矢量如图 5-8 所示。

图 5-9 分别绘制了三相两极电动机 $\omega t = 0°(t=0)$、$\omega t = 120°(t=T/3)$、$\omega t = 240°(t=2T/3)$、$\omega t = 360°(t=T)$ 四个瞬时的合成磁场。

(a)

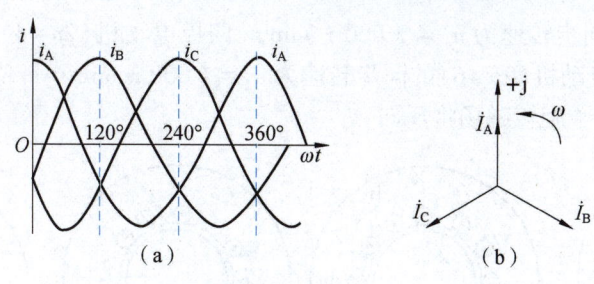

(b)

图 5-8 三相对称电流波形和 $\omega t = 0$ 的时间矢量
(a) 三相对称电流波形；(b) $\omega t = 0$ 的时间矢量

$\omega t = 0°$
$i_A = I_m$
$i_B = i_C = -\frac{1}{2}I_m$
(a)

$\omega t = 120°$
$i_B = I_m$
$i_C = i_A = -\frac{1}{2}I_m$
(b)

$\omega t = 240°$
$i_C = I_m$
$i_A = i_B = -\frac{1}{2}I_m$
(c)

$\omega t = 360°$
$i_A = I_m$
$i_B = i_C = -\frac{1}{2}I_m$
(d)

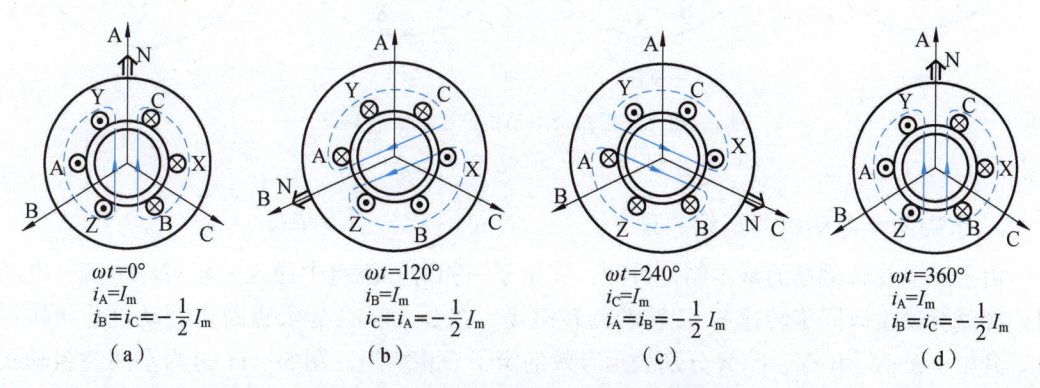

图 5-9 三相两极电动机产生的旋转磁场
(a) $t = 0$；(b) $t = T/3$；(c) $t = 2T/3$；(d) $t = T$

由图 5-9(a) 可知，当 $\omega t = 0°$ 时，$i_A = I_m$，$i_B = i_C = -I_m/2$，按实际电流的正负，将各相电流分别绘制在图 5-9(a) 所示的各相绕组中。根据右手螺旋定则，可以得到 $\omega t = 0°$ 时三相定子绕组的合成磁场方向。当 $\omega t = 120°$ 时，$i_B = I_m$，$i_A = i_C = -I_m/2$，三相定子绕组的合成磁场如图 5-9(b) 所示。同理，可得 $\omega t = 240°$ 和 $\omega t = 360°$ 时三相定子绕组的合成磁场，分别如图 5-9(c)(d) 所示。

随着时间的推移，定子三相绕组所产生的合成磁场是一个幅值不变、转速恒定的旋转磁场。某相的电流达到额定值，合成的定子磁场就位于该相绕组的轴线上。由于三相定子电流的最大值是按照 A、B、C 的时间顺序交替变化的，因此合成磁场的方向也是按照 A→B→C 的顺序逆时针旋转的。

图 5-9 所示的三相两极电动机，每相电流的最大值一个周期变化一次，相应的合成磁场就旋转一周。用每相电流一秒内变化的次数计算，则合成磁场一秒内将旋转 f_1 周，由此可以获得该三相两极电动机的旋转磁场转速为 $n_1 = 60f_1$(r/min)。

若三相绕组为 p 对极，每相电流的最大值随时间变化一次，则相应的合成磁场将移动两个极距或 $1/p$ 周（图 5-10 给出了三相四极电动机产生的旋转磁场）。若每相电流 1 s 内变化 f_1 次，则相应的合成磁场 1 s 内将旋转 f_1/p 周，则求得的合成磁场转速为

$$n = \frac{60f_1}{p}(\text{r/min}) \tag{5-2}$$

同步转速由电动机的极对数和定子绕组的供电频率决定。对于极对数确定的电动机，合成磁场的转速 n_1 与三相定子绕组的通电频率 f_1 之间保持严格的同步关系，频率越高则转速越高。旋转磁场的转速称为同步转速。根据式(5-2)，对于频率为 50 Hz 的供电系统，两

极电动机($2p=2$)的同步转速为 $n_1 = 3\,000$ r/min，四极电动机($2p=4$)的同步转速为 $n_1 = 1\,500$ r/min，六极电动机($2p=6$)的同步转速为 $n_1 = 1\,000$ r/min……依此类推。改变三相绕组的通电相序，定子旋转磁场将反向。

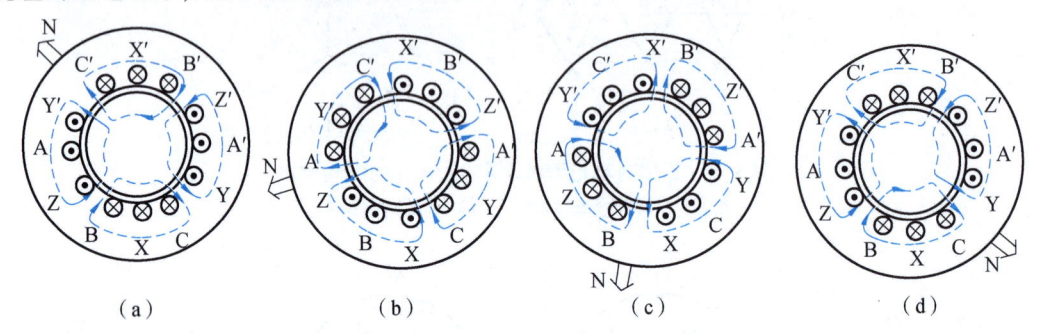

图 5-10 三相四极电动机产生的旋转磁场
(a) $\omega t = 0°$；(b) $\omega t = 120°$；(c) $\omega t = 240°$；(d) $\omega t = 360°$

2. 永磁同步电动机的运行原理

由上一节旋转磁场的基本结论可知：在定子三相对称绕组中通入三相对称电流，电动机内部就会产生以同步转速 n_1 旋转的旋转磁场，图 5-11(a)为永磁同步电动机的结构示意。其中，A-X、B-Y、C-Z 分别表示等效的定子三相绕组。图 5-11(b)为空间绕组轴线的结构示意。转子为永磁体，其极对数等于定子绕组的极对数。

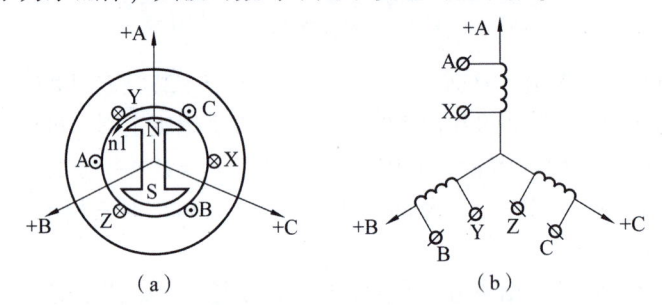

图 5-11 永磁同步电动机及其空间绕组轴线的结构示意
(a)永磁同步电动机的结构示意；(b)空间绕组轴线的结构示意

如图 5-12 所示，永磁同步电动机的转子是一个具有两个磁极的永磁转子，当永磁同步电动机的定子对称绕组通入三相对称交流电后，会在电动机气隙中出现一个两极旋转磁场，这个旋转磁场在图中用另一对旋转磁极来等效。

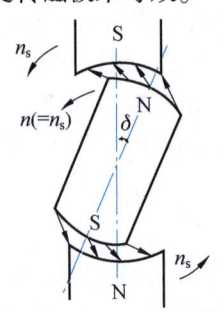

图 5-12 永磁同步电动机的工作原理

当气隙旋转磁场以同步转速 n_1 沿图 5-12 所示的转向旋转时,因为 N 极与 S 极互相吸引,故气隙旋转磁场的磁极与转子永磁体紧紧吸住,并带着转子一起旋转。由于转子是由气隙旋转磁场带着旋转的,因而转子的转速应该与气隙旋转磁场的转速(即同步转速 n_1)相等。当转子上的负载阻转矩增大时,气隙旋转磁场磁极轴线与转子磁极轴线间的夹角 δ 就会相应增大;当负载阻转矩减小时,夹角 δ 就会减小。通常将夹角 δ 称为转矩角或者功角。

气隙旋转磁场磁极与转子磁极间的磁力线如同有弹性的橡皮筋一样,尽管在负载变化时,气隙旋转磁场磁极与转子磁极轴线之间的夹角会变大或变小,但只要负载不超过一定限度,转子就始终跟着气隙旋转磁场以恒定的同步转速 n_1 转动。可见,转子转速只取决于电源频率和电动机极对数。但是,如果轴上负载阻转矩超出一定限度,转子就不再以同步转速 n_1 运行,甚至最后会停转,这就是永磁同步电动机的失步现象。这个最大限度的转矩称为最大同步转矩。因此,当使用永磁同步电动机时,负载阻转矩不能大于最大同步转矩。

应该注意,如果不采取其他措施,那么对永磁同步电动机直接用高频供电时其自身启动比较困难。主要原因是在刚启动时,虽然施加了电源,电动机内产生了旋转磁场,但转子还是静止不动的,转子在惯性的作用下跟不上气隙旋转磁场的转动,使气隙旋转磁场与转子磁极之间存在着相对运动,转子所受到的平均转矩为 0。例如,在图 5-13(a)所示启动瞬间,气隙旋转磁场与转子磁极的相互作用倾向于使转子沿逆时针方向旋转,但由于惯性的影响,转子受到作用后不能马上转动;当转子还来不及转起来时,气隙旋转磁场已转过 180°,到了图 5-13(b)所示的位置,这时气隙旋转磁场与转子磁极的相互作用又趋向于使转子沿顺时针方向旋转。这样,转子所受到的转矩时正时反,其平均转矩为 0,因而永磁同步电动机往往不能在高频供电下自行启动。

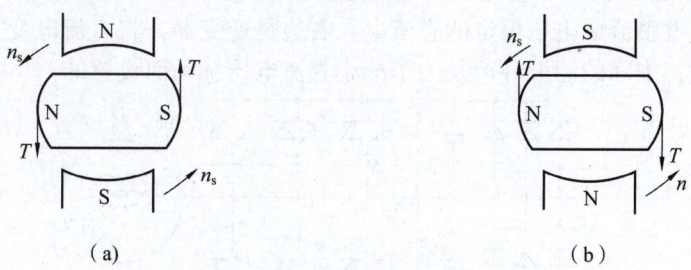

图 5-13 永磁同步电动机的启动转矩
(a)转子沿逆时针方向旋转;(b)转子沿顺时针方向旋转

综上所述,影响永磁同步电动机不能自行启动的因素主要有以下两个方面:
(1)转子及其所带负载存在惯性;
(2)定子供电频率高,使定、转子磁场之间转速相差过大,转子磁场跟不上定子磁场的转速,达不到同步状态。

需要指出的是,永磁同步电动机是通过逆变器供电的,施加到电动机绕组上的等效正弦电压的有效值和频率可以调节,因此可以采用变频启动方式,使频率从零缓慢升高,气隙旋转磁场牵引转子缓慢同步加速,直至额定转速,启动完毕。

3. 永磁同步电动机的调速

永磁同步电动机的转速等于同步转速,通过调节频率调节同步转速,即实现对永磁同步电动机的调速。这种通过改变电源频率的调速方式称为变频调速。变频调速需要电压与频率均可调的交流电源，常用的交流可调电源是由电力电子器件构成的静止式功率变换器，一般称为变频器，功能是实现将恒压恒频的交流电变换为变压变频的交流电。变换器有交-直-交变频器和交-交变频器两种，变频器的结构示意如图5-14所示。

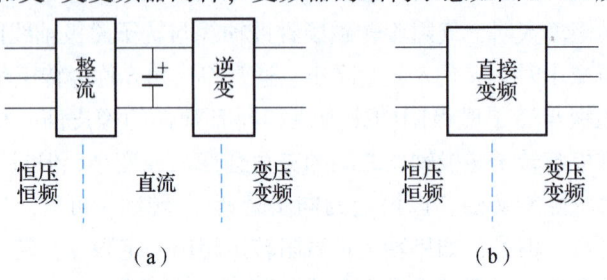

图5-14 变频器的结构示意
(a) 交-直-交变频器；(b) 交-交变频器

交-交变频器的工作原理：将三相工频电源经过几组相控开关控制直接产生所需要的变压变频电源。其优点是效率高，能量可以方便返回电网；其最大的缺点是输出的最高频率必须小于输入电源频率1/3或1/2，否则输出波形太差，电动机产生抖动，不能工作。因此，交-交变频器至今局限于低转速调速场合，大大限制了它的使用范围。交-直-交变频器是先把交流电经整流器整流成直流电，直流中间电路对整流电路的输出进行平滑滤波，再经过逆变器把直流电变成频率和电压都可变的交流电。交-直-交变频器存在中间整流滤波环节，故效率相对较低，并且当电动机处于发电状态时能量返回电网困难，通常是接通电阻回路把能量消耗掉。交-直-交变频器具有输出频率高、功率因数高等优点，目前国内大都使用交-直-交变频器。图5-15为交-直-交变频器主回路，左边是不可控整流桥，将三相交流电整流成电压恒定的直流电；右边是逆变器，将直流电变换为频率与电压均可调的交流电；中间的滤波环节是为了减小直流电压脉动而设置的。

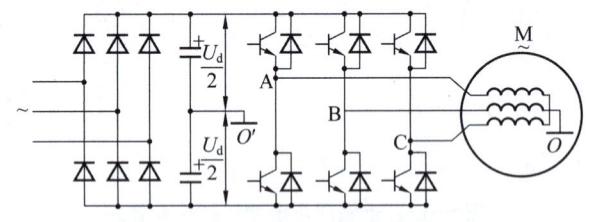

图5-15 交-直-交变频器主回路

1）基频以下调速

当电动机在基频（额定频率f_{1N}）以下运行时，如果磁通Φ_m太弱，没有充分利用电动机的铁心，就是一种材料的浪费；如果磁通过大，又会使铁心饱和，过大的损耗引起发热严重。因此，最好是保持每极磁通为额定值不变，即当频率从零向额定值f_{1N}调节时，必须使

$$\frac{E_g}{f_1} = 4.44 N_s k_{NS} \Phi_{mN} = 常值 \tag{5-3}$$

式中，E_g为电动势；f_1为电源频率；N_s为每相绕组串联匝数；k_{NS}为绕组系数；Φ_{mN}为额定磁通。

因此，基频以下应采用电动势频率比为恒值（恒压频比）的控制方式。当电动势值较高时（频率较高、转速较高），可以忽略定子电阻压降，认为加在定子绕组上的电压$U_s \approx E_g$。低频时，定子电阻压降所占的份量比较显著，不能忽略。通常，人为地把 U_s 抬高一些，以补偿定子阻抗压降。根据负载大小的不同，需要补偿的定子电压也不一样。通常，在变频器中备有不同斜率的补偿特性，以供用户选择。基频以下恒压频比控制特性如图 5-16 所示。

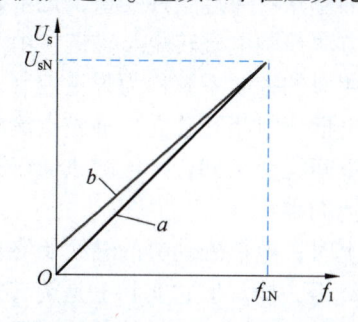

a—无补偿；*b*—带定子电压补偿

图 5-16　基频以下恒压频比控制特性

2) 基频以上调速

在基频以上调速时，频率从额定值 f_{1N} 向上升高，受到电动机绝缘耐压和磁路饱和的限制，定子电压不能随之升高，最多只能保持额定电压 U_{sN} 不变。这将导致磁通与频率成反比地降低，使得电动机工作在弱磁升速状态，则有

$$\frac{E_g}{f_1} = 4.44 N_s k_{NS} \Phi_{mN} \tag{5-4}$$

综上，永磁同步电动机变压变频调速的控制特性如图 5-17 所示。在基频以下，由于磁通恒定，允许输出转矩也恒定，属于恒转矩调速方式；在基频以上，转速升高时磁通减小，允许输出转矩也随之降低，由于转速上升，允许输出功率基本恒定，属于近似的恒功率调速方式。

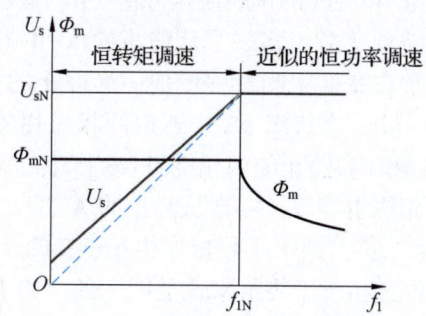

图 5-17　永磁同步电动机变压变频调速的控制特性

5.3　永磁同步电动机的运行分析

5.3.1　永磁同步电动机的数学模型

由于转速与电流的非线性耦合、电动机参数的不确定性以及负载干扰，永磁同步电动机是一个复杂的非线性时变系统。采用坐标变换理论对电动机方程进行线性变换，可使永

磁同步电动机系统变量之间得到部分解耦。

1. 坐标变换的基本思路

永磁同步电动机坐标变换的思路：通过坐标变换，把永磁同步电动机等效成直流电动机，再仿照直流电动机的控制方法控制电磁转矩与磁链。由于变换的是矢量，因此这样的坐标变换也可称作矢量变换，相应的控制系统称为矢量控制。

直流电动机的励磁绕组和电枢绕组相互独立，励磁电流和电枢电流单独可控，励磁和电枢绕组各自产生的磁动势在空间无交叉耦合。气隙磁通（磁链）由励磁绕组单独产生，而电磁转矩正比于磁通与电枢电流的乘积。

当电刷位于磁极的中性线上时，电枢磁动势的轴线始终被电刷限定在 q 轴位置上，其效果好像一个在 q 轴上静止的绕组一样。但它实际上是旋转的，会切割 d 轴的磁通而产生旋转电动势，这又和真正静止的绕组不同。这种等效的静止绕组称作伪静止绕组。

电枢磁动势的作用方向与 d 轴垂直，因此对主磁通影响很小。直流电动机的主磁通基本上由励磁绕组的励磁电流（d 轴电流）决定；保持励磁电流恒定，只通过电枢电流（q 轴电流）来控制电磁转矩。这是直流电动机的数学模型及其控制系统比较简单的根本原因。如果能将永磁同步电动机的物理模型等效地变换成类似直流电动机的模型，分析和控制就可以大大简化。坐标变换正是按照这条思路进行的。

在永磁同步电动机对称的三相静止绕组 A、B、C 中，通以三相对称的正弦电流，所产生的合成磁动势是旋转磁动势 F，它在空间呈正弦分布，以同步转速（即电流的角频率）顺着 A-B-C 的相序旋转。三相变量中只有两相为独立变量，可以消去一相。因此，三相绕组（A、B、C，静止）可以用相互独立的两相正交对称绕组（d、q，旋转）等效代替，等效的原则是在不同坐标下绕组所产生的合成磁动势相等。这里所谓的独立是指两相绕组间无约束条件，对称是指两相绕组的匝数和阻值相等，正交是指两相绕组在空间互差 90° 电角度。当静止的三相绕组 ABC 和旋转的两相绕组 dq 产生的旋转磁动势大小和转速都相等时，即认为两相绕组与三相绕组等效，实现了从静止的 A-B-C 坐标系变换到旋转的 d-q 坐标系。为了方便实现，通常在变换中间过程增加一套静止的两相绕组 αβ。因此，整个变换过程分成两步进行：第一步，在绕组 αβ 中通以两相对称的交流电流，也能产生旋转磁动势。当静止的三相绕组 ABC 和静止的两相绕组 αβ 产生的旋转磁动势大小和转速都相等时，即认为两相绕组与三相绕组等效，实现从静止的 A-B-C 坐标系变换到静止的 α-β 坐标系，如图 5-18 所示。第二步，两个匝数相等相互正交的绕组 d、q，分别通以直流电流，产生合成磁动势 F，其位置相对于绕组来说是固定的。如果人为地让包含两个绕组在内的铁心以同步转速旋转，磁动势 F 自然也随之旋转起来，成为旋转磁动势。如果旋转磁动势的大小和转速与固定的交流绕组产生的旋转磁动势相等，那么这套旋转的直流绕组 dq 也就和前面两套固定的交流绕组（ABC 和 αβ）都等效了，实现从静止的 α-β 坐标系变换到旋转的 d-q 坐标系，如图 5-19 所示。

对于永磁同步电动机，沿永磁体磁极的轴线为 d 轴，与 d 轴互差 90° 电角度的是 q 轴，d-q 坐标系固定在转子上，与转子同步旋转，如图 5-20 所示（图中电机为两对极，90° 电角度对应 45° 机械角度）。当观察者也站到转子铁心上一起旋转时，在他看来，绕组 d 和 q 是两个通入直流电而相互垂直的静止绕组。如果控制磁通的空间位置在 d 轴上，就和直流电动机物理模型没有本质上的区别了。绕组 d 相当于励磁绕组，绕组 q 相当于伪静止的电枢绕组，实现了将永磁同步电动机的物理模型等效地变换成类似直流电动机的模型。

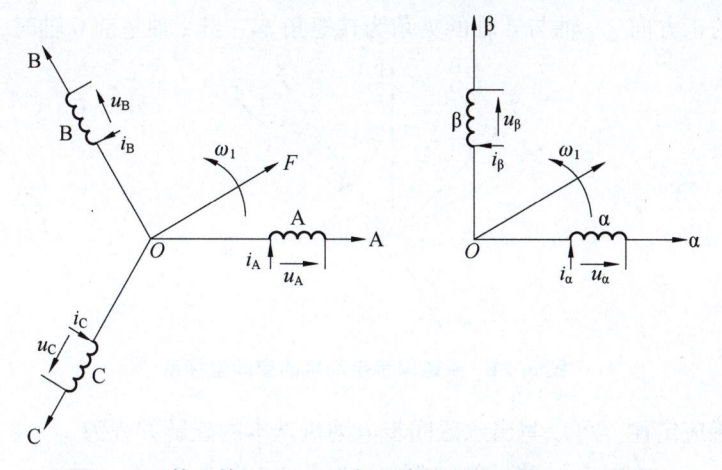

图 5-18　静止的 A-B-C 坐标系变换到静止的 α-β 坐标系

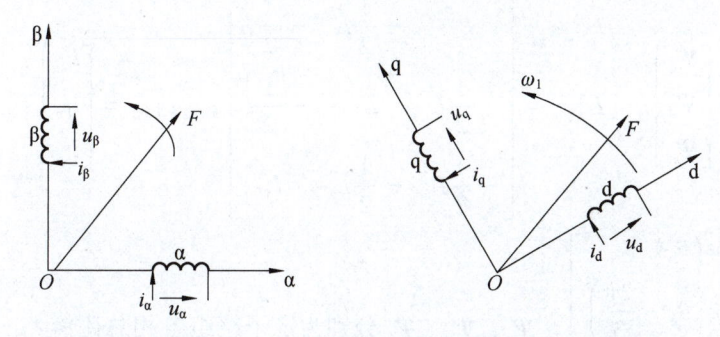

图 5-19　静止的 α-β 坐标系变换到旋转的 d-q 坐标系

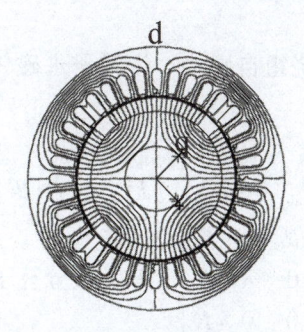

图 5-20　永磁同步电动机的 d-q 坐标系

2. 永磁同步电动机在定子 A-B-C 坐标系中的数学模型

为了建立永磁同步电动机的数学模型，假设：
（1）忽略电动机铁心的饱和；
（2）不计电动机中的涡流和磁滞损耗；
（3）电动机的电流为对称的三相正弦波电流。

永磁同步电动机的空间坐标系如图 5-21 所示。其中，A-B-C 为静止的三相定子坐标系；α-β 为静止的两相定子正交坐标系，且 α 轴与三相定子坐标系的 A 轴重合。d-q 为与转子同步旋转的转子坐标系，q 轴超前 d 轴 90°，且转子磁链矢量的方向为 d 轴的正方向。d 轴与 A 轴的夹角为转子位置角 θ_e，$\theta_e = \omega_e t$。x-y 为定子磁链矢量坐标系，定子磁链矢量的方向为 x 轴的正方向。x 轴与 d 轴的夹角为转矩角 δ。当 x 轴超前 d 轴时，转矩角为正。

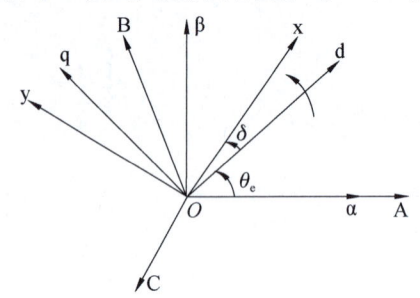

图 5-21 永磁同步电动机的空间坐标系

根据电磁感应定律，可以写出永磁同步电动机基本的磁链方程为

$$[\Psi]_{abc} = [L]_{abc}[I]_{abc} + [\Psi_r]_{abc} \tag{5-5}$$

式中，$[\Psi]_{abc} = \begin{bmatrix} \Psi_a \\ \Psi_b \\ \Psi_c \end{bmatrix}$；$[L]_{abc} = \begin{bmatrix} L & -\frac{1}{2}L & -\frac{1}{2}L \\ -\frac{1}{2}L & L & -\frac{1}{2}L \\ -\frac{1}{2}L & -\frac{1}{2}L & L \end{bmatrix}$；$[I]_{abc} = \begin{bmatrix} i_{an} \\ i_{bn} \\ i_{cn} \end{bmatrix}$；

$[\Psi_r]_{abc} = \psi_f \begin{bmatrix} \cos(\theta_e) \\ \cos\left(\theta_e - \frac{2\pi}{3}\right) \\ \cos\left(\theta_e + \frac{2\pi}{3}\right) \end{bmatrix}$；$\Psi_a$、$\Psi_b$、$\Psi_c$ 分别为定子绕组各相总磁链；i_{an}、i_{bn}、i_{cn} 分别

为定子绕组各相电流；L 为定子绕组自感；ψ_f 为转子永磁体磁链，不考虑温度的影响时为常数。

基本的电压方程为

$$[U]_{abc} = [R]_{abc}[I]_{abc} + P[\Psi]_{abc} \tag{5-6}$$

式中，$[U]_{abc} = \begin{bmatrix} u_{an} \\ u_{bn} \\ u_{cn} \end{bmatrix}$；$[R]_{abc} = \begin{bmatrix} R & 0 & 0 \\ 0 & R & 0 \\ 0 & 0 & R \end{bmatrix}$；$P$ 为微分算子；u_{an}、u_{bn}、u_{cn} 分别为定子绕组

各相电压；R 为定子绕组电阻。

由式(5-6)可以将电压方程改写为

$$\begin{bmatrix} u_{an} \\ u_{bn} \\ u_{cn} \end{bmatrix} = \begin{bmatrix} R+PL & -\frac{1}{2}PL & -\frac{1}{2}PL \\ -\frac{1}{2}PL & R+PL & -\frac{1}{2}PL \\ -\frac{1}{2}PL & -\frac{1}{2}PL & R+PL \end{bmatrix} \begin{bmatrix} i_{an} \\ i_{bn} \\ i_{cn} \end{bmatrix} - \omega_e \psi_f \begin{bmatrix} \sin(\theta_e) \\ \sin\left(\theta_e - \frac{2\pi}{3}\right) \\ \sin\left(\theta_e + \frac{2\pi}{3}\right) \end{bmatrix} \tag{5-7}$$

对于三相绕组不带零线的星形接法，有 $i_{an} + i_{bn} + i_{cn} = 0$，则电压方程可以简化为

$$\begin{bmatrix} u_{an} \\ u_{bn} \\ u_{cn} \end{bmatrix} = \begin{bmatrix} R+\dfrac{3}{2}LP & 0 & 0 \\ 0 & R+\dfrac{3}{2}LP & 0 \\ 0 & 0 & R+\dfrac{3}{2}LP \end{bmatrix} \begin{bmatrix} i_{an} \\ i_{bn} \\ i_{cn} \end{bmatrix} - \omega_e \psi_f \begin{bmatrix} \sin(\theta_e) \\ \sin\left(\theta_e - \dfrac{2\pi}{3}\right) \\ \sin\left(\theta_e + \dfrac{2\pi}{3}\right) \end{bmatrix} \quad (5-8)$$

3. 永磁同步电动机在转子 d-q 坐标系中的数学模型

分析永磁同步电动机最常用的方法是 d-q 轴数学模型，它不仅可以分析永磁同步电动机的稳态运行性能，还可以分析电动机的瞬态性能。永磁同步电动机的磁链、电压、电磁转矩以及机械运动方程可以表示为

$$\begin{cases} \psi_d = L_d i_d + \psi_f \\ \psi_q = L_q i_q \end{cases} \quad (5-9)$$

$$\begin{cases} u_d = \dfrac{\mathrm{d}\psi_d}{\mathrm{d}t} - \omega_e \psi_q + Ri_d \\ u_q = \dfrac{\mathrm{d}\psi_q}{\mathrm{d}t} + \omega_e \psi_d + Ri_q \end{cases} \quad (5-10)$$

$$T_e = p(\psi_d i_q - \psi_q i_d) \quad (5-11)$$

$$J\dfrac{\mathrm{d}\omega}{\mathrm{d}t} = T_e - T_L - B\omega \quad (5-12)$$

式中，Ψ_d、Ψ_q 分别为 d、q 轴磁链；L_d、L_q 分别为 d、q 轴自感，对于表贴式永磁同步电动机，$L_d = L_q$；i_d、i_q 分别为 d、q 轴电流；p 为电动机极对数；J 为转动惯量；B 为黏性摩擦因数；ω 为机械角速度；T_L 为负载转矩；T_e 为电磁转矩；R 为定子电阻。

将以上方程表述为空间矢量的形式，可以得到

$$\dot{u}_s = \dot{u}_d + \mathrm{j}\dot{u}_q = R\dot{i}_s + \dfrac{\mathrm{d}\dot{\Psi}_s}{\mathrm{d}t} + \mathrm{j}\omega_e \dot{\Psi}_s \quad (5-13)$$

$$\dot{i}_s = \dot{i}_d + \mathrm{j}\dot{i}_q \quad (5-14)$$

$$\dot{\Psi}_s = \dot{\Psi}_d + \mathrm{j}\dot{\Psi}_q \quad (5-15)$$

$$\dot{T}_e = p\dot{\Psi}_s \times \dot{i}_s \quad (5-16)$$

永磁同步电动机的空间矢量关系如图 5-22 所示。

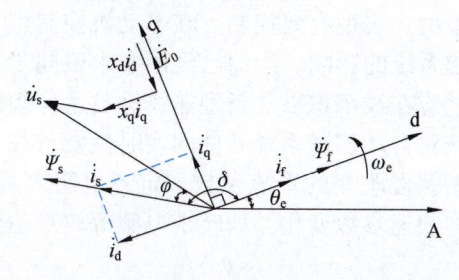

图 5-22 永磁同步电动机的空间矢量关系

图中，$\dot{E}_0$ 为空载反电动势的有效值；φ 为功率因数角。

5.3.2 永磁同步电动机的控制策略

1. 基本控制策略

1）标量控制

标量控制是交流电动机最简单的控制方法。永磁同步电动机的标量控制即恒压频比控制，因为是开环控制，所以转速的动态特性很差，电动机转矩利用率低，控制参数需要根据负载进行调节。低速运行时定子电阻以及逆变器晶体管的延时不能忽略，可能导致自动控制系统不稳定。

2）矢量控制

矢量控制是 1968 年由德国的 Hasse 博士首先提出的。1971 年，德国的 Blaschke 博士将其形成系统理论，并以磁场定向控制命名。矢量控制的思想是通过旋转坐标变换将交流电动机的定子电流解耦为励磁分量和转矩分量分别加以控制。矢量控制技术大大提高了自动控制系统的实时性，使得交流电动机变频调速的机械特性和动、静态性能都达到了直流电动机调速的水平，从而将交流电动机变频调速推向了更加广阔的应用领域，是目前永磁同步电动机主流的控制策略。

3）直接转矩控制

直接转矩控制（Direct Torque Control，DTC）抛开了解耦的思想，不经过坐标旋转变换，直接检测电动机的定子电压和电流，借助瞬时空间矢量理论计算电动机的磁链和转矩，并根据参考值与给定值的差值，实现磁链和转矩的直接控制。DTC 技术首先应用于异步电动机。由于永磁同步电动机不存在转差，直到 1997 年，澳大利亚教授 Zhong、Rahman 和我国的胡育文教授合作提出了永磁同步电动机的 DTC 方案，才标志着永磁同步电动机的 DTC 理论的成熟。由于不受转子参数的影响，DTC 具有优良的动、静态控制效果，但低速运行时转矩脉动大。为了抑制和消除转矩脉动，扩大 DTC 系统的调速范围，后来学者们提出了很多改进方法。虽然新型 DTC 技术在不同程度上改善了调速系统的低速性能，但还是达不到矢量控制的水平。

2. 非线性控制策略

随着电力电子技术、微电子技术以及现代控制理论的不断发展，永磁同步电动机的非线性鲁棒控制成为可能。非线性控制理论主要包括自适应控制、神经网络控制、滑模控制、反演控制及预测控制等。

1）自适应控制

自适应控制是一种基于数学模型的控制方法。需要在自动控制系统的运行过程中不断提取相关信息来完善控制模型，实现有效控制。在电动机控制中，自适应控制可以有效控制系统参数变化对自动控制系统的影响。当前已经用于永磁同步电动机控制的主要有模型参考自适应控制、参数自适应在线辨识以及新型非线性自适应控制等。这些控制方法的共同问题是：算法较为复杂，对自动控制系统硬件的实时性要求高；因为需要不断地在线辨识和校正，对随温度变化而缓慢改变的系统参数如定子电阻等可以起到很好的校正效果；但对因磁滞、饱和而产生的快速参数变化，如转子电感等较难达到预期的控制效果。

2）神经网络控制

神经网络控制属于智能控制范畴。智能控制还包括模糊控制、遗传算法以及专家系统等。由于不依赖被控对象的数学模型，因此可以利用智能控制来克服交流调速系统的变参数、负载扰动以及未建模动态等不利影响，提高自动控制系统的鲁棒性。对于永磁同步电动机交流调速系统,电动机模型基本确定,只是系统参数变化和外界干扰会导致电动机模型不准确。因此,在已有的控制模型上加入智能控制算法消除系统参数变化以及外界干扰对永磁同步电动机控制系统的影响,是应用智能控制最有效的途径。

自 1957 年 Rosenblatt 提出第一个人工神经网络模型,到目前已经有上百种神经网络模型问世。按照神经网络的拓扑与学习方法相结合的方式不同,可以将神经网络分为前馈网络、反馈网络、竞争网络以及随机网络四大类。典型的前馈网络包括径向基函数(Radial Basis Function,RBF)神经网络和反向传播(Back Propagation,BP)神经网络。由于作用函数不同,RBF 神经网络具有唯一最佳局部逼近的特性,而 BP 神经网络具有全局逼近的特性和较好的泛化能力。对于永磁同步电动机交流调速系统,全局逼近和泛化能力强是 BP 神经网络的优点,但由于收敛速度慢,BP 神经网络较难满足实时控制的要求。与 BP 神经网络相比,RBF 神经网络具有结构简单、学习速度快的优点,更适合在线实时控制。

神经网络在永磁同步电动机交流调速系统中的应用主要包括代替传统的 PI 或 PID 调节器;由于永磁同步电动机矢量控制系统的动态性能依赖电动机系统的转子参数,因此可以将神经网络用于转子参数的在线辨识和跟踪,实现对磁通和速度控制器的自适应调节;结合其他控制方法,设计神经网络自适应控制器;将智能控制方法与反馈线性化方法相结合可以解决反馈线性化控制中需要已知被控对象的数学模型和系统参数的"瓶颈"问题;在无速度传感器控制中,神经网络用来精确估计转速与位置等;在 DTC 系统中,可以采用神经网络来选择正确的空间电压矢量等。虽然神经网络在永磁同步电动机交流调速系统中获得了应用,但是合理的神经网络拓扑的选取、隐层数以及各层神经元个数的确定还缺乏充分的理论支持;同时,神经网络本身结构较为复杂,需要具有高速运算能力的微处理器的支持。通常,仅用一种神经网络无法解决问题,需要采用组合智能控制的方法,如模糊神经网络等来构成永磁同步电动机的闭环控制系统。

3) 滑模控制

滑模控制(Sliding Mode Control,SMC)是 20 世纪 50 年代苏联学者 Utkin 等提出的一种非线性控制策略,其非线性表现为控制的不连续性。由于滑模方程可以根据被控量的差值及其微分量设计,且与被控对象系统的参数变化以及外界干扰无关,因此 SMC 系统具有动态响应快、对参数变化和外界干扰鲁棒性强、无须在线辨识以及实现容易等优点。SMC 作为自动控制系统中的一种新型非线性控制方法,在实际工程中获得了广泛应用。

永磁同步电动机调速系统中采用 SMC 有其独特的优势——鲁棒性强,因此永磁同步电动机调速系统成为 SMC 应用的一个广阔领域。SMC 通过控制量的切换使系统状态沿着滑模面滑动,因此对电动机系统的参数变化以及外界的负载转矩扰动都具有很强的鲁棒性。但是,SMC 本质上的不连续开关特性将会引起系统的抖振,主要原因是:SMC 系统的轨迹到达切换面的加速度有限,惯性使得控制切换存在滞后,形成抖振叠加到理想的滑动模态上。在实际的 SMC 系统中,由于时间和空间滞后开关、系统的惯性和延时以及测量误差等,使 SMC 在滑动模态下伴随着高频抖振,再加上系统本身的未建模动态,严重影响控制系统的性能。有效抑制和削弱抖振的影响,是保证 SMC 在实际工程中广泛应用的前提。因此,在保证 SMC 不变性的前提下对传统 SMC 进行改进,削弱抖振对系统的影响成为当前研究的热点。当前,SMC 的研究主要包括新型趋近律的设计、动态滑模控制、经典 SMC 方法中的滑模在线辨识以及与其他新型控制方法的结合控制等。

4) 反演控制

反演控制,又称为反步控制、后推控制或回推控制,是 1991 年由 Kokotovic 等首先提出的。反演控制通常与 Lyapunov 稳定定律结合使用,即在综合考虑控制律和稳定性的条件下使闭环系统满足期望的动、静态指标。反演控制是在非线性标准型下进行的，可以看作微分几何方法的间接应用。

反演控制是一种由前向后递推的设计方法，它从高阶系统的内核（通常是系统的状态方程）出发，设计虚拟控制律保证内核系统的稳定性、无源性等；通过对虚拟控制律的逐步修正，设计出稳定的系统控制器，最终实现全局跟踪，使控制系统达到期望的动、静态性能。反演控制中的虚拟控制本质上是一种静态补偿，即前面的子系统必须通过后面的子系统的虚拟控制才能达到稳定。反演控制适用于实时控制，可以达到减少在线计算时间的目的。反演控制一经提出，便得到广泛的关注，并被推广到自适应控制、鲁棒控制以及SMC等领域。对于干扰或不确定性不满足匹配条件的非线性系统，采用反演控制设计鲁棒控制器或自适应控制器具有明显的优势。

永磁同步电动机是一个多输入多输出系统，按照反演控制设计方法，首先保证转速动态跟踪，设计速度子系统的虚拟控制律和 Lyapunov 稳定函数，以此类推，直到得到整个系统的控制律，通过全局 Lyapunov 稳定函数保证系统的渐进收敛。反演控制已经在永磁同步电动机交流调速系统中获得了广泛应用。但反演控制算法本身易受调节参数和系统参数的干扰，将反演控制与自适应控制、SMC以及智能控制等相结合，对实现永磁同步电动机交流调速系统的转速动态跟踪控制是非常有意义的。

5）预测控制

预测控制能够对未来一段时间内系统的状态进行预测，可以追溯到20世纪60年代和70年代。除了在化工、电力、交通、机械制造等领域，也在其他领域得到了较深入的研究。预测控制可以通过对未来的状态进行预测，确定控制输入的值，以实现对系统的控制。与传统控制方法相比，预测控制具有更好的鲁棒性和适应性，能够应对更加复杂的工业过程控制系统。目前，在永磁同步电动机的矢量控制中预测控制已经得到了应用。

永磁同步电动机的模型预测控制是一种利用系统模型来预测未来的系统状态的自动化控制方法，并依据预测结果进行控制决策。与传统的矢量控制相比，模型预测控制具有更快的响应速度，更简单的调节过程。其是一种特定的闭环控制算法，根据当前系统状态和控制输入，利用系统模型预测未来一段时间内系统的运行状态，最优的控制序列通过价值函数来确定以实现对系统的控制，以适应实际系统变化。模型预测控制算法很多，其实现形式也不尽相同，但基本的结构框架都是一样的，都是由多个模块组成，包括预测模型、滚动优化和反馈校正等模块。

5.4 永磁同步电动机的矢量控制

20世纪70年代发明的矢量控制方法通过旋转坐标变换，将交流电动机等效为直流电动机分别进行转矩和磁通控制，使交流电动机调速性能达到了能够与直流电动机相媲美的水平。永磁同步电动机的速度控制实际上是通过控制转矩实现的，而转矩又取决于定子电流。因此，永磁同步电动机的矢量控制实际上是对电动机 d-q 轴电流的控制。

5.4.1 空间矢量脉冲宽度调制原理

脉冲宽度调制（PWM）技术是永磁同步电动机交流调速系统中的关键技术，各种控制算法的实现都是以不同的 PWM 方式完成的。空间矢量（Space Vector, SV）PWM 技术从电动机角度出发，将逆变器和电动机看作一个整体，着眼于如何使交流电动机产生幅值恒定的圆形旋转磁场。SVPWM 技术凭借模型简单、数字化实现容易以及电压利用率高等优点，广泛应用于交流调速系统中。

永磁同步电动机理想的供电电压为三相正弦波。采用三相电压型逆变器供电的永磁同步电动机结构如图 5-23 所示。逆变器由 $VT_1 \sim VT_6$ 六个晶体管组成。当逆变器为 180°导通型时，同一桥臂的两个晶体管互为反向，即一个导通，另一个关断。当一相的开关信号为"1"时，表示该相上桥臂晶体管导通；当开关信号为"0"时，表示该相下桥臂晶体管导通。因此，三相电压型逆变器共有 000，100，110，010，011，001，101，111 共 8 种开关状态，其中 000 和 111 为零开关状态。

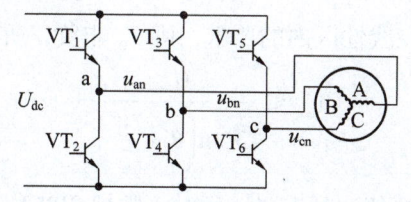

图 5-23　采用三相电压型逆变器供电的永磁同步电动机结构

对于星形接法的三相永磁同步电动机，逆变器输出的电压空间矢量 $\dot{u}_s(t)$ 的派克变换可以表示为

$$\dot{u}_s(t) = \frac{2}{3}(\dot{u}_{an} + \dot{u}_{bn}e^{j\frac{2\pi}{3}} + \dot{u}_{cn}e^{j\frac{4\pi}{3}}) \tag{5-17}$$

式中，$\dot{u}_{an}$、$\dot{u}_{bn}$ 和 $\dot{u}_{cn}$ 分别为三相定子绕组电压。

永磁同步电动机的三相定子绕组电压 $[u_{an}\ u_{bn}\ u_{cn}]^T$ 与逆变器开关状态 $[a\ b\ c]^T$ 的关系可以表示为

$$\begin{bmatrix} u_{an} \\ u_{bn} \\ u_{cn} \end{bmatrix} = \frac{1}{3}U_{dc}\begin{bmatrix} 2 & -1 & -1 \\ -1 & 2 & -1 \\ -1 & -1 & 2 \end{bmatrix}\begin{bmatrix} a \\ b \\ c \end{bmatrix} \tag{5-18}$$

式中，U_{dc} 为直流母线电压。

以逆变器开关状态表示的六边形电压空间矢量图如图 5-24 所示。

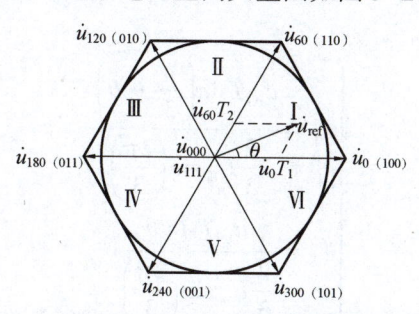

图 5-24　六边形电压空间矢量图

SVPWM 技术为了得到近似圆形的旋转磁场，通过六个非零的基本空间电压矢量线性组合可以得到更多的开关状态。以第一扇区为例，如图 5-24 所示，根据伏秒平衡原则，有

$$u_{ref}T = u_0 T_1 + u_{60} T_2 + O_{000} \text{ 或 } O_{111} T_0 \tag{5-19}$$

可以解出

$$\begin{cases} T_2 = \dfrac{\sqrt{3}\,T\dot{u}_{\text{ref}}\sin\theta}{\dot{u}_{\text{dc}}} \\[2mm] T_1 = \dfrac{\sqrt{3}\,T\dot{u}_{\text{ref}}}{2\dot{u}_{\text{dc}}}(\sqrt{3}\cos\theta - \sin\theta) \\[2mm] T_0 = T\left(1 - \dfrac{\sqrt{3}\,T\dot{u}_{\text{ref}}}{2\dot{u}_{\text{dc}}}\right)(\sqrt{3}\cos\theta - \sin\theta) \end{cases} \quad (5-20)$$

式中，$\dot{u}_{\text{ref}}$ 为合成的电压矢量；T 为采样时间；T_0、T_1 和 T_2 分别为零矢量、$\dot{u}_0$ 和 $\dot{u}_{60}$ 作用的时间。为了满足合成电压 $\dot{u}_{\text{ref}}$ 在线性区内的要求，则 T_0 非负，所以 $T_1 + T_2 < T$，即

$$u_{\text{ref}} \leqslant \dfrac{U_{\text{dc}}}{\sqrt{3}\sin\left(\theta + \dfrac{\pi}{3}\right)} \quad (5-21)$$

当 $|\dot{u}_{\text{ref}}| = U_{\text{dc}}/\sqrt{3}$ 时，幅值达到上限。而对于常规 SPWM 技术，当调制系数 $M = 1$ 时，逆变器输出的最大相电压幅值为 $\dfrac{U_{\text{dc}}}{2}$，则有

$$\dfrac{|\dot{u}_{\text{ref}}|}{U_{\text{dc}}/2} \leqslant \dfrac{2}{\sqrt{3}} = 1.154\,7 \quad (5-22)$$

由式(5-22)可知，采用 SVPWM 方式的逆变器直流电压的利用率较采用 SPWM 方式的最多可以提高 15.47%。

SPWM 技术的调制波为正弦波，而 SVPWM 控制技术的调制波是隐含的，仿照 SPWM 的 PWM 函数可以推导出 SVPWM 的隐含调制函数。仍以第一扇区为例，利用空间电压矢量 $\dot{u}_0$ 和 $\dot{u}_{60}$ 合成空间矢量 $\dot{u}_{\text{ref}}$，如图 5-24 所示。根据三角形的正弦定理有

$$\begin{cases} \dot{u}_{\text{ref}} T\sin\left(\dfrac{\pi}{3} - \theta\right) = \dot{u}_0 T_1 \sin\left(\dfrac{2\pi}{3}\right) \\[2mm] \dot{u}_{\text{ref}} T\sin\theta = \dot{u}_{60} T_2 \sin\left(\dfrac{2\pi}{3}\right) \end{cases} \quad (5-23)$$

解得

$$\begin{cases} T_1 = \dfrac{u_{\text{ref}} T\sin\left(\dfrac{\pi}{3} - \theta\right)}{\dfrac{2}{3}U_{\text{dc}}\sin\left(\dfrac{2\pi}{3}\right)} \\[4mm] T_2 = \dfrac{u_{\text{ref}} T\sin\theta}{\dfrac{2}{3}U_{\text{dc}}\sin\left(\dfrac{2\pi}{3}\right)} \end{cases} \quad (5-24)$$

其中，$|\dot{u}_0| = |\dot{u}_{60}| = \dfrac{2U_{\text{dc}}}{3}$。

如图 5-25 所示，采用七段式 SVPWM 技术，则第一扇区 A 相 PWM 函数可以表示为

$$T_{\text{on}} = \dfrac{2T - T_0}{2T} = \dfrac{1}{2}\left[1 + M\sin\left(\theta + \dfrac{\pi}{3}\right)\right] \quad (5-25)$$

第一扇区 SVPWM 的隐含调制函数为

$$f(t) = M\sin(\theta + \frac{\pi}{3}) \tag{5-26}$$

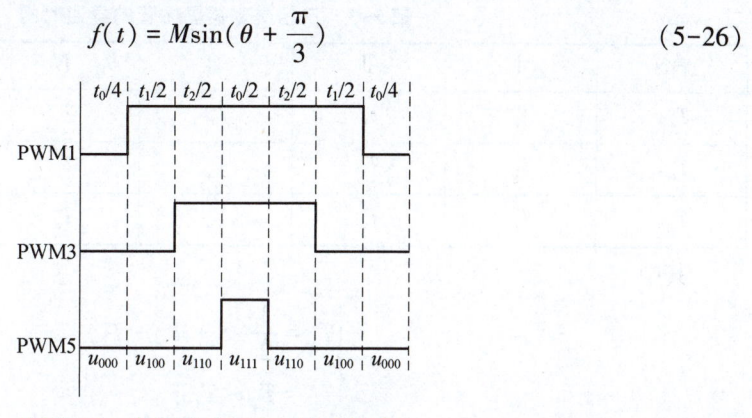

图 5-25　七段式 SVPWM 脉冲波形

定义

$$\begin{aligned}X &= \frac{\sqrt{3}\,Tu_\beta}{U_{dc}} \\ Y &= \frac{\sqrt{3}\,T}{2U_{dc}}(\sqrt{3}u_\alpha + u_\beta) \\ Z &= \frac{\sqrt{3}\,T}{2U_{dc}}(-\sqrt{3}u_\alpha + u_\beta)\end{aligned} \tag{5-27}$$

因此，合成电压 u_{ref} 在六个扇区内相邻空间电压矢量的作用时间 T_1 和 T_2 用 X、Y、Z 表示的对应关系如表 5-2 所示。

表 5-2　空间电压矢量的作用时间

扇区	Ⅰ	Ⅱ	Ⅲ	Ⅳ	Ⅴ	Ⅵ
T_1	Z	Z	X	$-X$	$-Y$	Y
T_2	X	Y	Y	Z	$-Z$	$-X$

若出现饱和 $T < T_1 + T_2$ 时，则

$$\begin{cases}T_1 = \dfrac{T_1 T}{T_1 + T_2} \\ T_2 = \dfrac{T_2 T}{T_1 + T_2}\end{cases} \tag{5-28}$$

而合成矢量 $\dot{u}_{ref}$ 所在的扇区可通过 u_α 和 u_β 来判断：

$$\begin{cases}A = u_\beta \\ B = \dfrac{1}{2}(\sqrt{3}u_\alpha - u_\beta) \\ C = \dfrac{1}{2}(-\sqrt{3}u_\alpha - u_\beta)\end{cases} \tag{5-29}$$

因此，合成矢量 $\dot{u}_{ref}$ 所在的扇区可以表示为 $N = 4\text{sign}(C) + 2\text{sign}(B) + \text{sign}(A)$。其中，$\text{sign}(x)$ 是符号函数。当 $x>0$ 时，$\text{sign}(x)=1$；当 $x\leq0$ 时，$\text{sign}(x)=0$。

在不同扇区内，三相逆变器晶体管的导通时间 T_{on1}、T_{on2} 和 T_{on3} 如表 5-3 所示。

表 5-3　三相逆变器晶体管的导通时间

扇区	Ⅰ	Ⅱ	Ⅲ	Ⅳ	Ⅴ	Ⅵ
T_{on1}	T_a	T_b	T_c	T_c	T_b	T_a
T_{on2}	T_b	T_a	T_a	T_b	T_c	T_c
T_{on3}	T_c	T_c	T_b	T_a	T_a	T_b

其中

$$\begin{cases} T_a = \dfrac{1}{2}(T + T_1 + T_2) \\ T_b = T_a - T_1 \\ T_c = T_b - T_2 \end{cases} \tag{5-30}$$

因此，A 相电压的隐含调制函数可以表示为

$$T_{PWM1} = M \cdot \begin{cases} \sin(\pi/3 + \omega t) & 0 \leq \omega t < \pi/3 \\ \sqrt{3}\cos \omega t & \pi/3 \leq \omega t < 2\pi/3 \\ -\cos(\omega t - 5\pi/6) & 2\pi/3 \leq \omega t < \pi \\ -\cos(\omega t + 7\pi/6) & \pi \leq \omega t < 4\pi/3 \\ \sqrt{3}\cos \omega t & 4\pi/3 \leq \omega t < 5\pi/3 \\ \sin(\pi/3 - \omega t) & 5\pi/3 \leq \omega t < 2\pi \end{cases} \tag{5-31}$$

式中，$M = \dfrac{\sqrt{3}\,|\dot{u}_{ref}|}{U_{dc}}$。

同理，可以推出 B 相和 C 相电压的隐含调制函数。三相电压的隐含调制函数用 a、b、c 表示，d 为根据相电压调制函数求出的等效线电压波形，如图 5-26 所示。

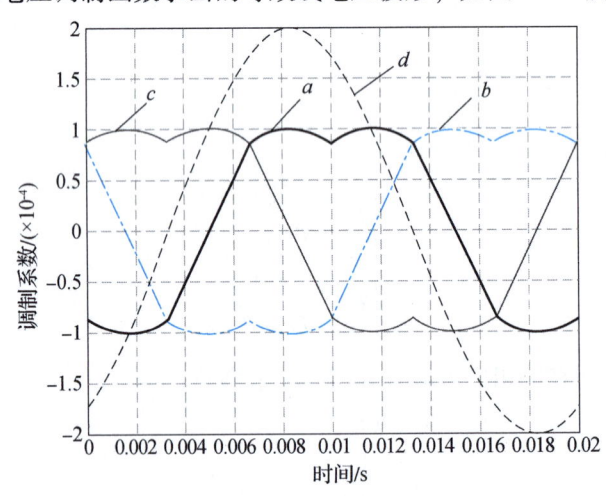

图 5-26　三相电压调制波（$M = 1$）

SVPWM 的调制系数最高可以达到 $M = 2/\sqrt{3}$，理想的相电压调制波为图 5-27 中曲线 a 所示的标准正弦波，而实际求出的调制波为曲线 b，二者之间的差值为曲线 c，它是相电压调制波的 3 次及 3 的倍数次高次谐波。

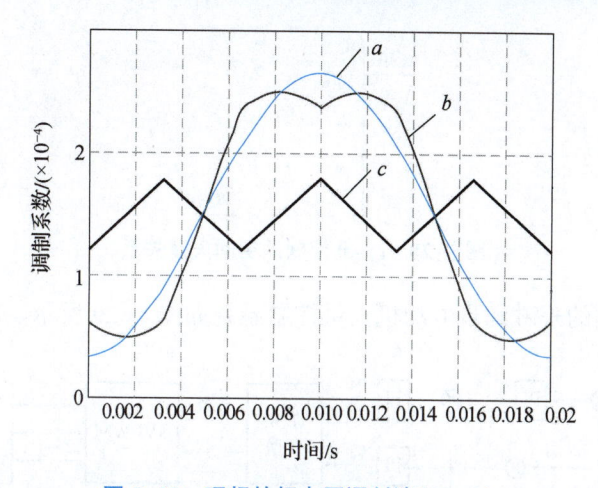

图 5-27　理想的相电压调制波（$M=1$）

典型的三相电压型逆变器的中点电动势固定，注入高次谐波可以使相电压的调制系数 $M>1$，付出的代价是相电压调制波中点电动势发生跳变，不再是正弦波。对于三相无中线负载，线电压两相间 3 次及 3 的倍数次谐波自然抵消，线电压仍保持正弦，如图 5-26 中曲线 d 所示。SVPWM 技术本质上是一种带谐波注入的规则采样 PWM 技术，对零矢量采取不同插入方法，可以获得不同的 PWM 脉冲波形。

5.4.2　矢量控制策略

永磁同步电动机的矢量控制可以分为单位功率因数控制、恒磁链控制、最大转矩电流比控制、弱磁控制以及最大输出功率控制等。其中，单位功率因数控制可以降低逆变器的容量，但电动机必须设计在去磁状态才能达到；而恒磁链控制可以增大永磁同步电动机的最大输出转矩；最大转矩电流比控制就是单位电流输出最大转矩的控制，是内嵌式永磁同步电动机常用的一种矢量控制策略。

永磁同步电动机受逆变器输出的最大电压和电流的限制，一般通过增加 d 轴去磁电流的方法实现弱磁扩速。永磁同步电动机弱磁控制的方法很多，常用的方法是 d 轴电流负反馈补偿控制法。采用弱磁控制后，不但能够提高转折速度，而且能够使永磁同步电动机在高于转折速度的较宽转速范围内仍保持恒功率运行。在弱磁控制方法下，对于任一给定的参考转速，总是存在一个使永磁同步电动机输入功率最大的定子电流，即最大输出功率控制。在整个运行速度范围内，采用定子电流的最佳控制，可以实现永磁同步电动机的最大功率输出。

5.4.3　表贴式永磁同步电动机的 $i_d=0$ 控制

对于表贴式永磁同步电动机，最大转矩电流比控制就是 $i_d=0$ 控制，此时永磁同步电动机相当于一台他励直流电动机，交轴电流就是定子电流 i_s，此时转矩公式（5-11）中只有永磁转矩分量，即

$$T_e = P\psi_f i_q \tag{5-32}$$

$i_d=0$ 控制的空间矢量关系如图 5-28 所示。

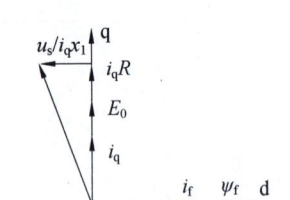

图 5-28　$i_d=0$ 控制的空间矢量关系

采用 $i_d=0$ 控制的永磁同步电动机矢量控制系统如图 5-29 所示。

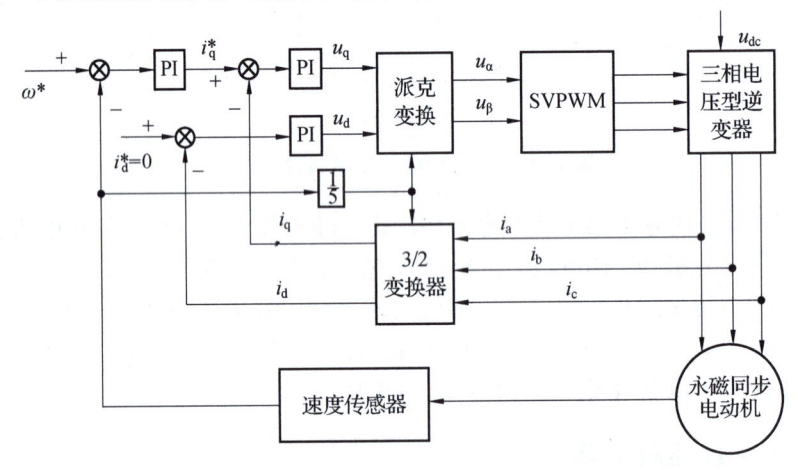

图 5-29　采用 $i_d=0$ 控制的永磁同步电动机矢量控制系统

给定的参考转速与实际转速的误差经 PI 调节器作为 q 轴的参考电流，d-q 轴的参考电流与实际电流比较的差值经 PI 调节器作为 d-q 轴的电压控制信号，该电压信号经过派克变换后作为 SVPWM 变换器的输入信号。SVPWM 变换器产生的 PWM 脉冲信号控制三相电压型逆变器给永磁同步电动机供电，实现转速的动态跟踪。

在永磁同步电动机矢量控制系统中，d-q 轴系的各量与定子坐标系各量之间的关系可以通过坐标变换实现。常用的坐标变换有两种：矢量幅值不变和功率约束不变的坐标变换。前者要求三相和两相坐标变换产生的合成矢量相同，变换以磁动势不变为原则；后者要求变换前后功率不变。对于三相永磁同步电动机，采用功率不变原则时，d-q 轴系的各量为三相定子坐标系中各量最大值的 $\sqrt{\dfrac{3}{2}}$ 倍。

为了保证永磁同步电动机矢量控制系统输出的电磁转矩不变，采用功率不变坐标变换。从三相定子电流到两相 d-q 轴电流的 3/2 变换器为

$$\begin{bmatrix} i_d \\ i_q \\ i_0 \end{bmatrix} = \sqrt{\frac{2}{3}} \begin{bmatrix} \cos\theta_e & \cos\left(\theta_e - \dfrac{2\pi}{3}\right) & \cos\left(\theta_e + \dfrac{2\pi}{3}\right) \\ -\sin\theta_e & -\sin\left(\theta_e - \dfrac{2\pi}{3}\right) & -\sin\left(\theta_e + \dfrac{2\pi}{3}\right) \\ \dfrac{1}{\sqrt{2}} & \dfrac{1}{\sqrt{2}} & \dfrac{1}{\sqrt{2}} \end{bmatrix} \begin{bmatrix} i_a \\ i_b \\ i_c \end{bmatrix} \quad (5\text{-}33)$$

式中，i_0 为零轴电流分量，零轴同时垂直于 d-q 轴。上述的变换关系同样适用于电压和磁链矢量。

从转子 d-q 轴电压到定子 α-β 轴电压的派克变换可以表示为

$$\begin{bmatrix} u_\alpha \\ u_\beta \end{bmatrix} = \begin{bmatrix} \cos\theta_e & -\sin\theta_e \\ \sin\theta_e & \cos\theta_e \end{bmatrix} \begin{bmatrix} u_d \\ u_q \end{bmatrix} \tag{5-34}$$

上述的变换关系同样适用于电流和磁链矢量。

5.4.4 表贴式永磁同步电动机的 $i_d = 0$ 矢量控制器设计

图 5-29 给出的表贴式永磁同步电动机矢量控制系统包括速度 PI 调节器、电流 PI 调节器、矢量 SVPWM 变换器、三相电压型逆变器、速度传感器及永磁同步电动机。合理设计和调整系统各环节的参数，可以优化系统各部分的运行性能，提高整个系统的控制性能和运行特性。

采用磁场定向控制时，电动机电枢电流只有交轴分量，即 $i_s = i_q$，且 $i_d = 0$，表贴式永磁同步电动机基于 d-q 轴坐标系的数学模型可以改写为

$$\frac{d\omega}{dt} = \frac{3P\psi_f}{2J}i_q - \frac{B}{J}\omega - \frac{T_L}{J} \tag{5-35}$$

$$\frac{di_q}{dt} = -\frac{R}{L}i_q - \frac{P\psi_f}{L}\omega + \frac{1}{L}u_q \tag{5-36}$$

$$0 = P\omega i_q + \frac{1}{L}u_d \tag{5-37}$$

此时，永磁同步电动机的控制完全和直流电动机类似。通过控制 q 轴电流，就可以实现对转矩和磁通的独立控制。转矩和交轴电流具有线性关系，见式(5-32)。

1. 电流环调节器设计

为实现电流的无差调节，除了要合理选择电流控制方式，还要确定电流调节器的结构与调节参数，所以需要求出电流环控制对象的传递函数。

在图 5-29 给出的矢量控制系统中，电流环的控制对象为：SVPWM 逆变器(包括矢量旋转变换、SVPWM 信号形成、延时、隔离驱动及 SVPWM 变换器)、电动机电枢回路、电流采样和滤波电路。忽略电路延时，仅考虑逆变器延时，将 SVPWM 逆变器看成时间常数为 $\tau\left(\tau = \frac{1}{f}, f\text{ 为逆变器的工作频率}\right)$ 的一阶惯性环节。电动机电枢回路为存在定子电阻 R 和定子电感 L 的一阶惯性环节。电动机的电压方程可以写为

$$u_s = Ri_s + L\frac{di_s}{dt} + j\omega\Psi_s \tag{5-38}$$

式中，u_s 为电动机的相电压。

由式(5-38)可知，电动机电枢存在旋转电动势，它影响电流环。低速时，电流的控制特性主要取决于电流调节器的性能。通过电流调节器的调节，可以基本消除反电动势的影响。当电动机高速运行时，反电动势随转速增加，而逆变器的直流电压固定，加在电动机电枢绕组上的净电压减少，电流的变化率降低，实际电流与给定电流间会出现幅值和相位的偏差。在电流环设计时，可先忽略反电动势对电流环的影响。

在电流环的作用下，电动机 q 轴的电流即为转矩电流。将电流调节器用一个转矩电流环代替，速度与电流环的动态结构如图 5-30 所示。

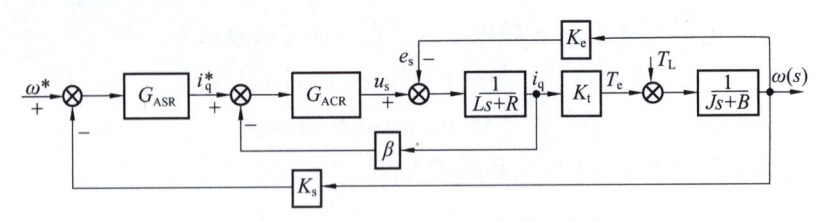

图 5-30 速度与电流环的动态结构

图中，ω^* 和 ω 分别为参考转速的给定值和实际值；K_s 为速度反馈系数；β 为电流反馈系数；K_t 为转矩系数；K_e 为电动势系数；u_s 和 e_s 分别为电动机的相电压和相电动势；i_q^* 和 i_q 分别为转矩电流的给定值和实际值；T_e 为电磁转矩；T_L 为负载转矩；G_{ASR} 和 G_{ACR} 分别为速度和电流调节器。

忽略电动机反电动势，将其看成一常数。此时，电流环的开环传递函数可以表示为

$$G_{oc}(s) = \frac{k_1 k_2 \beta}{(T_1 s + 1)(T_2 s + 1)} \quad (5-39)$$

式中，$k_1 = \dfrac{1}{R}$；$T_1 = \dfrac{L}{R}$；$T_2 = \tau + T_{cf}$ 为等效小惯性环节时间常数；τ 为延时时间常数；T_{cf} 为电流采样滤波时间常数；k_2 为逆变器的放大倍数，定义为逆变器输出电压与电流调节器输出电压的比值。

电流环的控制对象为两个一阶惯性环节的串联。电流环一般以其跟随性要求为主，按照调节器工程设计方法，将电流环校正成典型Ⅰ型系统，电流调节器 G_{ACR} 为 PI 调节器，其传递函数可以表示为

$$G_{ACR}(s) = k_{PI} \frac{T_{ci} s + 1}{T_{ci} s} \quad (5-40)$$

式中，k_{PI} 为电流调节器的比例系数；T_{ci} 为积分时间常数。

使调节器零点对消控制对象的大时间常数极点，取

$$T_{ci} s + 1 = T_1 s + 1 \quad (5-41)$$

则电流环的开环传递函数可以表示为

$$G_{oc}(s) = \frac{K_i}{s(T_2 s + 1)} \quad (5-42)$$

式中，$K_i = \dfrac{k_1 k_2 k_{PI} \beta T_2}{T_{ci}}$ 为电流环的开环放大倍数，选择 $K_i T_2 = 0.5$。此时，电流环的动态响应过程中将有 4.4% 的超调，且响应速度较快，即有

$$\frac{k_1 k_2 k_{PI} \beta T_2}{T_{ci}} = 0.5 \quad (5-43)$$

由式 (5-41) 和式 (5-43) 可以确定电流调节器的比例系数。

2. 速度环调节器设计

电流环是速度环的内环，经电流调节器校正后，假定电流给定滤波时间常数和反馈滤波时间常数相等，当转矩电流的参考值为 i_q^* 时，电流闭环结构如图 5-31 所示。

图 5-31 电流闭环结构

由图 5-31 可以写出电流闭环系统的传递函数为

$$W_c(s) = \frac{i_q(s)}{i_q^*(s)} = \frac{1}{\beta} \cdot \frac{G_{oc}(s)}{1+G_{oc}(s)} = \frac{\frac{1}{\beta} \cdot \frac{K_i}{T_2}}{s^2 + \frac{1}{T_2}s + \frac{K_i}{T_2}} \quad (5\text{-}44)$$

在保证系统稳定性的前提下，当系统特征方程的高次项系数小到一定程度时，就可以忽略不计，对电流环进行降阶处理。将式(5-44)改写为

$$W_c(s) = \frac{\frac{1}{\beta}}{\frac{T_2}{K_i}s^2 + \frac{1}{K_i}s + 1} \quad (5\text{-}45)$$

式中，T_2 和 K_i 都是正的系数，且 $T_2 < 1$，即系统是稳定的。若能忽略高次项，则可得近似的一阶传递函数为

$$W_c(s) \approx \frac{K_c}{T_c s + 1} \quad (5\text{-}46)$$

式中，$T_c = \frac{1}{K_i}$；$K_c = \frac{1}{\beta}$。

近似的条件可由频率特性导出，即

$$W_c(j\omega) = \frac{\frac{1}{\beta}}{\left(1 - \frac{T_2}{K_i}\omega^2\right) + \frac{1}{K_i}j\omega} \approx \frac{K_c}{1 + j\omega T_c} \quad (5\text{-}47)$$

由式(5-47)可以得到满足条件的截止频率为

$$\omega_c \leq \frac{1}{3}\sqrt{\frac{K_i}{T_2}} \quad (5\text{-}48)$$

速度环的动态结构如图 5-32 所示。

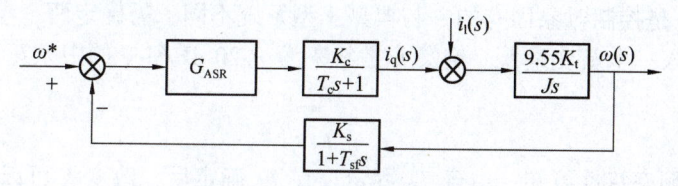

图 5-32 速度环的动态结构

图中，T_{sf} 为速度反馈滤波时间常数。

由于电动机的动摩擦因数很小，在设计速度调节器时，可以忽略它对速度环的影响。速度调节器控制对象的传递函数可以表示为

$$G_s(s) = \frac{9.55 K_c K_t K_s}{Js(T_c s + 1)(T_{sf} s + 1)} \quad (5\text{-}49)$$

和电流环一样，小时间常数 T_c 和 T_{sf} 合并成时间常数为 T_Σ 的惯性环节，即

$$T_\Sigma = T_c + T_{sf} \quad (5\text{-}50)$$

在保证系统稳定的前提下，当系统特征方程的高次项系数小到一定程度就可以忽略不计，因此，速度环的控制对象可以改写为

$$G_s(s) = \frac{9.55K_c K_t K_s}{Js(T_\Sigma s + 1)} = \frac{K_N}{s(T_\Sigma s + 1)} \tag{5-51}$$

式中，$K_N = \dfrac{9.55K_c K_t K_s}{J}$。小惯性环节的等效条件是速度环截止频率满足：

$$\omega_s \leqslant \frac{1}{3}\sqrt{\frac{1}{T_c T_{sf}}} \tag{5-52}$$

由式(5-51)可知，速度环控制对象为一个惯性环节和一个积分环节的串联。为实现转速无差跟踪，在系统的前向通道设置积分环节，必定可以消除稳态误差。因此，将速度环校正成典型Ⅱ型系统，即速度环的开环传递函数中有两个积分环节。选择速度调节器为PI调节器，传递函数为

$$G_{ASR}(s) = k_{SPI}\frac{T_{si}s + 1}{T_{si}s} \tag{5-53}$$

式中，k_{SPI} 为速度调节器比例系数；T_{si} 为积分时间常数。

经过校正后，速度环变为典型Ⅱ型系统，其开环传递函数为

$$G_{os}(s) = \frac{K(T_{si}s + 1)}{s^2(T_\Sigma s + 1)} \tag{5-54}$$

式中，$K = \dfrac{K_N k_{SPI}}{T_{si}}$。速度环的开环对数幅频特性如图 5-33 所示。

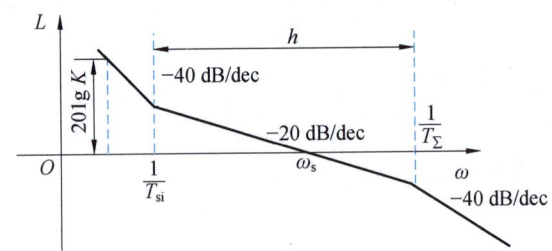

图 5-33 速度环的开环对数幅频特性

时间常数 T_Σ 是控制对象固有的。与典型Ⅰ型系统不同，需确定两个参数 K 和 T_{si}。为了分析方便，引入一个新变量 h，定义 h 是斜率为 $-20\ \mathrm{dB/dec}$ 的中频宽，即

$$h = \frac{T_{si}}{T_\Sigma} \tag{5-55}$$

由速度系统频率特性可知，由于 T_Σ 固定，在 T_{si} 确定后，改变 K 可以使开环对数幅频特性上下平移，从而可以改变截止频率 ω_s。设计调节器时，采用闭环幅频特性峰值最小准则找出 ω_s、K 与 T_{si} 的配合关系。对于给定的中频宽 h，截止频率 ω_s 固定，则 ω_s、K 与 T_{si}、T_Σ 的关系可以表示为

$$\omega_s = \frac{1}{2}\left(\frac{1}{T_{si}} + \frac{1}{T_\Sigma}\right) \tag{5-56}$$

$$K = \frac{T_{si} + T_\Sigma}{2T_\Sigma T_{si}^2} \tag{5-57}$$

一般情况下，取中频宽 $h = 5 \sim 6$，典型Ⅱ型系统具有较好的动态响应和抗干扰能力。

由式(5-56)、式(5-57)和 $K = \dfrac{K_N k_{SPI}}{T_{si}}$ 可以求出调节器参数为

$$T_{si} = hT_{\Sigma} \tag{5-58}$$

$$k_{SPI} = \frac{(T_{si} + T_{\Sigma})J}{19.1 T_{si} T_{\Sigma} K_c K_t K_s} \tag{5-59}$$

由式(5-59)可知，在满足一定超调量和抗干扰性能的条件下，速度调节器参数可以由被控对象参数求得。当对象参数变化时，调节器参数应相应调整。当对象转动惯量增加时，调节器比例系数应增大，积分时间常数应增大，以满足稳定性要求；当对象转动惯量减小时，调节器比例系数应减小，积分时间常数应减小，以保证低速时的控制精度。通常，被控对象参数变化范围有限，需要采取合理的折中方案，才能满足设计要求。

5.4.5 表贴式永磁同步电动机的 $i_d = 0$ 矢量控制系统的仿真

表贴式永磁同步电动机的 $i_d = 0$ 矢量控制系统的仿真模型如图5-34所示。电动机参数见表5-4。

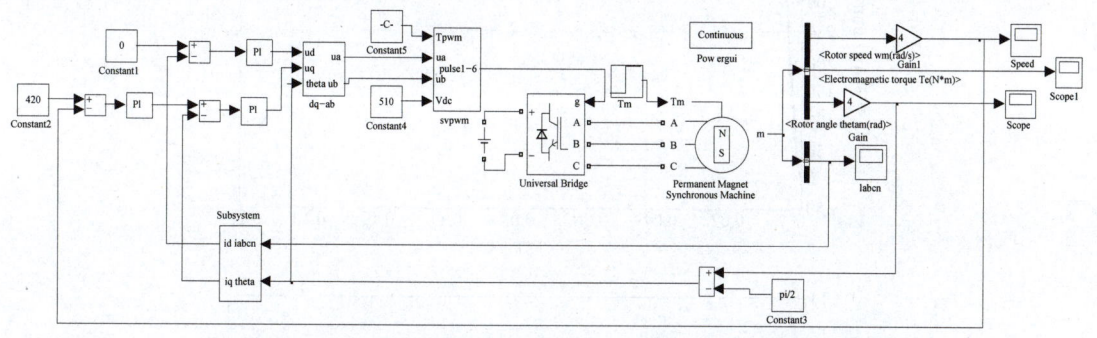

图5-34 表贴式永磁同步电动机的 $i_d = 0$ 矢量控制系统的仿真模型

表5-4 电动机参数

参数	值	参数	值
定子电阻 R/Ω	1.65	转动惯量 $J/(\text{kg} \cdot \text{m}^2)$	0.001
d 轴电感 L_d/H	0.009 2	极对数 p	4
q 轴电感 L_q/H	0.009 2	A 相额定电压 U_{an}/V	95
转子永磁体磁链 Ψ_f/Wb	0.18	A 相额定电流 i_{on}/A	3
额定转速 $n/(\text{r} \cdot \text{min}^{-1})$	2 000	额定功率 P_e/kW	0.75

SVPWM 频率 $f = 2\ 500$ Hz，逆变器等效惯性时间常数为 58 μs，等效电压放大倍数为 7.8，$\beta = 0.8$，电流反馈滤波时间常数 $T_{cf} = 0.000\ 1$ s。根据电流调节器的设计方法，可得电流环调节器设计参数，如表5-5所示。

表5-5 电流环调节器设计参数

参数	值	参数	值
电流调节器比例系数	4.69	电流调节器积分时间常数	0.005 6 s
电流反馈系数	0.8	逆变器电压放大倍数	7.8
逆变器等效时间常数	0.000 058 s	电流闭环等效一阶惯性时间常数	0.000 316 s
电流反馈滤波时间常数	0.000 1 s	等效小惯性环节时间常数	0.000 158 s

速度反馈滤波时间常数 T_{sf} = 0.000 1 s，T_Σ = 0.000 416 s。取 $h=5$，假定速度反馈系数为 0.025，根据第 5.4.4 节给出的速度环调节器设计方法，可得速度环调节器设计参数，如表 5-6 所示。

表 5-6 速度环调节器设计参数

参数	值	参数	值
速度调节器比例系数	6.71	速度调节器积分时间常数	0.002 08 s
中频宽	5	速度环等效时间常数	0.000 416 s
速度反馈滤波时间常数	0.000 1 s	速度反馈系数	0.025

给定参考转速为 420 r/min，在 0.05 s 时突加 1 N·m 负载转矩的仿真波形如图 5-35 所示。

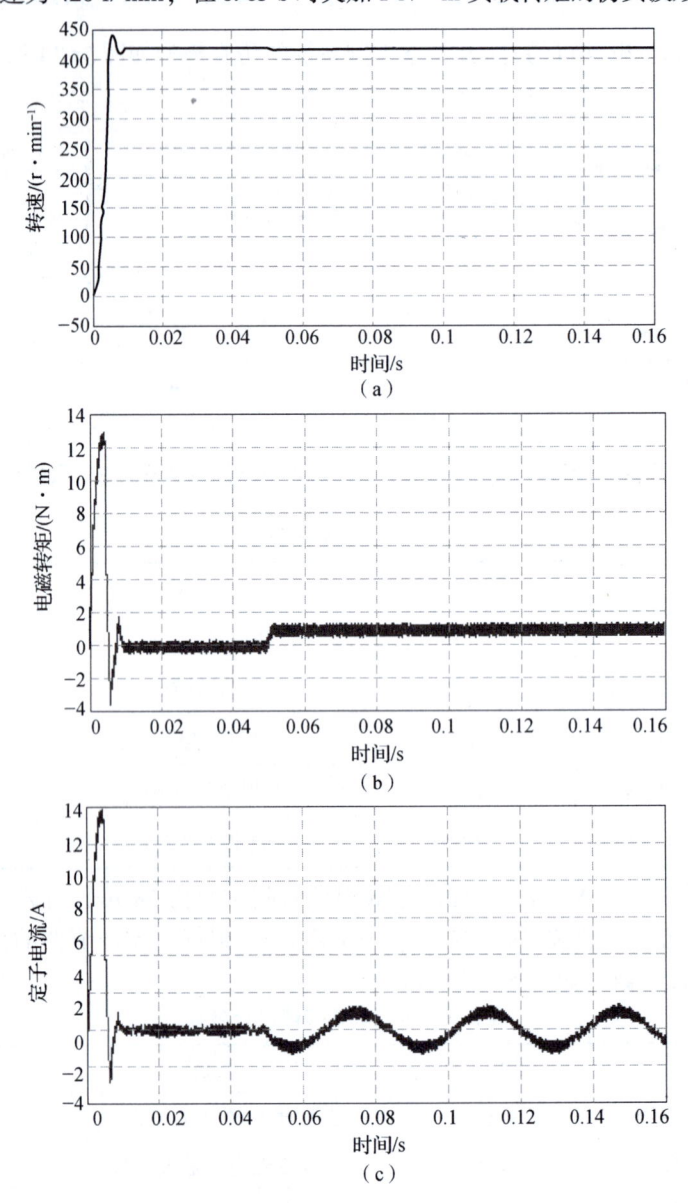

图 5-35 在 0.05 s 时突加 1 N·m 负载转矩的仿真波形
(a)转速波形；(b)电磁转矩波形；(c)定子电流波形

由图 5-35 可知，基于 $i_d = 0$ 控制的永磁同步电动机矢量控制系统具有较好的转速动态响应和接近正弦的定子电流波形，对于负载转矩的突变具有较强的鲁棒性。

5.4.6　内嵌式永磁同步电动机最大转矩电流比控制

最大转矩电流比控制是内嵌式永磁同步电动机常用的一种矢量控制策略。内嵌式永磁同步电动机的最大转矩电流比控制包括定子电流幅值一定、转矩最大控制和转矩一定、定子电流幅值最小控制两种情况，但两者是完全等价的。内嵌式永磁同步电动机采用最大转矩电流比控制可以在相同定子电流极值的条件下，获得更大的电磁转矩。

将永磁同步电动机的 d-q 轴磁链方程(5-9)代入电压方程(5-10)和转矩方程(5-11)，可以得到

$$\begin{bmatrix} u_d \\ u_q \end{bmatrix} = \begin{bmatrix} R + L_d P & -\omega_e L_q \\ \omega_e L_d & R + L_q P \end{bmatrix} \begin{bmatrix} i_d \\ i_q \end{bmatrix} + \begin{bmatrix} 0 \\ \omega_e \Psi_f \end{bmatrix} \tag{5-60}$$

$$T_e = P[\Psi_f i_q + (L_d - L_q) i_d i_q] \tag{5-61}$$

永磁同步电动机的空间矢量关系如图 5-36 所示。

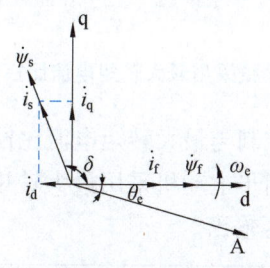

图 5-36　永磁同步电动机的空间矢量关系

采用最大转矩电流比控制时，永磁同步电动机的电流矢量应满足

$$i_s^2 = i_d^2 + i_q^2 \tag{5-62}$$

$$\begin{cases} \dfrac{\partial \left(\dfrac{T_e}{i_s} \right)}{\partial i_d} = 0 \\ \dfrac{\partial \left(\dfrac{T_e}{i_s} \right)}{\partial i_q} = 0 \end{cases} \tag{5-63}$$

由式(5-62)和式(5-63)可以得到

$$i_d = \frac{\Psi_f - \sqrt{\Psi_f^2 + 4(\rho - 1)^2 L_d^2 i_q^2}}{2(\rho - 1) L_d} \tag{5-64}$$

式中，ρ 为凸极率，$\rho = L_q / L_d$。将电流与转矩公式表示为标幺值的形式，有

$$i_d^* = \frac{1 - \sqrt{1 + 4 i_q^{*2}}}{2} \tag{5-65}$$

$$T_e^* = \frac{i_q^*}{2}(1 + \sqrt{1 + 4 i_q^{*2}}) \tag{5-66}$$

式中，电流的基值为 $i_b = \dfrac{\Psi_f}{L_d - L_q}$，转矩的基值为 $T_b = P \Psi_f i_b$。

对于任一给定的转矩，根据式(5-65)和式(5-66)即可求出最小的 d-q 轴电流控制分量，实现最大转矩电流比控制。永磁同步电动机采用最大转矩电流比控制时的 d-q 轴电流波形如图 5-37 所示。

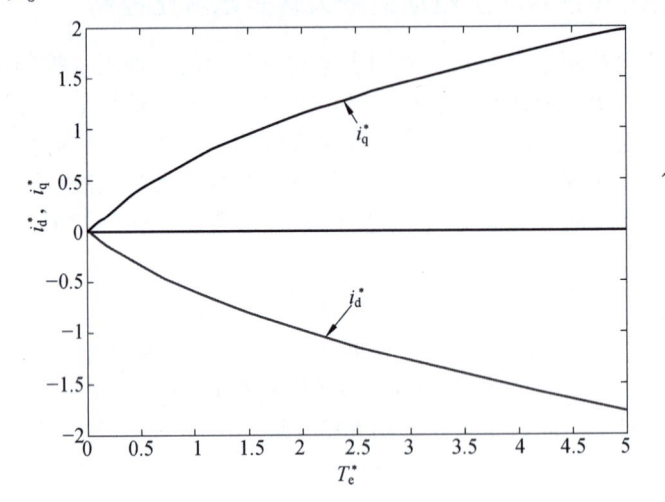

图 5-37 永磁同步电动机采用最大转矩电流比控制时的 **d-q** 轴电流波形

永磁同步电动机采用 $i_d = 0$ 控制与最大转矩电流比控制时的转矩波形如图 5-38 所示。与 $i_d = 0$ 控制相比，内嵌式永磁同步电动机采用最大转矩电流比控制时可以在相同定子电流幅值条件下获得更大的电磁转矩输出。

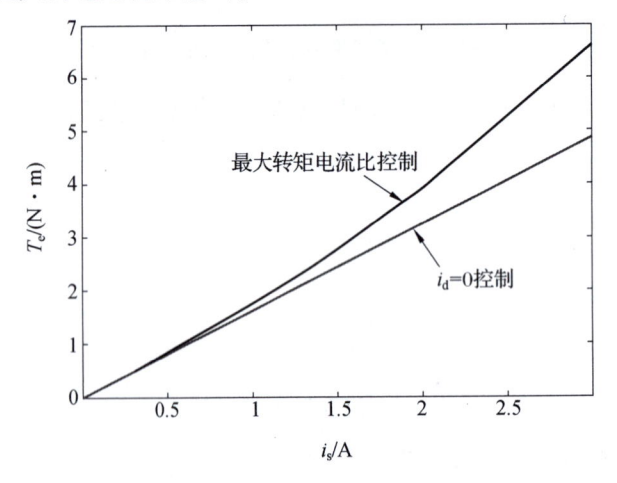

图 5-38 不同控制方式的转矩波形

受到逆变器最大输出电流的限制，有

$$i_s = \sqrt{i_d^2 + i_q^2} \leq i_{\lim} \tag{5-67}$$

式中，$i_{\lim}$ 为永磁同步电动机可以达到的最大相电流基波有效值的 $\sqrt{3}$ 倍。由于逆变器直流侧电压固定，因此有

$$u_s = \sqrt{u_d^2 + u_q^2} \leq u_{\lim} \tag{5-68}$$

式中，$u_{\lim}$ 为永磁同步电动机可以达到的电压极限值。将电压方程(5-60)代入式(5-68)，可以得到电压极限方程，即

$$(L_q i_q)^2 + (L_d i_d + \Psi_f)^2 \leq \left(\frac{u_{\lim}}{\omega_e}\right)^2 \tag{5-69}$$

基于最大转矩电流比控制的永磁同步电动机矢量控制系统如图 5-39 所示。

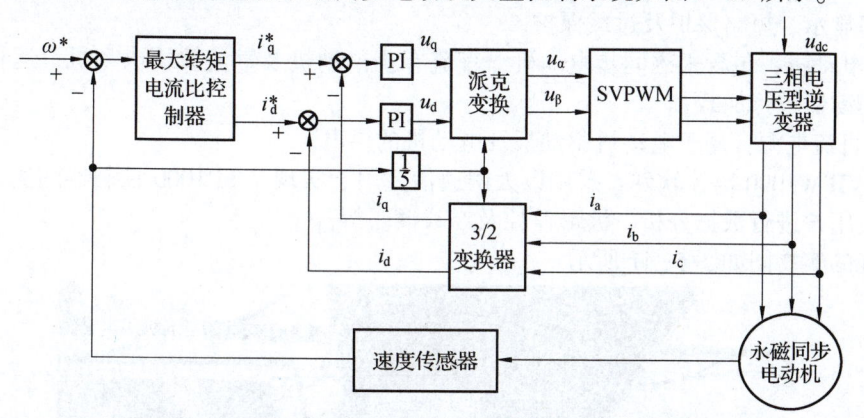

图 5-39 基于最大转矩电流比控制的永磁同步电动机矢量控制系统

5.5 基于快速原型控制器的永磁同步电动机控制系统

为了更快地验证永磁同步电动机控制系统的性能，引入了快速原型控制平台，该平台将仿真与实物相联系，提供了控制策略在实际系统中的快速验证方法。

5.5.1 系统组成

基于快速原型控制器的永磁同步电动机控制系统主要由 SP1000 控制器、电动机驱动板、磁粉制动器、电动机、直流电源和 VIEW1000 监控软件等组成，如图 5-40 所示。

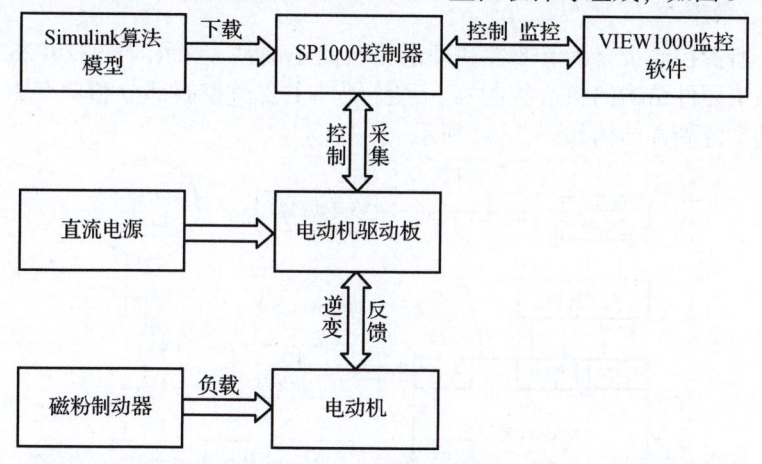

图 5-40 基于快速原型控制器的永磁同步电动机控制系统的组成图

系统组成介绍如下。

（1）SP1000 控制器：系统控制器，DSP+FPGA 双核架构，Simulink 算法模型一键下载，加载后可与 VIEW1000 上位机软件实时交互数据，方便数据跟踪、波形监控或者在线调参。

（2）电动机驱动板：永磁同步电动机、直流无刷电动机以及直流有刷电动机共用的功率驱动模块，强弱电隔离设计，电压电流信号采用传感器芯片采集，QEP 及 CAP 接口全引出，保护机制健全。

（3）磁粉制动器：经济型小体积手动张力制动器，百分比电压输出，0~24 V 旋钮调节、数字显示、短路保护及过载保护。

（4）电动机：包含永磁同步电动机、直流有刷电动机及直流无刷电动机，运行时可通过磁粉制动器进行加载。

（5）直流电源：用于电动机驱动板及电动机的供电。

（6）VIEW1000 监控软件：采用以太网通信，用于实现与 SP1000 控制器的实时数据交互，方便用户进行数据分析、波形监控及在线调参等。

系统的实物图如图 5-41 所示。

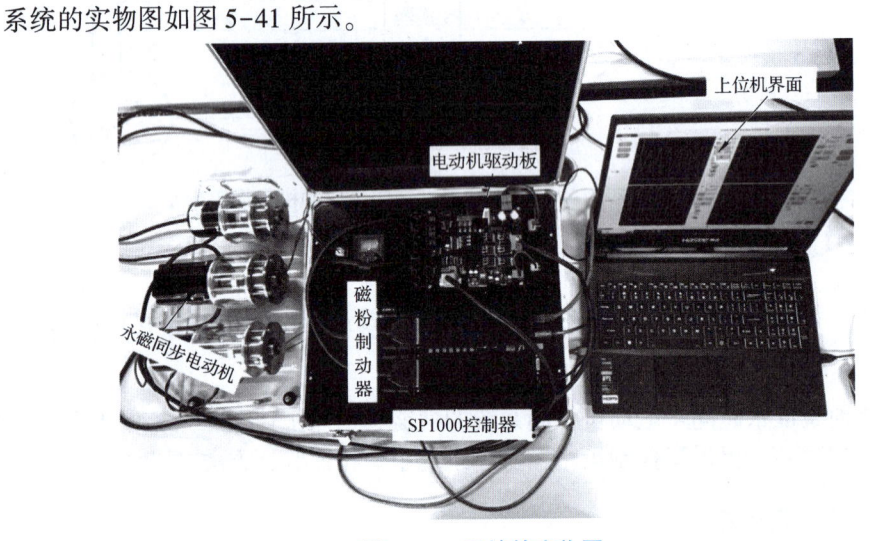

图 5-41　系统的实物图

5.5.2　系统硬件设计

为了验证所提控制策略的有效性和理论分析的正确性，采用 TMS320F28335 芯片作为电动机驱动系统硬件结构的核心控制器。系统硬件主要由控制部分和功率驱动部分组成，永磁同步驱动系统硬件结构如图 5-42 所示。

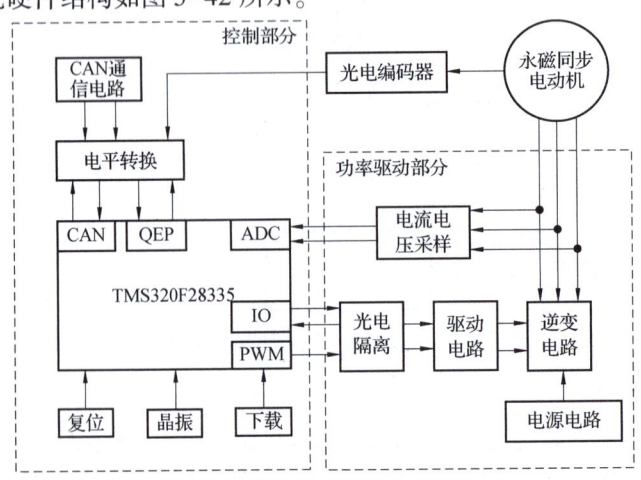

图 5-42　永磁同步驱动系统硬件结构

1. DSP 控制模块

DSP 控制模块使用 TMS320F28335 作为核心控制芯片，有功能强大的引脚，SPI 是串行外围设备接口，可以获取外围的键盘或显示器的数据；SCI 为通信接口，可以实现高速的模数转换；还具有 2 路正交编码通道 QEP，2 路 CAN 总线组网通道，6 路 CAP 捕捉口，还有供用户二次开发的 20 位地址线和 16 位数据线 DSP 外扩接口，具有丰富的开发板资源。其电路如图 5-43 所示。

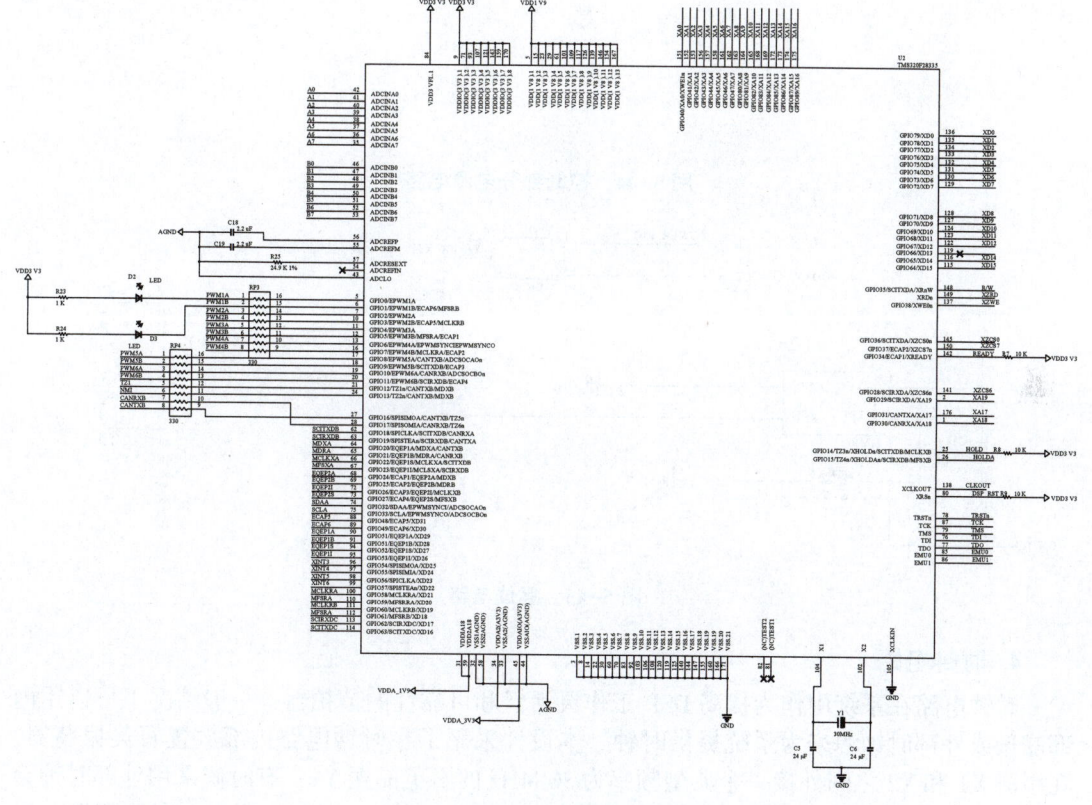

图 5-43 DSP 控制模块电路

2. 控制部分电源电路

硬件系统的控制部分主要使用 3.3 V 电压供电，因此核心板选用 PS767D301 电源芯片，电源电路如图 5-44 所示。这款芯片具有功率大、负载能力强的特点。输入 5 V 的电压，同时产生 1.9 V 和 3.3 V 的电压，其中 3.3 V 电压供给 IO 口，1.9 V 电压供给内核。在本系统中 DSP 芯片的工作频率为 150 MHz，因此内核使用 1.9 V 电压供电，但是当系统的 DSP 工作在 100 MHz 时，所需要的电压则为 1.8 V。

3. 复位电路

复位电路使用 IMP811 复位芯片，如图 5-45 所示。IMP811 为低功耗监控器，对 3.3 V 和 5 V 电源进行电源监控，保证在系统工作时电压超限，或是程序在运行过程中出错的情况下可以可靠复位，由图 5-45 的 DSP 引脚图可知输入复位信号的引脚为 80 号引脚 XRSn。

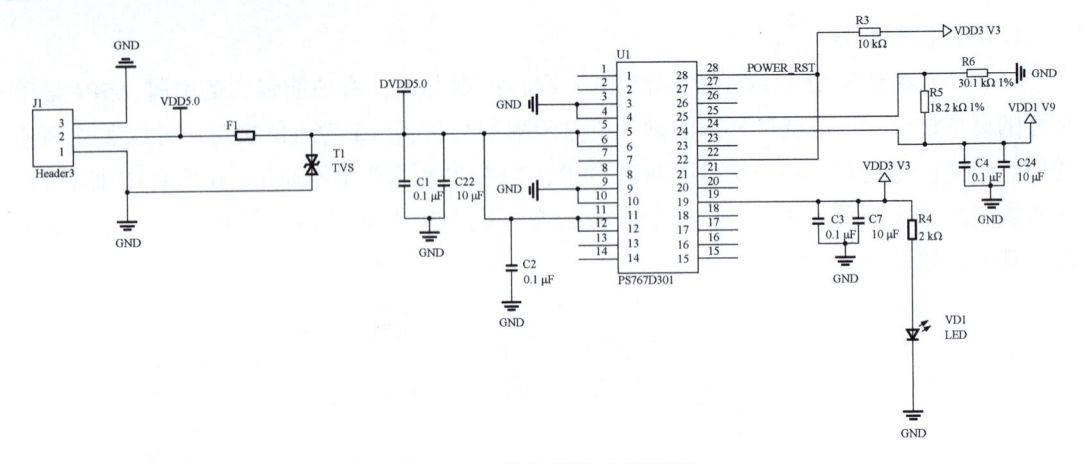

图 5-44 控制部分电源电路

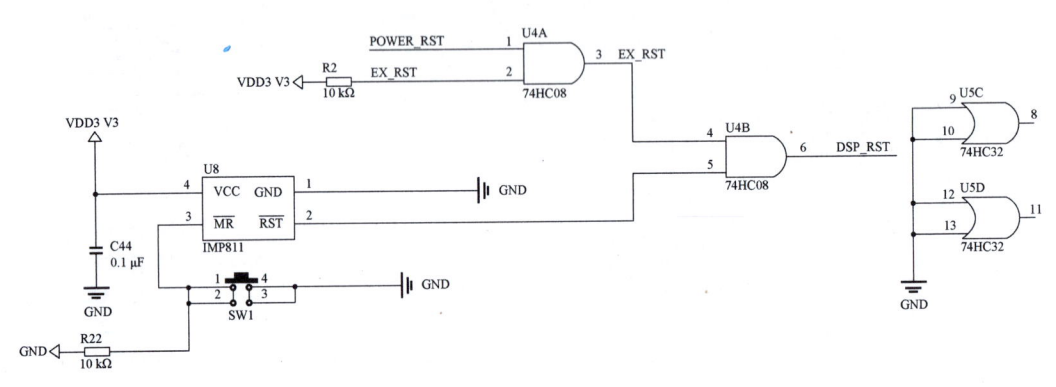

图 5-45 复位电路

4. 时钟电路

时钟电路在系统中作为提高 DSP 工作灵活性和可靠性的节拍器，一般情况下可以用内部晶振或外部时钟源来为系统提供时钟，本设计采用了在时钟电路内部放置石英振荡器，在引脚 X1 和 X2 之间外接一个典型频率为 30 MHz 的石英晶振 Y1；有时候采用外部时钟会更加方便，这种情况下把得到的时钟信号直接加到 X1 引脚上即可。通过寄存器配置可以使时钟频率为 150 MHz。内部晶振分别通过 C5 和 C6 两个 24 μF 的电容将两个引脚接地。时钟电路如图 5-46 所示。

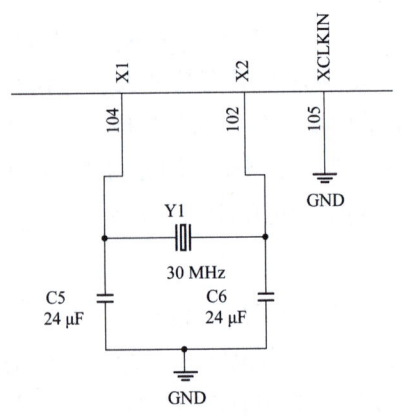

图 5-46 时钟电路

5. 驱动电路

DSP 输出的脉冲信号经过缓冲电路处理后,被传输到驱动芯片 IR2136,从而驱动 MOSFET。在这一部分逆变电路还可以将控制电路输出的 PWM 直流电压转换成同步电动机所需的交流电压,实现电动机的导通和关断,使电动机能够准确地跟随给定的转速。驱动电路如图 5-47 所示。

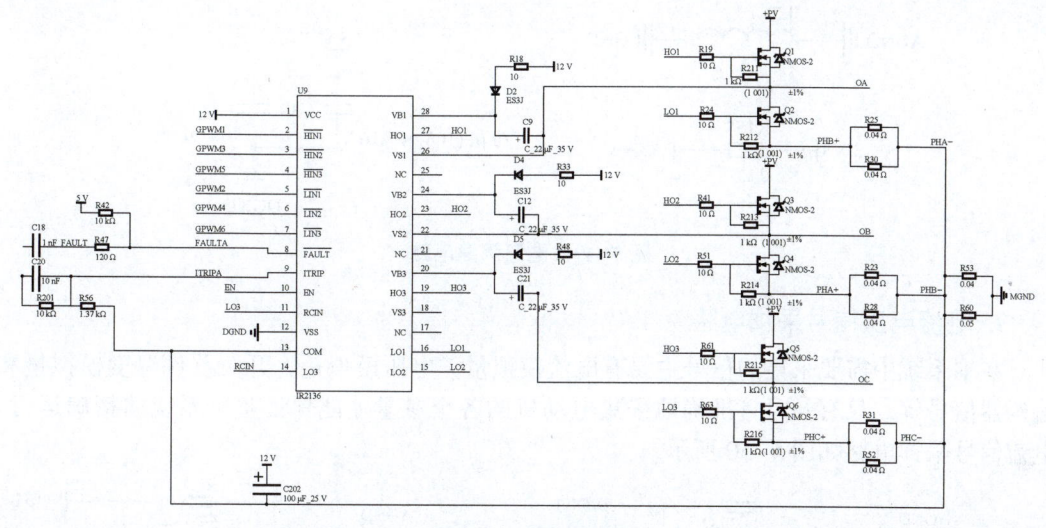

图 5-47 驱动电路

6. 功率驱动部分电源电路

设计时为确保硬件系统的稳定性,需要将控制部分与驱动部分电源电路隔离,因此将系统中输入的电源转变为所需的 12 V、5 V、3.3 V 和 1.9 V。功率驱动部分电源电路如图 5-48 所示,电源隔离电路如图 5-49 所示。

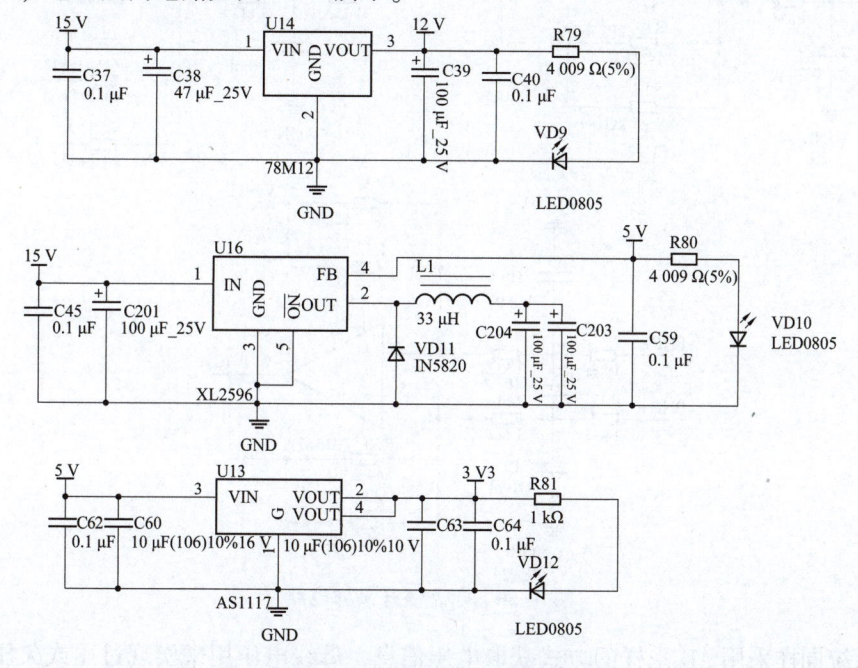

图 5-48 功率驱动部分电源电路

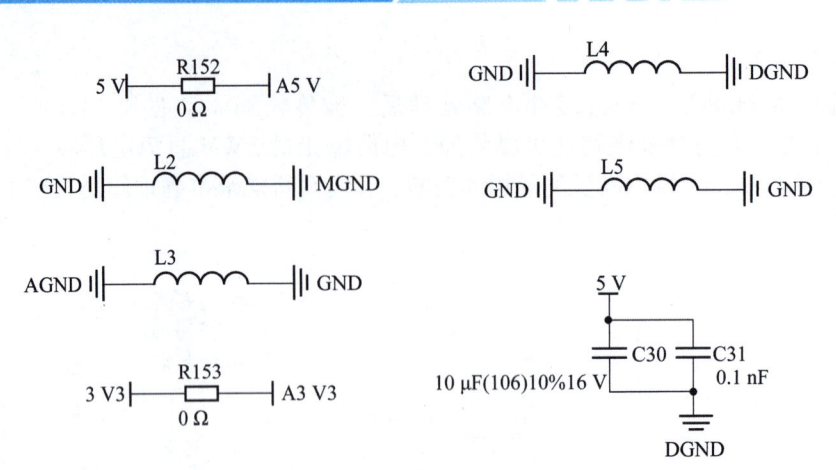

图 5-49　电源隔离电路

7. 电流电压信号采样电路

在本系统中需要采集的信号主要有电流模拟量、电压模拟量、开关器件温度模拟量和编码器信号等。只有及时且准确地采集电动机的各个参量才能保证整个系统的精确运行。电流信号采样电路如图 5-50 所示。

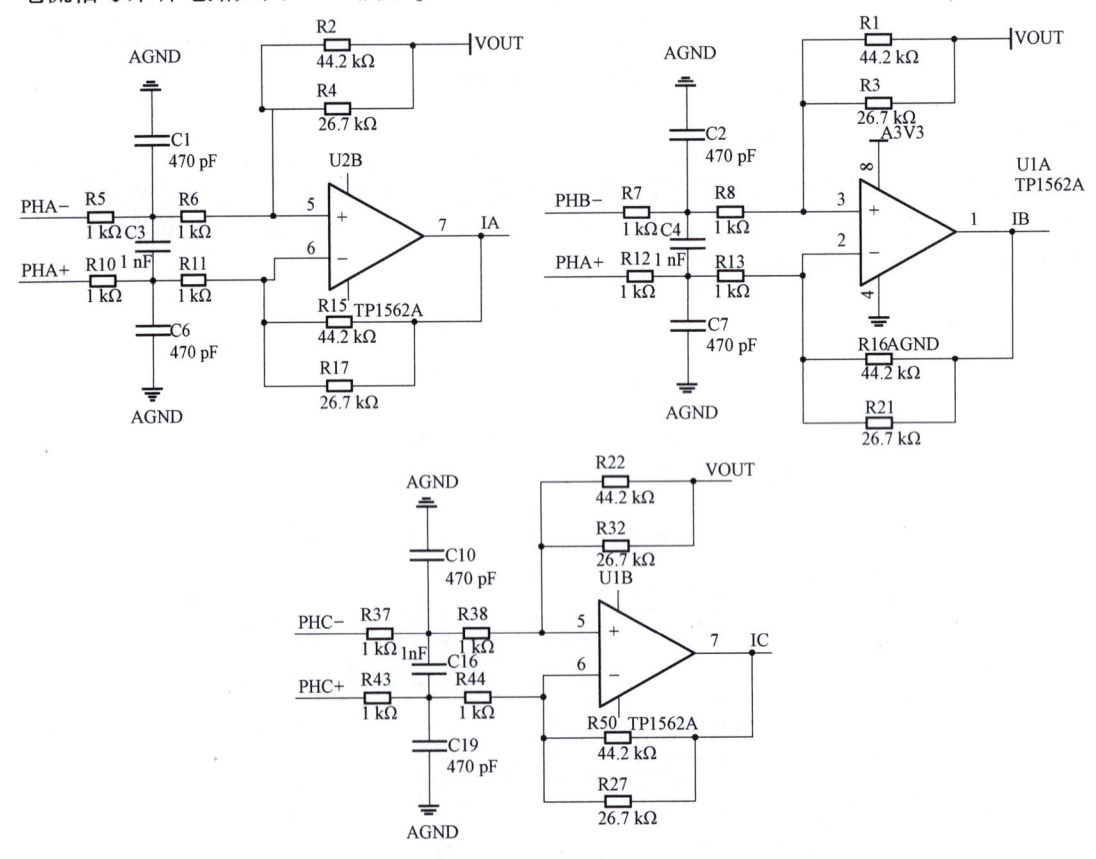

图 5-50　电流信号采样电路

本系统同样采用 AD 采样的方式获取电压信息，母线电压用来实现过压或欠压的检测，测得各相电压大小后可以对各相电压进行监测和控制。电压信号采样电路如图 5-51 所示。

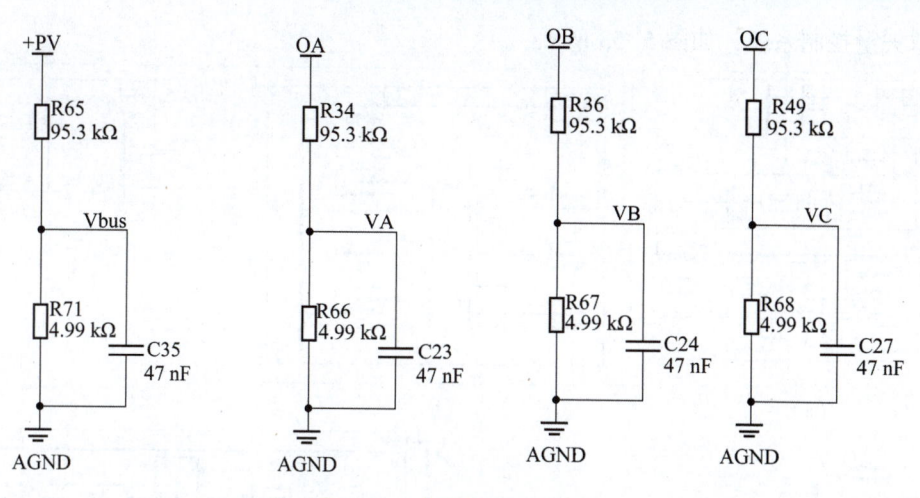

图 5-51　电压信号采样电路

8. 编码器信号采集电路

位置信息和速度信息是保证整个伺服系统精准控制最重要的两个参数,是实现准确进行变换的关键,本设计采用光电编码器实现对电动机转子位置和转速的检测。编码器信号采集电路如图 5-52 所示。

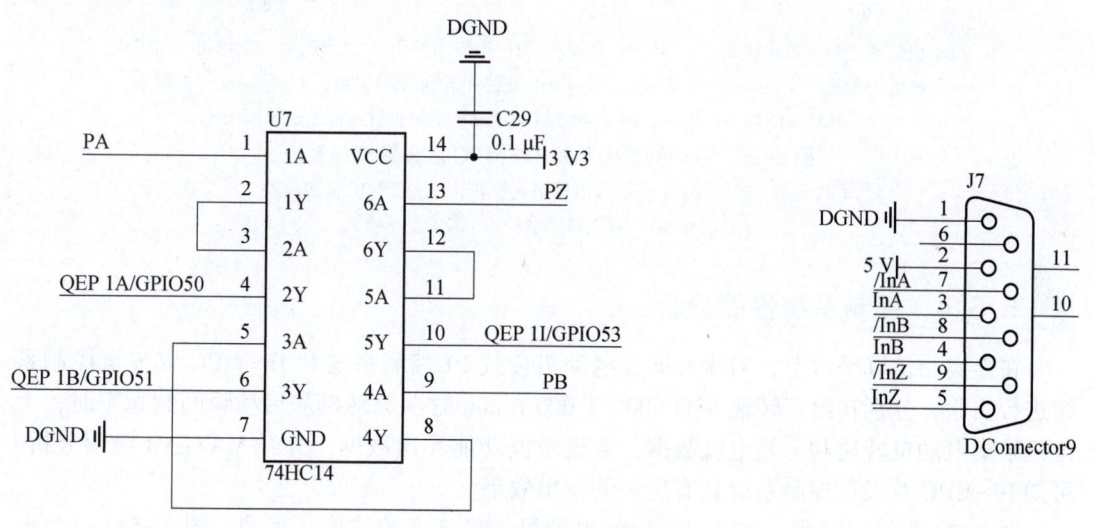

图 5-52　编码器信号采集电路

5.5.3　系统软件设计

本设计针对永磁同步电动机的仿真采用模型预测控制策略。通过对传统的永磁同步电动机模型预测控制内外环结构进行改进,采用 IP-MPC 双矢量控制策略,搭建仿真模型验证永磁同步电动机的控制性能。在传统的永磁同步电动机模型预测控制系统中,系统电流内环采用模型预测控制,电压矢量在一个采样周期内作用一次,在遍历过程中存在较大的纹波,系统的控制性能较差。本设计在控制器内环采用双矢量模型预测控制代替传统模型预测控制;而在外环则使用 IP 位置控制代替传统的 PI 控制来控制转速。

通过 MATLAB/Simulink 结合 SP1000 控制器自带的驱动库,搭建永磁同步电动机 IP-

MPC 双矢量控制系统，如图 5-53 所示。

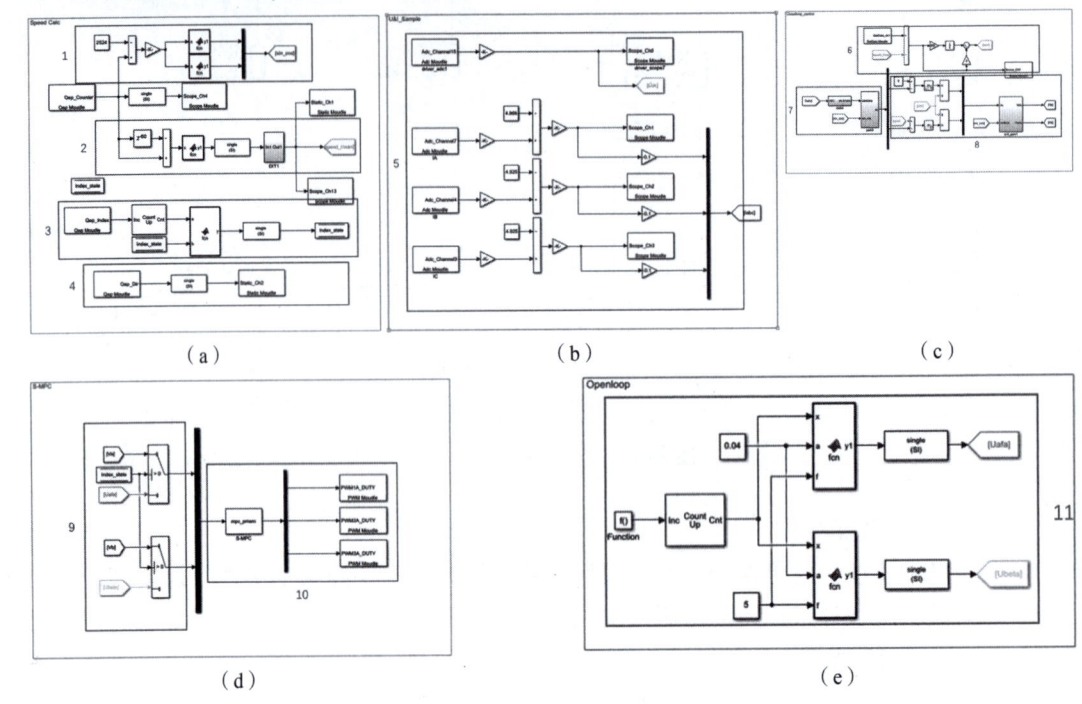

(a)　　　　　　　　　　　(b)　　　　　　　　　　　(c)

(d)　　　　　　　　　　　(e)

1—电动机旋转电角度采集模块；2—转速计算模块；3—编码器索引信号模块；4—电动机转向模块；
5—母线电压采集模块；6—IP 位置模块；7—Clark 变换和 park 变换模块；8—反 park 变换模块；
9—开环与闭环切换模块；10—MPC 双矢量输出模块；11—模式选择模块

图 5-53　永磁同步电动机 IP-MPC 双矢量控制系统
(a)转速采集模块；(b)母线电压采集模块；(c)外环 IP 位置模块；
(d)内环 MPC 双矢量模块；(e)模式选择模块

5.5.4　控制系统性能分析

在半实物仿真平台上，对永磁同步电动机传统 PI 控制系统和 IP-MPC 双矢量控制系统进行实验，分别在给定转速 n 为 500、1 000 r/min 时，电动机从启动瞬间到稳态时，上位机采集电动机转速和三相电流数据，通过录波功能导出数据，并经 MATLAB 绘图分析，可知 IP-MPC 双矢量控制系统具有更好的输出效果。

图 5-54 为给定转速 $n=500$ r/min 时电动机的稳态实验波形。其中，图 5-54(a)为电动机转速波形，图 5-54(b)为 PI 控制下电动机的三相电流波形，图 5-54(c)为 IP-MPC 双矢量控制下电动机的三相电流波形。

图 5-55 为给定转速 $n=1 000$ r/min 时电动机的稳态实验波形。其中，图 5-55(a)为电动机转速波形，图 5-55(b)为 PI 控制下电动机的三相电流波形，图 5-55(c)为 IP-MPC 双矢量控制下电动机的三相电流波形。

通过对比图 5-54(a)与图 5-55(a)可得，相较于 PI 控制，IP-MPC 双矢量控制下的电动机转速波形更稳定，无论在低速还是高速下都具有良好的稳态性能。通过对比 PI 控制下电动机的三相电流波形与 IP-MPC 双矢量控制下电动机的三相电流波形可得，相较于 PI 控制，IP-MPC 双矢量控制输出的电流波形更趋近于正弦波，电流脉动更小，提高了永磁同步电动机输出的稳定性。

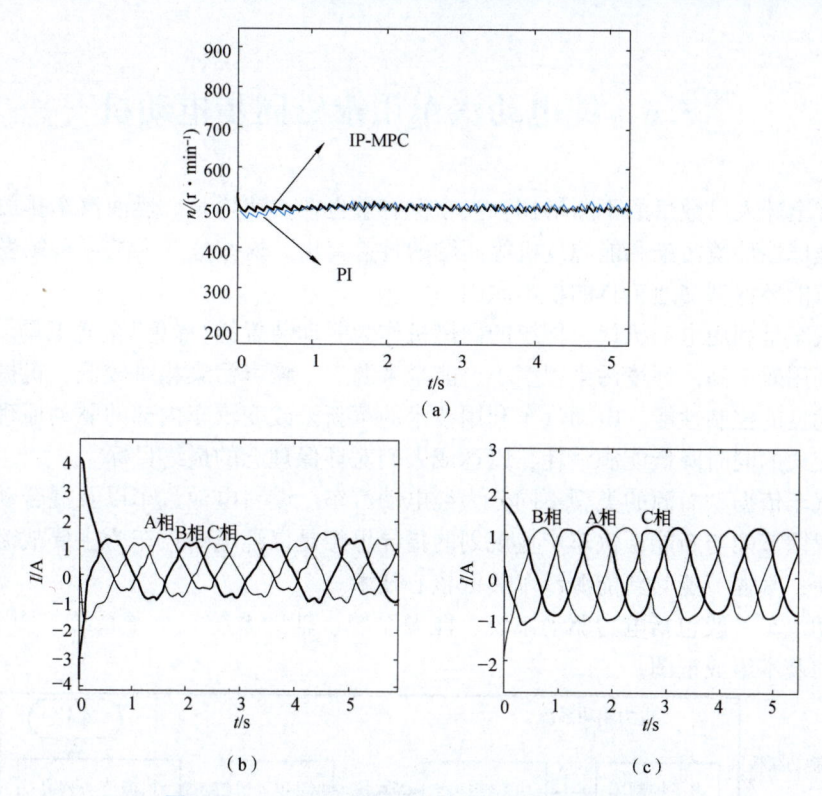

图 5-54 $n=500$ r/min 时电动机的稳态实验波形

(a)电动机转速波形；(b)PI 控制下电动机的三相电流波形；(c)IP-MPC 双矢量控制下电动机的三相电流波形

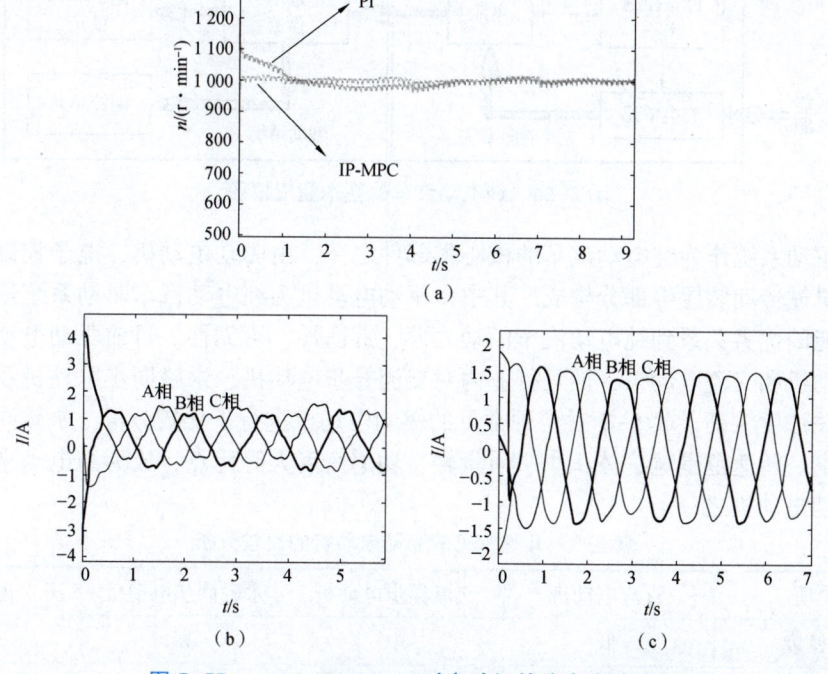

图 5-55 $n=1\,000$ r/min 时电动机的稳态实验波形

(a)电动机转速波形；(b)PI 控制下电动机的三相电流波形；(c)IP-MPC 双矢量控制下电动机的三相电流波形

5.6 纯电动汽车用永磁同步电动机

伴随着全球人口数量的不断增加，汽车保有量也在快速增长。燃油汽车排放的过量废气导致了全球性环境污染和能源危机等问题的日益突出。这些危及人类可持续发展的问题成为发展节能环保型交通工具的根本原因。

电动汽车是利用电动机代替传统的内燃机作为驱动装置的"绿色"交通工具。其优点在于：能量利用效率高、环境污染程度小、能量来源广、噪声污染相对较低、机械结构的多样化以及优良的控制性能。电动汽车利用技术的革新来改变汽车内部的驱动原理，进而在提供便捷交通的同时降低能源消耗，以达成人们对环保理念的最终目标。

电动汽车依据动力源的类型不同分为纯电动汽车、燃料电池汽车以及混合动力电动汽车三种。我国节能与新能源汽车产业规划的指导思想是以纯电动汽车为主要战略方向，加强自主创新，掌握节能与新能源汽车关键核心技术。

纯电动汽车一般包括电力驱动系统、能源系统、辅助系统三个子系统。图 5-56 为纯电动汽车的基本组成框图。

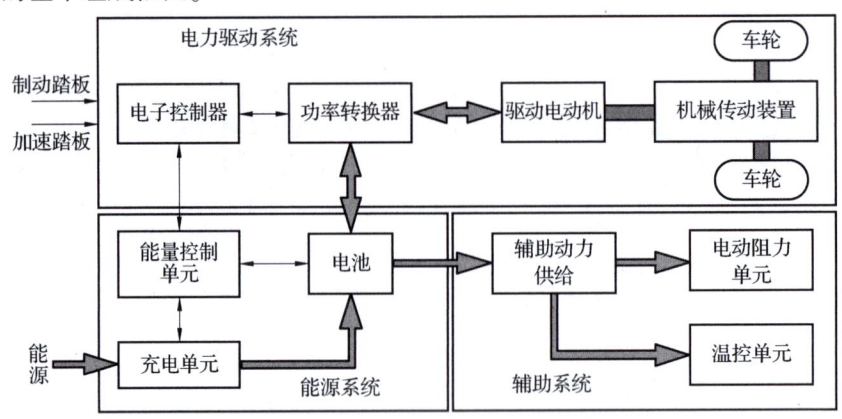

图 5-56 纯电动汽车的基本组成框图

电力驱动系统作为纯电动汽车的核心零部件之一，由驱动电动机、电子控制器、功率转换器和机械传动装置等部分构成。其中，驱动电动机为纯电动汽车驱动系统最主要的部分，其性能的优劣关系到纯电动汽车的动力性、舒适性、可靠性。目前驱动电动机主要分为直流电动机和交流电动机，而且行业内对交流异步电动机、永磁同步电动机及开关磁阻电动机的关注度较高。表 5-7 对几种常见的驱动电动机进行了比较分析，永磁同步电动机具有效率高、转速范围宽、体积小、质量轻、功率密度大等优点，成为纯电动乘用车市场的主要驱动电动机之一。

表 5-7 几种常见的驱动电动机的比较分析

比较项	直流电动机	交流异步电动机	永磁同步电动机	开关磁阻电动机
功率密度	低	中	高	较高
功率因数	—	82~85	90~93	60~65
峰值效率/%	85~89	90~95	95~97	80~90

续表

比较项	直流电动机	交流异步电动机	永磁同步电动机	开关磁阻电动机
负荷效率/%	80~87	90~92	85~97	78~86
转速范围/(r·min^{-1})	4 000~6 000	12 000~15 000	4 000~15 000	>15 000
恒功率区	—	1:5	1:2.25	1:3
过载系数	2	3~5	3	3~5
可靠性	中	较高	高	较高
结构坚固性	低	高	较高	高
体积	大	中	小	小
质量	重	中	轻	轻
调速控制性能	很好	中	好	好
电动机成本	低	中	高	中
控制器成本	低	高	高	中

5.6.1 纯电动汽车用永磁同步电动机的设计案例

本小节针对纯电动汽车用最高转速达 15 000 r/min 的永磁同步电动机进行设计和优化，根据纯电动汽车整车动力性能参数要求，确定整车的基本参数，并对电动机的尺寸和结构进行匹配计算。

1. 纯电动汽车用动力系统参数匹配设计

1）纯电动汽车动力系统布局

本案例中，纯电动汽车的电力驱动系统采用中央单电动机前驱方式，如图 5-57 所示，前轮作为驱动主体，连接传动系统、驱动电动机等部件。

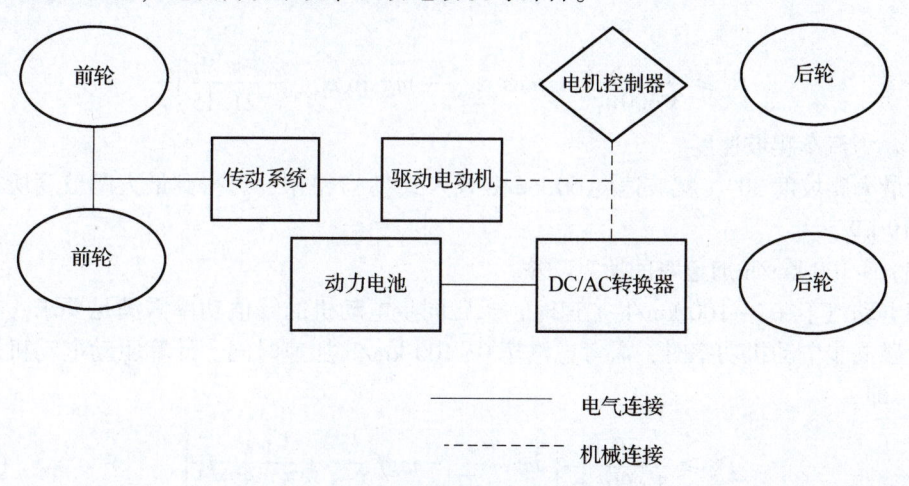

图 5-57 中央单电动机前驱方式

2）整车技术参数

本案例中，整车技术参数以某款纯电动汽车为参考，如表 5-8 所示。

表 5-8　整车技术参数

整车参数	指标	整车参数	指标
整车质量/kg	1 495	迎风面积/m²	2.2
整车满载质量/kg	1 700	质量互换系数 δ	1.02
车轮滚动半径/m	0.325	最高车速/(km·h⁻¹)	≥120
滚动阻力系数 f	0.013 5	百千米加速时间/s	≤6
空气阻力系数 C_D	0.33	最大爬坡度/%	≥30
传动效率 η_T	0.92	最大爬坡度时的稳定车速/(km·h⁻¹)	≥30

3）驱动电动机的功率确定

本案例中，驱动电动机为永磁同步电动机，具有可控性好、输出效率高等特点，其额定功率和峰值功率可根据纯电动汽车的最高车速、最大爬坡度和百千米加速时间等性能来确定。

(1) 最高车速所需功率。

依据纯电动汽车的最高车速计算永磁同步电动机功率时，需考虑汽车迎风面积以及滚动阻力，即

$$P_v \geq \frac{0.9 u_{\max}}{3\,600\eta_T}\left(mgf + \frac{C_D A u_{\max}^2}{21.15}\right) \tag{5-70}$$

式中，P_v 为最高车速所需功率，单位为 kW；$u_{\max}$ 为汽车最高车速，单位为 km/h，取 160 km/h；m 为整车满载质量，单位为 kg；g 为重力加速度，单位为 m/s²。

将最高车速 160 km/h 代入式(5-70)中，可得到最高车速时电动机额定输出功率下限值为 48.56 kW。

(2) 在最大爬坡度的坡道上匀速行驶时所需功率。

当纯电动汽车在最大爬坡度 $\alpha_{\max}$ 的坡道上以 u_i 匀速行驶时，驱动电动机消耗的功率 P_i 可表示为

$$P_i \geq \frac{u_i}{3\,600\eta_T}\left(mgf\cos\alpha_{\max} + mg\sin\alpha_{\max} + \frac{C_D A u_i^2}{21.15}\right) \tag{5-71}$$

式中，u_i 为汽车爬坡速度。

将最大爬坡度 30°，爬坡速度 60 km/h 代入式(5-71)中，可得到最大爬坡度所需功率为 61.19 kW。

(3) 0~100 km/h 加速时间所需功率。

纯电动汽车在 0~100 km/h 加速时，永磁同步电动机的峰值功率需满足要求。在初步计算永磁同步电动机功率时，需考虑汽车 0~100 km/h 加速时间，计算驱动电动机所需功率 P_a，即

$$P_a \geq \frac{u_a}{3\,600 t_a \eta_T}\left(\delta m \frac{u_a}{2\sqrt{t_a}} + mgf\frac{t_a}{1.5} + \frac{C_D A u_a^2}{52.875}t_a\right) \tag{5-72}$$

式中，u_a 为加速末速度，单位为 km/h；t_a 为汽车加速时间，单位为 s，取 6 s。

通过计算得到所需的功率为 164.7 kW。

依据整车动力性评价指标要求，为保证纯电动汽车可以稳定运行在最高车速并具有一

定的过载能力，电动机的额定功率 P_e 由过载系数 λ、最高车速所需功率 P_v 同时确定，即

$$\begin{cases} P_e = \dfrac{P_{max}}{\lambda} \\ P_e \geq P_v \end{cases} \tag{5-73}$$

过载系数 λ 取 2.5，驱动电动机最终选用额定功率为 60 kW，峰值功率为 150 kW。

4）驱动电动机额定转速匹配

本案例中，永磁同步电动机最高转速为 15 000 r/min，扩大恒功率区系数 β 主要用来表征电动机的最大转速和额定转速之间的关系。额定转速计算公式为

$$n_e = \dfrac{n_{max}}{\beta} \tag{5-74}$$

式中，n_e 为额定转速，单位为 r/min；n_{max} 为最高转速，单位为 r/min。

取 β 值为 3，则额定转速 n_e 为 5 000 r/min。

5）额定转矩和峰值转矩

纯电动汽车用驱动电动机的额定转矩由电动机额定功率和额定转速来确定，即

$$T_N = \dfrac{P_N}{\Omega_N} = \dfrac{60}{2\pi}\dfrac{P_N}{n_N} = 9\,550\dfrac{P_N}{n_N} \tag{5-75}$$

驱动电动机的最大转矩是纯电动汽车在爬坡时以最低平稳车速行驶时的转矩，可表示为

$$T_{max} \geq \dfrac{r}{i_0 i_{g0} \eta_T}\left(mgf\cos\alpha_{max} + mg\sin\alpha_{max} + \dfrac{C_D A}{21.15}u_{i1}^2\right) \tag{5-76}$$

式中，T_{max} 为驱动电动机的最大转矩，单位为 N·m；i_0 为主减速器传动比；i_{g0} 为二级变速比；r 为车轮半径，单位为 mm；u_{i1} 为爬坡时最低平稳车速，单位为 km/h，取 30 km/h。

将相关数值代入式（5-76）中，计算得出所需的电动机持续最小转矩为 267.2 N·m。将额定转速和额定功率代入式（5-75）中，计算得到额定转矩为 112 N·m，取峰值转矩为 280 N·m。表 5-9 为纯电动汽车驱动电动机部分性能指标。

表 5-9　纯电动汽车驱动电动机部分性能指标

性能指标	数值
额定功率/kW	60
峰值功率/kW	150
额定转矩/(N·m)	112
峰值转矩/(N·m)	280
额定转速/(r·min^{-1})	5 000
最高转速/(r·min^{-1})	15 000
直流母线电压/V	320

2. 永磁同步电动机设计流程

在设计永磁同步电动机时，需代入驱动电动机的性能指标，通过磁路计算得到电动机的尺寸、转子结构、气隙等基本参数；利用有限元软件对设计的电动机进行电磁仿真计算，查看永磁同步电动机转速、功率等性能参数是否满足纯电动汽车用驱动电动机的参数要求，以及转子中永磁体是否漏磁较大。如果存在性能参数不达标、永磁体漏磁较大等问

题，则应针对电动机的基本参数进行修正。图 5-58 为驱动电动机设计流程。

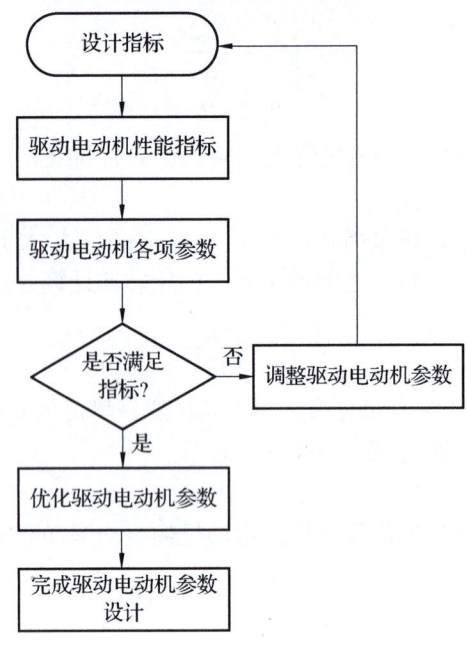

图 5-58　驱动电动机设计流程

1) 永磁同步电动机主要尺寸设计

定子内径 D_{i1} 满足：

$$D_{i1}^2 L_{ef} = \frac{6.1}{\alpha_p' K_\Phi K_{dp} A B_T} \frac{P'}{n} \tag{5-77}$$

式中，D_{i1} 为定子内径，单位为 mm；L_{ef} 为电枢铁心轴向长度，单位为 mm；α_p' 为计算极弧系数；K_Φ 为波形系数，取 1；K_{dq} 为绕组系数，取 1；A 为线负荷，单位为 A/cm；B_T 为气隙磁感应强度，单位为 T；P' 为计算功率，单位为 W；n 为电动机转速，单位为 r/min。

综合考虑将气隙磁感应强度幅值 B_T 选取为 0.8 T，线负荷取为 760 A/cm，计算可得定子内径为 154 mm，电枢铁心轴向长度为 140mm。本案例内置式永磁同步电动机极槽配合为 48 槽 8 极，根据电动机设计经验值，内置式永磁同步电动机定子裂比（定子内径/定子外径）取值范围为 0.65~0.7，本案例选择定子裂比为 0.7，所以定子外径为 220 mm。表 5-10 为永磁同步电动机部分参数。

表 5-10　永磁同步电动机部分参数

名称	参数值
定子槽/极数	48/8
定子外径/mm	220
定子内径/mm	154
电动机轴长/mm	140
气隙/mm	0.85
线负荷峰值/(A·cm^{-1})	760

2)转子磁路设计

目前,纯电动汽车用永磁同步电动机转子结构有"V"型、"V—"型、"U—"型等布置方式,如图5-59所示。内置混合式可布置更多磁钢,能有效提高永磁同步电动机磁感应强度并减少漏磁。

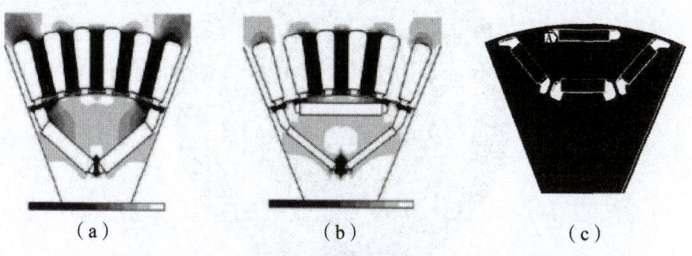

图5-59 内置式永磁同步电动机转子结构
(a)"V"型;(b)"V—"型;(c)"U—"型

纯电动汽车高速永磁同步电动机需要有较好的弱磁升速能力和较大的输出转矩,在图5-59的三种布置方式中,"V—"型永磁体结构弱磁扩速能力相对较好,聚磁效果比较明显。本案例纯电动汽车用永磁同步电动机采取"V—"型内置转子结构形式,图5-60为每极的永磁体结构。

图5-60 每极的永磁体结构

永磁体厚度 h_M 和永磁体宽度 b_M 可通过下式计算:

$$\begin{cases} h_M = \dfrac{K_s K_\alpha b_{m0} \delta}{(1-b_{m0})\sigma_0} \\ b_M = \dfrac{2\sigma_0 B_{\delta 1} \tau L_{ef}}{\pi b_{m0} B_r K_\Phi L_M} \end{cases} \quad (5\text{-}78)$$

式中,K_s 为磁感应强度饱和系数;K_α 为极靴下磁通修正系数;b_{m0} 为永磁体磁感应强度与剩磁的比值;σ_0 为空载漏磁系数;τ 为定子极距,单位为 mm;B_r 为永磁体磁感应强度,单位为 T;K_Φ 为气隙磁通的波形系数;L_{ef} 为电枢铁心轴向长度,单位为 mm;L_M 为永磁体轴向长度,单位为 mm;$B_{\delta 1}$ 为主磁通的磁感应强度基波幅值,单位为 T。

最终初步确定"V—"型永磁体参数,如表5-11所示。

表5-11 "V—"型永磁体参数

"V—"型永磁体	参数值	
	永磁体厚度 h_M/mm	永磁体宽度 b_M/mm
第一层永磁体——"V"型	4	24
第二层永磁体——"—"型	4	14

根据上文中对纯电动汽车性能参数的匹配以及对驱动电动机结构的设计,本案例所设计的永磁同步电动机几何模型如图 5-61 所示。

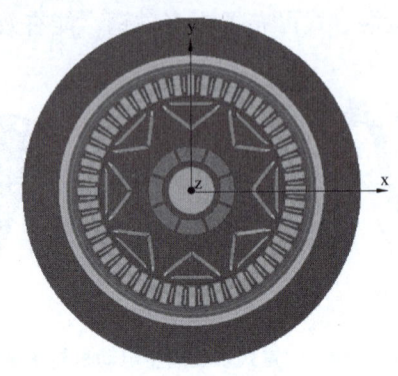

图 5-61 永磁同步电动机几何模型

为了减小永磁体体积和改善电动机电磁性能,需要对转子磁路进行优化。本案例采用有限元软件建立永磁同步电动机模型,进行电磁性能分析和转子结构优化;选取电动机气隙长度、永磁体厚度、永磁体距离等优化因子,以电动机平均铁耗最小、平均转矩最大、转矩脉动最小、永磁体用量较少为优化目标,利用优化算法对电动机转子结构相关参数进行优化。表 5-12 为 15 000 r/min 时电动机优化前后的性能指标对比。平均铁耗 p_{Fe} 降低了 9.8%,平均转矩 T_{avg} 降低了 4.6%,转矩脉动 K_{mb} 降低了 38.1%。

表 5-12 电动机优化前后性能指标对比(15 000 r/min)

性能指标	p_{Fe}/W	$T_{avg}/(N \cdot m)$	$K_{mb}/\%$
优化前	5 151	290	2.10
优化后	4 647	276.6	1.30

图 5-62 为方案优化后的效率分布图,可见工作点效率大于 90% 的面积超过 89%,10 000 r/min 以上时效率仍可达 95%,达到了高速时高效率的设计目标。

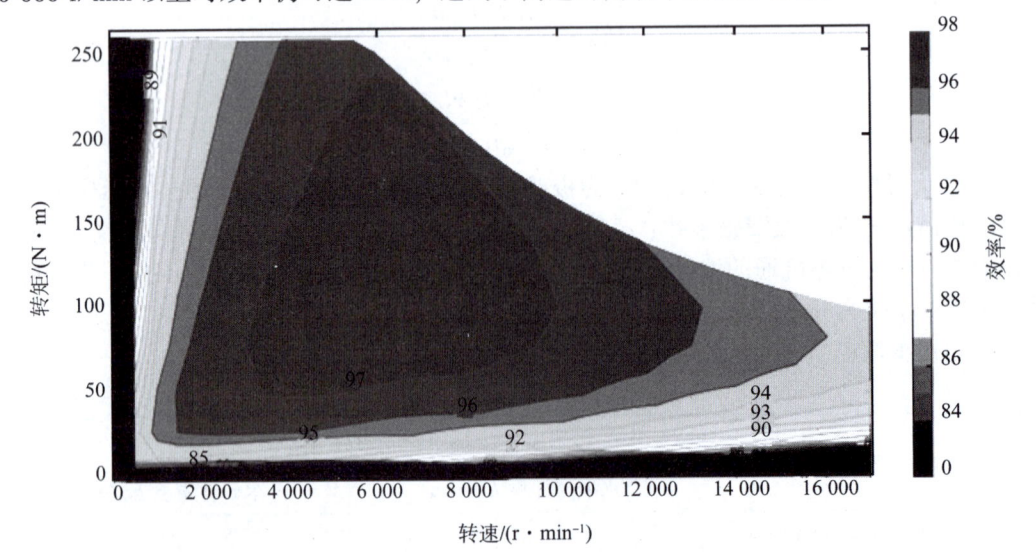

图 5-62 方案优化后的效率分布图

5.6.2 纯电动汽车用永磁同步电动机技术发展趋势

高速化、高功率密度、高效率是纯电动汽车驱动电动机的重点发展方向。美国规划纯电动汽车的驱动电动机在 2025 年达到高效率(97%)、高功率密度(50 kW/L)的性能指标。国内纯电动汽车驱动电动机的性能指标和美国基本一致。通过以下技术途径可以实现纯电动汽车用永磁同步电动机性能的进一步提升。

(1)电动机高速化技术：在电驱动总成输出转矩和功率不变约束下，通过提高驱动电动机和减速器最高转速，降低电动机体积和质量，提高功率密度水平。特斯拉 Model 3 和小米电动汽车 SU7 驱动电动机最高转速超过 20 000 r/min。

(2)高密度绕组技术：通过采用高密度绕组或者扁线绕组结构，可以大幅度降低绕组发热，使绕组材料的利用率提高 15%~20%。通用第四代 Volt 电动机采用扁线绕组结构，电装为丰田开发了扁线电动机，大众 MEB 平台明确提出了扁线绕组结构。采用 Hairpin 绕组的高速驱动电动机，功率密度可以为 4.0~4.5 kW/L 甚至更高。

(3)高效热管理技术：通过采用高密度绕组端部冷却技术、油冷技术、油冷和水冷复合冷却技术，提升驱动电动机的换热效率。例如，特斯拉 Model 3 采用驱动电动机与减速器的集中油冷，电动机控制器采用水冷手段；通用 Volt、丰田 THS IV、上汽 EDU 二代等均采用扁线绕组，驱动电机定转子集成在变速器内部，与变速器实现集中油冷。

本章小结

永磁同步电动机具有高效率、高功率因数及高功率密度等特点，其调速系统具有优良的低速性能，并可实现弱磁高速控制，广泛应用于电动汽车、高铁、航空航天、机器人、数控机床、轧钢、电梯曳引系统以及船舶推进系统等领域。基于永磁同步电动机的伺服系统由永磁同步电动机本体、控制单元、功率驱动单元和信号反馈单元组成。

按照永磁体在转子摆放位置的不同，永磁同步电动机一般可以分为表贴式永磁同步电动机和内嵌式永磁同步电动机两种。内嵌式永磁同步电动机的转子永磁体的种类繁多，且其结构和形状是专门设计的，以确保转子磁动势和磁场空间呈正弦分布。

在定子三相对称绕组中通入三相对称电流，就会产生以同步转速旋转的定子旋转磁场，这个磁场与转子永磁体磁场相互吸引，带着转子一起以同步转速旋转。永磁同步电动机通过调节频率来调节同步转速，即实现对永磁同步电动机的调速。这种通过改变电源频率的调速方式称为变频调速。在基频以下，由于磁通恒定，允许输出转矩也恒定，属于"恒转矩调速"方式。在基频以上，转速升高时磁通减小，允许输出转矩也随之降低，由于转速上升，允许输出功率基本恒定，属于"近似的恒功率调速"方式。矢量控制方法通过旋转坐标变换，将永磁同步电动机等效为直流电动机分别进行转矩和磁通控制，使得永磁同步电动机调速性能达到与直流电动机相媲美的水平。永磁同步电动机的速度控制实际上是通过控制转矩实现的，而转矩又取决于定子电流。因此，永磁同步电动机的矢量控制实际上是对电动机 d-q 轴电流的控制。

永磁同步电动机具有效率高、转速范围宽、体积小、质量轻、功率密度大等优点，是纯电动乘用车市场的主要驱动电动机之一。

思考题与习题

5-1 简述永磁同步电动机与异步电动机的区别。

5-2 简述永磁同步电动机伺服系统的构成及其工作原理。

5-3 空间矢量 PWM 方法的本质是什么？产生的 PWM 脉冲波形是否唯一？

5-4 怎样得到永磁交流伺服电动机在 d-q 转子坐标系下的模型？该模型有怎样的特征？

5-5 纯电动汽车的驱动电动机种类有哪些，各有什么特点？

5-6 什么是最大转矩电流比控制？

5-7 作为纯电动汽车用驱动电动机，永磁同步电动机有什么优点？

5-8 提高永磁同步电动机的转速对电动机的性能有什么影响？

5-9 提高纯电动汽车用永磁同步电动机功率密度和效率的技术途径有哪些？

第6章 步进电动机

教学目的与要求

理解步进电动机的功用和基本特点；理解反应式步进电动机的原理及运行方式；掌握反应式步进电动机的步距角和转速的计算方法；掌握反应式步进电动机的矩角特性和静态转矩；理解反应式步进电动机的运行特性；了解混合式步进电动机的基本结构和工作原理。

学习重点

反应式步进电动机的原理及运行方式、步距角和转速的计算方法、矩角特性和静态转矩。

学习难点

确定步进电动机单拍制、双拍制的运行方式，并进行步距角、频率、转速的计算，推断矩角特性及最大负载能力。

6.1 步进电动机的分类

步进电动机是一种将电脉冲信号转换成相应角位移或线位移的电动机，又称为脉冲电动机。步进电动机的输入既不是交流电，也不是直流电，而是由专用电源供给电脉冲，每输入一个脉冲信号，步进电动机的转子就转动一个角度或前进一步，其输出的角位移或线位移与输入的脉冲数成正比，转速与脉冲频率成正比。在不失步的情况下运行，其步距误差不会长期累计。因此，步进电动机驱动系统可以不需要位置传感器，实现较高精度的定位，完全适合在数字控制的开环系统中作为伺服元件使用，使控制系统大为简化。当采用了速度和位置检测装置后，也可以用于闭环系统中。步进电动机可以在很宽的范围内通过改变脉冲的频率来调节电动机的转速，并且能够快速启动、制动和反转，控制性能好。步进电动机存在低频振荡和高速带载能力差的缺点，但通过细分控制可以弥补，从而提高其综合性能。

按基本结构不同，步进电动机可以分为永磁式、反应式和混合式三种。永磁式步进电动机转矩和体积都较小，消耗功率较小，步距角较大，启动频率和运行频率较低。反应式步进电动机可实现大转矩输出，步距角较小，精度容易保证，启动和运行频率较高。但功耗较大，效率较低，噪声和振动都很大。混合式步进电动机是永磁式步进电动机和反应式步进电动机两者的结合，不仅具有反应式步进电动机步距小、运行频率高的特点，还具有永磁步进电动机消耗功率小等优点。

按相数不同，步进电动机可以分为单相式、两相式、三相式和多相式四种。按运动形式不同，步进电动机可以分为旋转式和直线式两种。步进电动机的运行性能与控制方式密切相关，按控制方式不同，步进电动机可以分为开环控制式和闭环控制式两种。

随着永磁材料和半导体技术的飞速发展，我国步进电动机的研发，包括电动机本体的设计和驱动技术都逐步接近国外先进水平，各种步进电动机及其驱动器产品广泛应用于各类自动化设备中。目前，步进电动机广泛应用于计算机外围设备、机床的程序控制及其他数字控制系统，如自动记录仪表、绘图机、打印机、数/模转换设备等装置或系统中。

6.2 反应式步进电动机

反应式步进电动机也称为磁阻式步进电动机。它的定子上有励磁绕组，定子和转子都为凸极结构。定子铁心的内圆上和转子铁心的外圆上分别开有按一定规律分布的齿和槽，利用凸极转子 q 轴磁阻与 d 轴磁阻之差所产生的反应转矩（或磁阻转矩）而转动，或者说是根据磁通总是力图使自己经过的路径磁阻最小这一物理现象而工作的。反应式步进电动机的相数一般为三相、四相、五相和六相。

6.2.1 反应式步进电动机的基本结构和工作原理

现以一台最简单的三相反应式步进电动机为例，说明其基本结构和工作原理，然后分析实际应用中更为复杂的电动机。

三相反应式步进电动机的定子铁心为凸极式，共有三对（六个）磁极，每两个径向相对的极上绕有一相控制绕组，共有三相，分别标记为 A、B 和 C；转子用软磁性材料制成，也是凸极结构，只有四个齿，齿宽等于定子的极宽，转子两个齿中心线间所跨过的圆周角即齿距角为 90°。下面通过几种基本的控制方式来说明其工作原理。

1. 三相单三拍

三相反应式步进电动机三相单三拍运行如图 6-1 所示。所谓"三相"是指步进电动机具有三相定子绕组；"单"是指每次只有一相绕组通电；控制绕组每改变一次通电状态称为一拍，"三拍"是指改变三次通电状态为一个循环，第四次则重复第一次的情况。

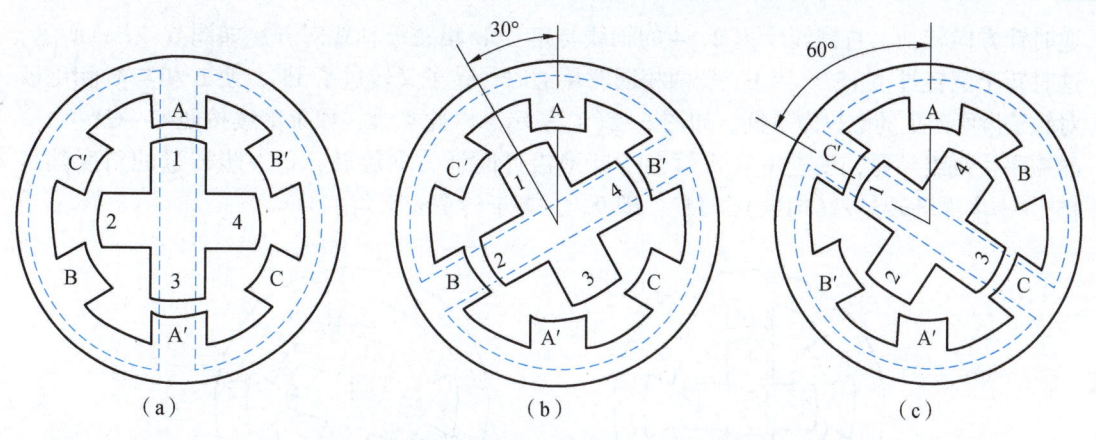

图 6-1 三相反应式步进电动机三相单三拍运行
(a) A 相通电；(b) B 相通电；(c) C 相通电

当 A 相通电，其余两相均不通电时，电动机内建立以定子 A 相磁极为轴线的磁场。由于磁通具有力图走磁阻最小路径的特点，转子齿 1、3 的轴线与定子 A 相磁极轴线对齐，而相邻两相 B 和 C 的定子齿和转子齿错开 1/3 转子齿距角（即 30°），如图 6-1（a）所示。当 A 相断电，B 相通电时，转子在反应转矩的作用下，沿逆时针方向转过 30°，使转子齿 2、4 的轴线与定子 B 相磁极轴线对齐，即转子走了一步，如图 6-1(b) 所示。若再断开 B 相，使 C 相通电，转子沿逆时针方向又转过 30°，使转子齿 1、3 的轴线与定子 C 相磁极轴线对齐，如图 6-1(c) 所示。如此按 A—B—C—A 的顺序轮流通电，转子就会一步一步地沿逆时针方向转动，每一步转过的角度都是 30°，一个循环转过三（拍数）个 30°，即 90°，正好等于转子齿距角。电动机转速取决于各相控制绕组通电与断电的频率，旋转方向取决于控制绕组轮流通电的顺序。若按 A—C—B—A 的顺序通电，则电动机按顺时针方向转动。

三相单三拍运行时，步进电动机的控制绕组在断电、通电的间断期间，转子磁极因"失磁"而不能保持原自行"锁定"的平衡位置，即所谓失去"自锁"能力，易出现失步现象；另外，由一相控制绕组断电至另一相控制绕组通电，转子则经历启动加速、减速过程，直至达到新的平衡。

2. 三相单、双六拍

三相反应式步进电动机三相单、双六拍运行如图 6-2 所示。所谓"单、双"是指一相通电和两相通电间隔地轮流进行；"六拍"是指改变六次通电状态为一个循环，第七次则重复第一次的情况。绕组的通电方式为 A—AB—B—BC—C—CA—A 或 A—AC—C—CB—B—BA—A。

下面以通电方式 A—AB—B—BC—C—CA—A 为例进行说明，开始时 A 相先单独通电，这时的情况与三相单三拍的情况相同，转子齿 1、3 的轴线与定子 A 相磁极轴线对齐，如图 6-2(a) 所示。接着当 A、B 两相同时通电时，转子位置需要兼顾到使 A、B 相两对磁极所形成的两路磁通在气隙中所遇到的磁阻以同样程度达到最小。此时，A、B 相磁极与转子齿相作用的磁拉力大小相等且方向相反，于是转子在此处处于平衡状态。显然，这样的平衡位置就是转子逆时针转过 15° 时所处的位置，如图 6-2(b) 所示。这时，转子齿既不与 A 相磁极轴线重合，也不与 B 相磁极轴线重合，但 A 相与 B 相磁极对转子齿所产生的磁拉力却是平衡的。然后，当断开 A 相使 B 相单独通电时，在磁拉力的作用下转子继续沿逆时针方向转动，直到转子齿2、4的轴线与定子B相磁极轴线对齐，如图6-2(c)所示，这时转子又转过了15°。当B、C两相同时接通时，转子又转过了15°，使B相与C相磁极对转子齿所产生的磁拉力平衡，如图6-2(d)所示。以此类推，如果继续按照C—CA—A…的顺序使绕组导通，步进电动机就会不断地沿逆时针方向旋转，每一步转过的角度都是15°，一个循环转过六(拍数)个15°，即90°，等于转子齿距角。

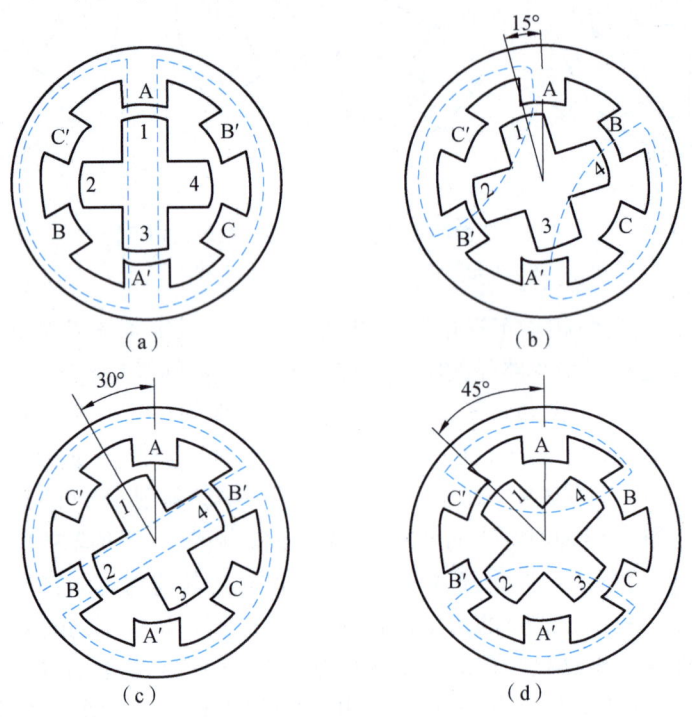

图6-2 三相反应式步进电动机三相单、双六拍运行
(a) A相通电；(b) A、B相通电；(c) B相通电；(d) B、C相通电

当通电顺序变为A—AC—C—CB—B—BA—A时，步进电动机将沿顺时针方向旋转。可见，单、双六拍运行时步距角为15°，比三相单三拍运行时减小一半。因此，同一台步进电动机采用不同的通电方式，可以有不同的拍数，对应的步距角也不同。三相单、双六拍运行时，每一拍总有一相控制绕组持续通电，如由A相通电变为A、B两相通电时，A相保持持续通电状态。B相磁拉力力图使转子沿逆时针方向转动，而A相磁拉力却起到阻止转子继续向前转动的作用，即起到一定的电磁阻尼作用，因此电动机工作比较平稳。而在三相单三拍运行时，由于没有这种阻尼作用，因此转子达到新的平衡位置容易产生振荡，稳定性不如三相单、双六拍运行方式。

3. 三相双三拍

所谓"双"是指每次有两相绕组通电，三拍为一个循环，绕组的通电方式为AB—BC—CA—AB或AB—CA—BC—AB。当A、B两相同时通电时，转子齿的位置应同时考虑到两对定子极的作用，只有A相磁极和B相磁极对转子齿所产生的磁拉力相平衡，才是转子的平衡位置，如图6-2(b)所示。若下一拍为B、C两相同时通电，则转子沿逆时针方向转过30°到达新的平衡位置，如图6-2(d)所示。可见，三相双三拍运行时的步距角仍是30°，一个循环转过三(拍数)个30°，即90°，也等于转子齿距角。三相双三拍运行时，每一拍也总有一相持续通电，如由 A、B 两相通电变为 B、C 两相通电时，B 相保持持续通电状态。C 相磁拉力力图使转子沿逆时针方向转动，而 B 相磁拉力却起到阻止转子继续向前转动的作用，即起到一定的电磁阻尼作用，因此电动机工作也比较平稳。

以上为最简单的反应式步进电动机，它的步距角较大，满足不了系统精度的要求。实际应用中的反应式步进电动机常采用定子磁极上带有小齿、转子也对应分布小齿的结构，小步距角三相反应式步进电动机如图 6-3 所示，其步距角可以做得很小。电动机定子上有 6 个均匀分布的磁极，每个磁极上又有 5 个小齿，每 2 个相对的 N、S 磁极组成一对，总共有 3 对。每对磁极上都缠有同一绕组，构成一相，3 对磁极就形成三相。三相步进电动机的每一相磁极在空间互差 120°。转子外表面上均匀分布着小齿，且转子小齿的齿距与定子小齿的齿距相同，形状相似。

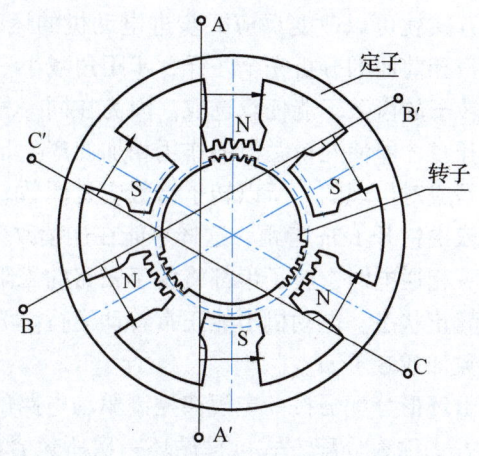

图 6-3 小步距角三相反应式步进电动机

由于定子和转子小齿的齿距相同，则齿距角 θ_z 都可以表示为

$$\theta_z = \frac{360°}{Z_r} \tag{6-1}$$

式中，Z_r 为转子的小齿数。假设转子的小齿数为 40，则齿距角为 $\theta_z = 360°/40 = 9°$。

定子的一个极距对应的转子小齿数可以表示为

$$q = \frac{Z_r}{2m} \tag{6-2}$$

式中，m 为电动机的相数。

当 A 相绕组单独通电时，在电磁力的作用下，电动机内部建立起以 AA′ 为轴的磁场。由于转子的齿是呈圆周分布的，而定子的齿只分布在磁极上，当定、转子齿的相对位置不同时，磁路的磁阻也不同。当某一相处于对齿状态时，也就是该相定子磁极上的小齿与转子上的小齿完全对齐，此时磁阻最小；当定子的槽与转子的小齿相对时磁阻最大。转子的稳定平衡位置是使通电相磁路的磁阻为最小的位置。当 A 相通电时，转子稳定于 A 相磁极下定、转子齿对齿的位置。

若将 A 相磁极中心线看成 0°，在 0°处的转子齿为 0 号齿，则 B 相绕组的轴线与 A 相绕组轴线间的夹角为 120°。中间包含的齿距数为 120°/9° = $13\frac{1}{3}$，即当 A 相磁极下定、转子对齿时，B 相磁极上定子齿的轴线位于转子第 13 号齿再过 1/3 齿距角的位置。说明 B

相错了 1/3 个齿距角,即错齿 3°。

同理,与 A 相相差 240°的 C 相磁极中心线对应的齿号应为 240°/9° = $26\frac{2}{3}$,即当 A 相磁极下定、转子对齿时,C 相磁极上定子齿的轴线位于转子第 26 号齿再过 2/3 齿距角的位置。说明 C 相错了 2/3 个齿距角,即错齿 6°。

如果按照 A—B—C—A 的顺序给反应式步进电动机各相绕组通电,当 A 相断电、B 相通电时,在反应转矩的作用下,转子转过 3°,使转子齿的轴线和定子 B 相极下齿的轴线对齐。这时,定子 C 相极和 A 相极下的齿和转子齿又依次错开 1/3 齿距。以此类推,若持续按单三拍的顺序通电,转子就一步一步地转动,步距角为 3°,一个循环转过三(拍数)个 3°,即 9°,等于转子齿距角。如果将通电次序改为 C—B—A—C,电动机便会朝着相反的方向转动,通过改变通电方式就可以改变反应式步进电动机的运行模式。当采用三相单、双六拍的通电方式运行时,和前面的分析完全一样,步距角减小一半,为 1.5°。

通过以上分析可知,转子的齿数不能任意选取。因为在同一相的几个磁极下,定、转子齿应同时对齐或同时错开,才能使几个磁极的作用相加,产生足够的反应转矩,而定子圆周上属于同一相的极总是成对出现的,所以转子齿数应是偶数。另外,在不同相的磁极下,定、转子相对位置应依次错开 $1/m$ 齿距,这样才能在连续改变通电状态时,获得连续不断的运动。否则,当某一相通电时,转子齿都将处于磁路的磁阻最小位置上,各相轮流通电时,转子将一直处于静止状态,电动机不能正常转动运行。为此,要求两相邻相磁极轴线之间转子的齿数为整数加或减 $1/m$。

步进电动机工作时,由环形分配器按一定规律控制驱动电路的通、断,给各相绕组轮流通电,这种轮流通电的方式称为分配方式。每循环一次所包含的通电状态数称为拍数。拍数等于相数的称为单拍制分配方式(如三相单三拍);拍数等于相数的两倍的称为双拍制分配方式(如三相单、双六拍)。

根据以上分析,每输入一个脉冲电信号时,转子转过的角度称为步距角,用符号 θ_b 表示。用机械角度表示的步距角为

$$\theta_b = \frac{\theta_t}{N} = \frac{360°}{Z_R N} \tag{6-3}$$

式中,N 为运行拍数,通常为相数的整数倍;θ_t 为转子相邻两齿间的夹角,即齿距角;Z_R 为转子齿数。

如果将转子齿数看作转子的极对数,一个齿就对应 360°电角度,则用电角度表示的步距角为

$$\theta_{be} = \frac{360°}{N} \frac{Z_R}{Z_R} = \frac{360°}{N} \tag{6-4}$$

当拍数一定时,无论转子齿数是多少,用电角度表示的步距角都相等。对三拍运行的三相步进电动机来说,步距角 θ_{be} 为 120°电角度;对六拍运行的三相步进电动机来说,步距角 θ_{be} 为 60°电角度。

对于四相反应式步进电动机,有四相单四拍,四相单、双八拍,四相双四拍三种控制方式。以一台转子 50 齿、定子 8 齿的四相步进电动机为例,转子齿距角为 7.2°,定子一个极距下的转子齿数为 $6\frac{1}{4}$。如果按照四相单四拍方式运行,通电顺序为 A—B—C—D—

A。当 A 相通电时，A 相和 A′相磁极下的定、转子齿轴线对齐，B 相和 B′相磁极下的定、转子齿轴线必然错开 1/4 齿距角，正好等于步距角 1.8°。接着断开 A 相而导通 B 相，在反应转矩的作用下，转子会转过 1.8°，使 B 相和 B′相磁极下的定、转子齿轴线对齐。以此类推，当按 A—B—C—D—A—…的顺序循环通电时，转子就一步步连续地转动起来，每一步转过 1/4 齿距角，即一个步距角。如果要使该步进电动机反转，即逆时针转动，只要改变通电顺序，按 A—D—C—B—A—…的顺序循环通电即可。

可见，增加拍数和转子的齿数可减小步距角，有利于提高控制精度。增加电动机的相数可以增加拍数，也可以减小步距角。但相数越多，电源及电动机的结构越复杂，造价也越高。反应式步进电动机一般做到六相，个别的也有八相或更多相。增加转子的齿数是减小步进电动机步距角的一个有效途径，目前所使用的步进电动机转子的齿数一般很多。对于相同相数的步进电动机，既可采用单拍或双拍方式，也可采用单、双拍方式。因此，同一台电动机可有两个步距角，如 3°/1.5°、1.5°/0.75°、1.2°/0.6°等。

当通电脉冲的频率为 f 时，由于转子每经过 NZ_R 个脉冲旋转一周，故步进电动机的转速为

$$n = \frac{60f}{NZ_R} \tag{6-5}$$

式中，n 的单位为 r/min；f 的单位为 Hz。

可见，反应式步进电动机的转速与拍数 N、转子齿数 Z_R 及脉冲的频率 f 有关。当转子齿数一定时，转速与输入脉冲的频率成正比，改变脉冲的频率可以改变电动机的转速。

6.2.2 反应式步进电动机的运行特性

反应式步进电动机有静态运行、单步运行和连续运行三种工作状态，下面分析不同的工作状态下反应式步进电动机的运行特性。

1. 反应式步进电动机的静态运行

当控制脉冲停止输入时，若定子某相绕组继续通入恒定不变的电流，则转子将固定在某一位置保持不动，处于静态运行状态。步进电动机的静态特性主要是指其静态转矩和矩角特性。若步进电动机处于理想空载状态，则当定、转子齿轴线重合时，步进电动机处于稳定平衡位置，把这个位置称为零位。如果转子偏离零位某一角度，定、转子齿之间就会形成一个力图使转子恢复到稳定平衡位置的转矩 T，称为静态转矩。转子偏离零位线的夹角称为失调角 θ_e。静态转矩 T 与转子失调角 θ_e 之间的关系称为矩角特性。

1) 单相通电

当步进电动机通电相的定、转子对齿时，转子处于零位，即失调角 $\theta_e = 0$。电动机转子上无切向磁拉力，静态转矩 $T = 0$，如图 6-4(a) 所示。

当步进电动机通电相的定、转子错齿时，出现了切向磁拉力，产生静态转矩 T，它的作用是阻止转子齿错开，故为负值。显然，当失调角 $\theta_e < 90°$ 时，θ_e 越大，电磁转矩 T_e 越大，如图 6-4(b) 所示。当 $\theta_e = 90°$ 时，转矩达到最大。当 $\theta_e > 90°$ 时，由于磁阻显著增大，进入转子齿顶的磁通急剧减少，切向磁拉力以及静态转矩反而减小，直到 $\theta_e = 180°$ 时，转子齿位于两个定子齿的正中间，由于两个定子齿对转子齿的磁拉力相互抵消，静态转矩 $T_e = 0$，如图 6-4(c) 所示。若 θ_e 继续增大，则转子齿将受到另一个定子齿磁拉力的

作用，出现与 $\theta_e<180°$ 时相反的静态转矩，即静态转矩为正值，如图 6-4(d) 所示。

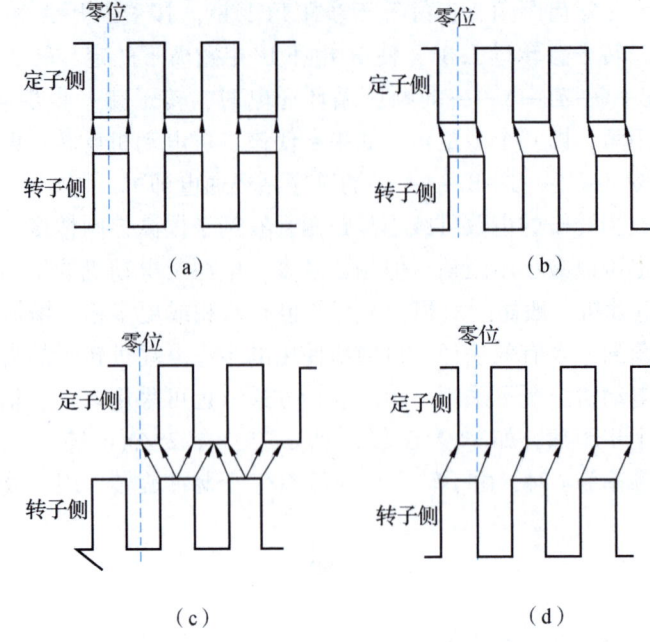

图 6-4 单相通电时定、转子齿的相对位置
(a) $\theta_e = 0$；(b) $\theta_e < 90°$；(c) $\theta_e = 180°$；(d) $\theta_e > 180°$

通过以上分析可知，静态转矩 T 随着失调角 θ_e 作周期性的变化，变化周期是一个齿距即 360°电角度。实践证明，三相反应式步进电动机的矩角特性接近于正弦曲线，如图 6-5(a) 所示。

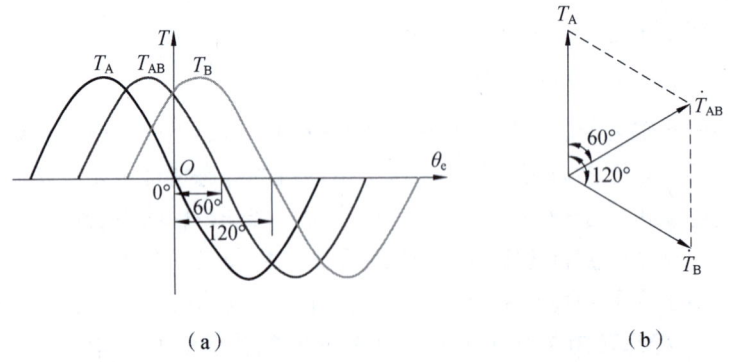

图 6-5 三相反应式步进电动机的矩角特性和转矩矢量图
(a) 矩角特性；(b) 转矩矢量图

当失调角 θ_e 在区间 [-180°, +180°] 变化时，若有外部扰动使转子偏离初始平衡位置，当外部扰动消失时，转子仍能回到初始稳定位置。因此，区间 [-180°, +180°] 称为步进电动机的静态稳定工作区。

2) 多相通电

多相通电时的矩角特性可以近似地由每相各自通电时的矩角特性叠加来分析。以三相步进电动机为例，下面分析三相步进电动机 A、B 两相同时通电时的矩角特性。

当只有 A 相通电时，三相步进电动机的矩角特性是一条通过点 O 的正弦曲线，可以

表示为

$$T_A = -T_{jmax}\sin\theta_e \tag{6-6}$$

式中，T_{jmax} 为静态转矩的最大值，表示了步进电动机承受负载的能力。

当 B 相单独通电时，由于 $\theta_e = 0$ 时的 B 相定子齿轴线与转子齿轴线错开一个单拍的步距角，即 120°，所以当只有 B 相通电时的矩角特性可以表示为

$$T_B = -T_{jmax}\sin(\theta_e - 120°) \tag{6-7}$$

当 A、B 相同时通电时，合成的矩角特性应为二者之和，即

$$T_{AB} = T_A + T_B = -T_{jmax}\sin(\theta_e - 60°) \tag{6-8}$$

由式(6-8)可知，A、B 相同时通电时的矩角特性是一条与 A 相矩角特性相移 60°幅值不变的正弦曲线，如图 6-5(a)所示。

由以上分析可知，对三相步进电动机而言，不能依靠增加通电相数来提高转矩，这是三相步进电动机的一个缺点。

五相步进电动机的单相、两相、三相通电时矩角特性和转矩矢量图如图 6-6 所示。由图可见，两相和三相通电时矩角特性相对 A 相矩角特性分别移动了 36°和 72°，静态转矩最大值两者相等，而且都比一相单独通电时大。因此，五相步进电动机采用两相-三相运行方式，不但转矩加大，而且矩角特性形状相同，这对步进电动机运行的稳定性是非常有利的，在实际使用时应优先考虑这样的运行方式。

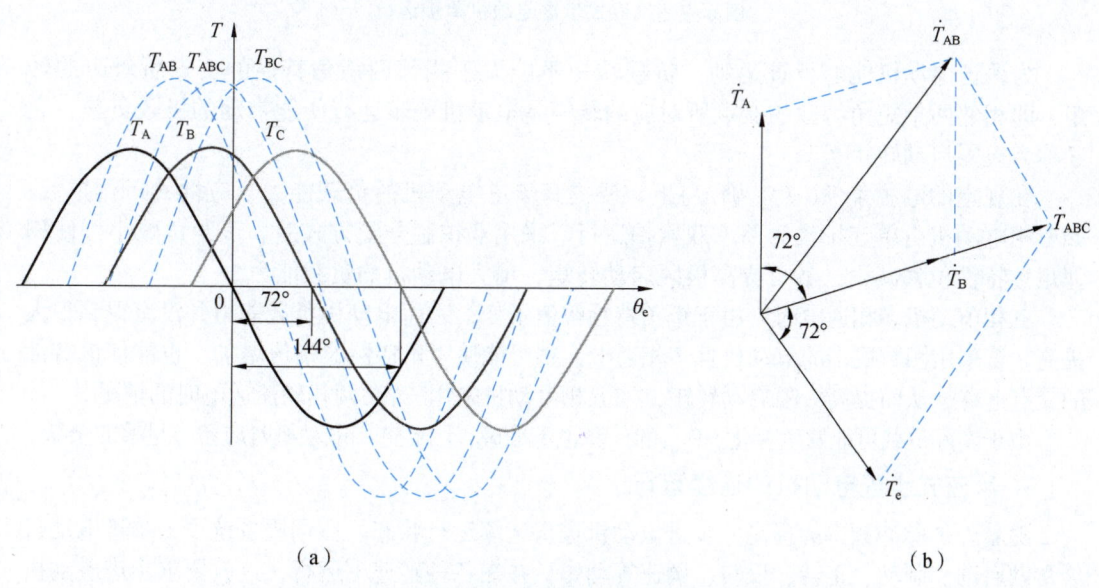

图 6-6 五相步进电动机的矩角特性和转矩矢量图
(a)矩角特性；(b)转矩矢量图

可以证明，m 相电动机 n 相同时通电时，转矩最大值与单相通电时转矩最大值之比为

$$\frac{T_{jmax(1-n)}}{T_{jmax}} = \frac{\sin\dfrac{n\pi}{m}}{\sin\dfrac{\pi}{m}} \tag{6-9}$$

一般而言，除了三相步进电动机，多相步进电动机的多相通电都能提高输出转矩，故一般功率较大的步进电动机都采用大于三相的电动机，并采用多相通电的分配方式。

2. 反应式步进电动机的单步运行

单步运行状态是指控制脉冲频率很低，下一个脉冲到来之前，上一步运行已经完成，电动机一步一步地完成脉动(步进)式转动的情况。

以三相单三拍运行为例，设负载转矩为 T_L，当 A 相通电时，电动机的矩角特性为 A 相矩角特性。其静态工作点为图 6-7 中的点 a，而非坐标原点，对应的整步转矩正好平衡负载转矩。当 A 相断电、B 相通电时，电动机的矩角特性将跃变为 B 相矩角特性，此时整步转矩为对应点 b 的转矩，大于负载转矩，使转子运动到达新的平衡点 a'，电动机前进一个步距角。

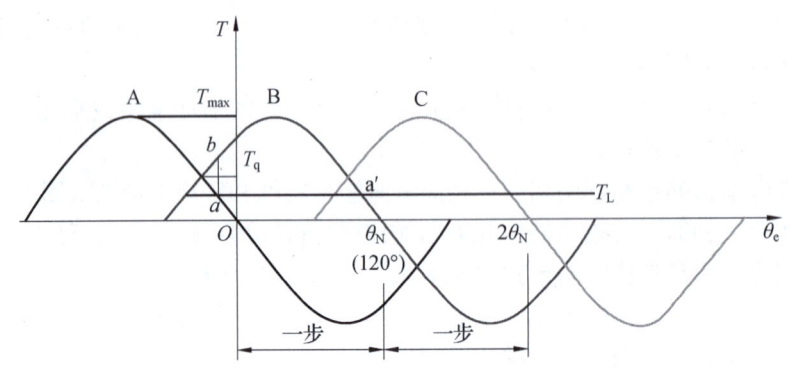

图 6-7 反应式步进电动机单步运行

为保证电动机能够步进运动，负载转矩不能大于相邻两矩角特性的交点所对应的转矩，即相邻两拍矩角特性的交点所对应的转矩是电动机单步运行所能带动的极限负载，它又称为极限启动转矩 T_q。

在规定的电源条件(T_{max} 确定)下，要提高步进电动机的负载能力，应增大运行拍数，如三相电动机由单三拍改为单、双六拍运行。采用双拍制分配方式后，步距角减小可使相邻矩角特性位移减少，就可提高极限启动转矩，增大电动机的负载能力。

三相电动机多相通电时，由于矩角特性幅值不变，因而电动机负载能力并没有得到很大提高。若采用相数更多的电动机且多相通电，则可能使矩角特性的幅值增加，也能使该特性的交点上移，从而提高极限启动转矩，如五相电动机采用三相-两相轮流通电时的情况。

由于实际负载可能发生变化，T_{max} 的计算也不准确，因此选用电动机时应留有足够的余量。

3. 反应式步进电动机的连续运行

随着外加脉冲频率的提高，步进电动机进入连续运行状态。在伺服系统中，步进电动机经常做启动、制动、正转、反转、调速等动作，并在各种转速下运行，这就要求步进电动机的步数与脉冲数严格相等，既不丢步也不越步，而且转子的运动应是平稳的。因此，良好的动态特性是保证步进电动机伺服系统可靠工作的前提。

1) 动态转矩与矩频特性

当输入脉冲频率逐渐增加，电动机转速逐渐升高时，可以发现步进电动机的负载能力将逐步下降。电动机转动时产生的转矩称为动态转矩，动态转矩与电源脉冲频率之间的关系称为矩频特性。图 6-8 是步进电动机的矩频特性。当电源

图 6-8 步进电动机的矩频特性

频率升高时，步进电动机的最大输出转矩要下降，这是由控制绕阻电感影响造成的。由于

控制回路有电感，因此控制绕组通、断电后，电流均需一定的上升或下降时间。

当输入控制脉冲的频率较低时，绕组通电和断电的周期 T 较长，电流的波形比较接近于理想矩形波，如图 6-9(a)所示。频率升高，周期 T 缩短，电流来不及上升到稳定值就开始下降，如图 6-9(b)所示。电流幅值由 i_1 下降到 i_2，产生的转矩也减小，致使电动机带载能力下降。

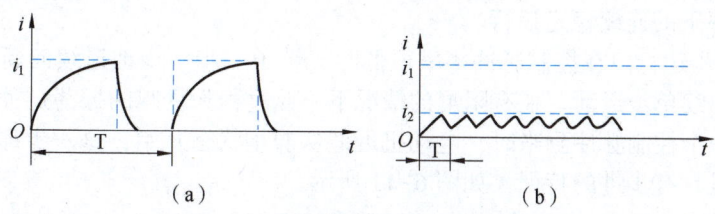

图 6-9 不同频率时控制绕组的电流波形
(a)频率较低时；(b)频率较高时

当频率增加时，电动机铁心中的涡流损耗也随之增大，使输出功率和转矩随之下降。当输入脉冲频率增加到一定值时，步进电动机已带不动任何负载，而且只要受到一个很小的扰动，就会振荡、失步甚至停转。由矩频特性可见，对于一定的供电方式，负载转矩越大，则步进电动机允许的工作频率越低。图 6-8 中实线与 f 轴的交点的数值即为频率极限，工作频率绝对不能超过它。

需要注意的是，在电动机启动时所能施加的最高频率也称启动频率，比连续运动时的频率低得多。启动频率特性如图 6-8 中虚线所示。这是因为在启动过程中，电动机除了要克服负载转矩 T_L，还要克服加速力矩 $J\dfrac{d^2\theta}{dt^2}$。

2) 静稳定区和动稳定区

如图 6-10 所示，当转子处于静止状态时，若转子上没有任何强制作用，则稳定平稳点是坐标原点。如果在外力矩作用下，转子离开平衡点，只要失调角在 $-\pi < \theta_e < \pi$ 范围内，当外力矩消失后，转子在静态转矩的作用下仍能回到平衡位置点 O。如果不满足该条件，即 $\theta_e < -\pi$ 或 $\theta_e > \pi$，转子就趋向前一齿或后一齿的平衡点运动，而离开了正确的平衡点 $\theta_e = 0$。因此，$-\pi < \theta_e < \pi$ 区域称为静稳定区。

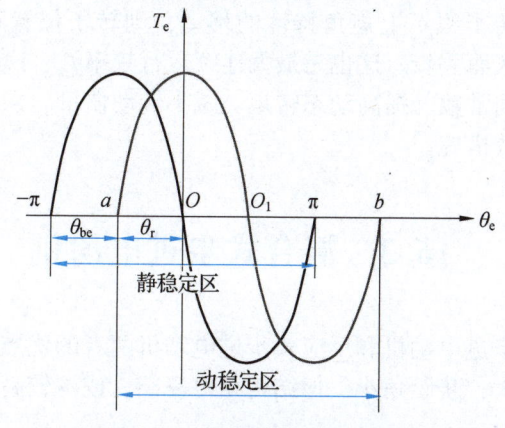

图 6-10 静稳定区和动稳定区

如果切换通电绕组，这时矩角特性向前移动一个步距角 θ_{be}，新的稳定平衡点为点

O_1，如图 6-10 所示，对应它的静稳定区为 $-\pi+\theta_{be}<\theta_e<\pi+\theta_{be}$。在绕组换接的瞬间，转子位置只要在这个区域内就能趋向新的稳定平衡点，因此称 $-\pi+\theta_{be}<\theta_e<\pi+\theta_{be}$ 即区间 (a,b) 为电动机空载时的动稳定区。

图 6-10 中点 a 与点 O 之间的夹角 θ_r 称为裕量角。拍数越多，步距角越小，裕量角越大，稳定裕度越大，运行的稳定性也越好。

3）不同频率下的连续稳定运行

(1) 连续单步运行。在控制脉冲频率很低时，转子一步一步地连续向新的平衡位置转动，电动机作连续单步运动。在有阻尼的情况下，此过程为衰减的振荡过程。由于通电周期较长，当下一个控制脉冲到来时，电动机近似从静止状态开始，每一步都和单步运行基本一样，电动机具有步进的特征，如图 6-11 所示。

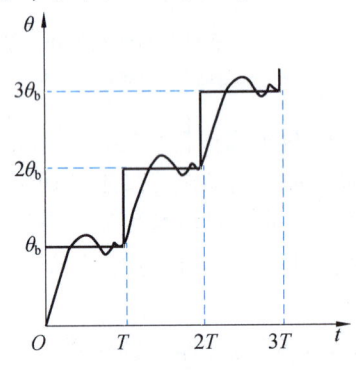

图 6-11　连续单步运行

在连续单步运行的情况下，振荡是不可避免的，但最大振幅不会超过步距角，因而不会出现丢步、越步等现象。

(2) 连续高频运行。当电动机在高频脉冲下连续运行时，前一步的振荡尚未到达第一次回摆的最大值，下一个脉冲已经到来。当频率更高时，甚至在前一步振荡尚未到达第一次的峰值就开始下一步，则电动机可以连续平滑地转动，转速也比较稳定。

但是当脉冲频率过高，达到或超过最大连续运行频率 f_{max} 时，由于绕组电感的作用，动态转矩下降很多，负载能力较弱，且由于电动机的损耗，如轴承摩擦、风摩擦等都大为增加，即使在空载下也不能正常运行。另外，当脉冲频率过高时，矩角特性的移动速度相当快，转子的惯性导致转子跟不上矩角特性的移动，则转子位置距平衡位置之差越来越大，最后因超出动稳定区而丢步。这也是最大连续运行频率 f_{max} 不能继续提高的原因之一。因此，减小电动机的时间常数、提高动态转矩、减小转动惯量、采用机械阻尼装置等都是提高连续运行频率的有效措施。

6.3　混合式步进电动机

由于综合了永磁式步进电动机和反应式步进电动机两者的优点，混合式步进电动机的动态性能好，输出转矩大，步距角小，但结构相对复杂，成本较高。

6.3.1　混合式步进电动机的基本结构和工作原理

混合式步进电动机的相数有两相、三相、四相、五相等，其中两相混合式步进电动机在结构和控制上都简单可靠,得到了广泛的应用。

混合式步进电动机在结构上与其他电动机一样,也包括定子和转子。它的定、转子上都开有很多齿槽,这与反应式步进电动机相似;转子上有永磁体,这与永磁式步进电动机相似。图6-12为两相混合式步进电动机的结构示意。图6-13为两相混合式步进电动机的定、转子实物图。

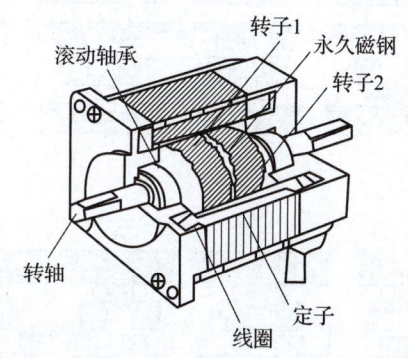

图 6-12 两相混合式步进电动机的结构示意

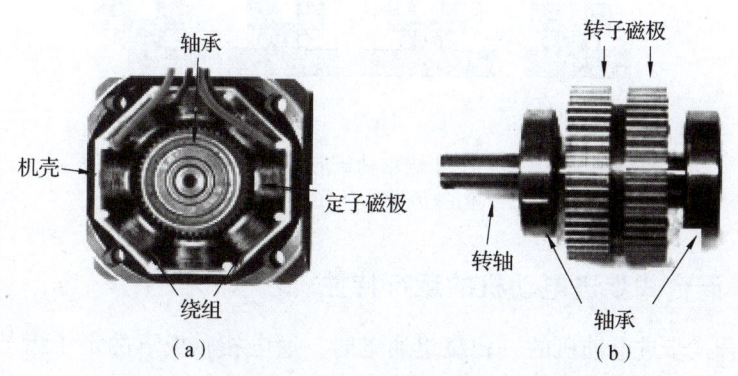

图 6-13 两相混合式步进电动机的定、转子实物图
(a)定子;(b)转子

电动机定子有8个磁极,磁极末端又开有小齿,每个主磁极上缠有励磁绕组,错开的4个磁极上的绕组串联或者并联构成 $A-\overline{A}$ 相,另外4个磁极上的绕组串联或者并联构成 $B-\overline{B}$ 相。转子由两段铁心中间夹环形永久磁钢构成。每段铁心上都均匀分布着数量相同的小齿,一段铁心的齿和另一段铁心的槽相对,且定、转子上小齿的齿距相等。环形永久磁钢轴向充磁,因此同一段铁心上的小齿极性相同,而不同段铁心上磁极的极性相反。

图6-14给出的是一个定子上有8个磁极,转子上有50个小齿的两相混合式步进电动机的局部定、转子对位关系。

当A相正向通电时,绕组产生的磁力线促使转子沿着磁阻最小的路径运动。此时,A相4个磁极中的2个与转子的齿对齐,另外2个磁极与转子的槽对齐,而B相绕组所在的磁极与转子的齿错开1/4(50/8=6+1/4)的齿距角;当A相断开,B相正向通电时,此时产生的磁路不稳定,绕组产生的磁力线就会使转子沿磁阻最小的路径运动,最后稳定在B相绕组的两个磁极与转子的齿对齐,另外两个磁极与转子的槽对齐。换句话说,就是转子转动了1/4齿距角。当按照 $A—B—\overline{A}—\overline{B}$ 的顺序给电动机定子绕组通电时,电动机转子就转动一个齿距角。在圆周上表现为转子转过 $360°/50 = 7.2°$,即每改变一次通电状态转子就转过 7.2°/4=1.8°。若按照 A—$\overline{B}$—$\overline{A}$—B 的顺序通电，则转子反方向转动。

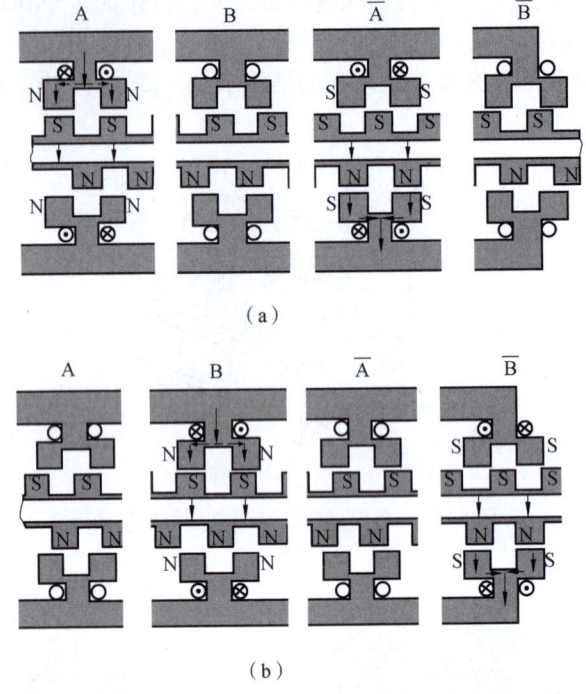

图 6-14 两相混合式步进电动机的局部定、转子对位关系
(a) A 相正向励磁；(b) B 相正向励磁

6.3.2 混合式步进电动机的运行特性

当两相混合式步进电动机的一相绕组通电时，通电相磁极下的定子齿与转子齿对齐，此时失调角 $\theta_e = 0$，静态转矩 $T = 0$，如图 6-15(a)所示；当转子偏移平衡位置一个角度时，定子齿与转子齿错开一定角度，即 $0 < \theta_e < \pi$ 时，绕组产生的磁力线促使转子沿着磁阻最小的路径运动，使失调角减小到 0，如图 6-15(b)所示；当 $\theta_e = \pi/2$ 时，静态转矩 T 最大；当通电相的定子齿与转子槽对齐时，$\theta_e = \pi$，电动机左右方向受到的力相同，产生的静态转矩 $T = 0$，如图 6-15(c)所示；当 $-\pi < \theta_e < 0$ 时，转子受到的切向力与 $0 < \theta_e < \pi$ 时相反，该力使 θ_e 增大到 0，如图 6-15(d)所示。

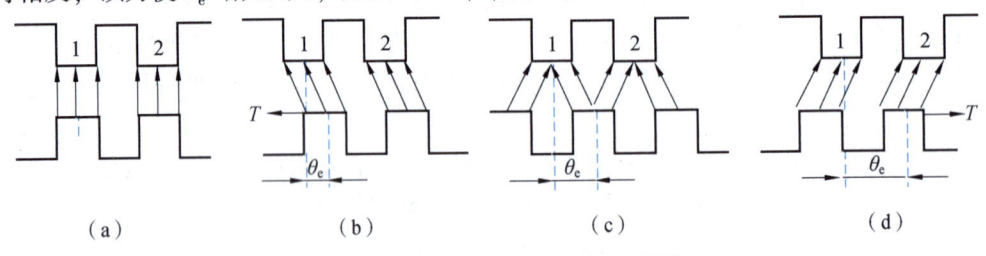

图 6-15 静态转矩 T 与失调角 θ_e 的关系
(a) $\theta_e = 0$；(b) $0 < \theta_e < \pi$；(c) $\theta_e = \pi$；(d) $-\pi < \theta_e < 0$

步进电动机的静态转矩 T_e 随失调角 θ_e 呈周期性变化，变化的周期为转子的齿距，即 2π 电角度。

当给 A 相绕组通电时,电磁转矩 T_A 可以表示为

$$T_A = I^2 W^2 Z_s Z_r l \frac{dG}{d\theta_e} \tag{6-10}$$

式中,I 为通入的定子电流;W 为定子每极每相绕组的匝数;Z_s 为定子每极下的小齿数;Z_r 为转子小齿数;l 为定、转子的轴向长度;G 为气隙比磁导。

气隙比磁导 G 是失调角 θ_e 的函数,用傅里叶级数可以表示为

$$G = G_0 + \sum_{n=1}^{\infty} G_n \cos n\theta_e \quad (n = 1 \sim \infty) \tag{6-11}$$

式中,G_0,G_1,G_2,G_3,…与电动机的齿形、齿的几何尺寸及磁路饱和度有关。若忽略气隙比磁导中的高次谐波,则电磁转矩 T_A 可以表示为

$$T_A = -I^2 W^2 Z_s Z_r l G_1 \sin \theta_e \tag{6-12}$$

当混合式步进电动机的电动机参数已知,按照 A—B—$\overline{\text{A}}$—$\overline{\text{B}}$ 的顺序给电动机定子绕组通电时,步进电动机的电磁转矩与失调角呈正弦曲线关系,如图 6-5 所示。

当 A、B 两相绕组同时通入相同的电流时,B 相绕组与 A 相绕组的电磁转矩相差 90°电角度,即

$$T_B = -T_{\max} \sin\left(\theta_e - \frac{\pi}{2}\right) \tag{6-13}$$

两相同时通电时合成的转矩为

$$T_{AB} = T_A + T_B = -\sqrt{2} T_{\max} \sin\left(\theta_e + \frac{\pi}{4}\right) \tag{6-14}$$

由式(6-14)可知,两相混合式步进电动机两相通电时的电磁转矩是一相通电时的 $\sqrt{2}$ 倍,所以两相混合式步进电动机通常采用两相通电的工作方式。

6.4 步进电动机的驱动控制

6.4.1 步进电动机的驱动技术

步进电动机的驱动技术有单电压驱动、双电压驱动、恒流斩波驱动、升降频驱动、细分驱动等。

1. 单电压驱动

单电压驱动,是指在电动机绕组工作过程中只有一个方向的电压对绕组进行供电,电路所需的元件少、成本低、结构简单,但是效率低,只适用于驱动小功率的步进电动机或性能指标要求不高的场合。

2. 双电压驱动

双电压驱动有两种方式:双电压法和高低电压法。双电压法是在低频段用低电压驱动,在高频段用高电压驱动。这种驱动方法在低频段具有单电压驱动的特点,在高频段具有良好的高频特性,但仍属于单电压驱动。高低电压驱动是不论电动机工作在哪个频率,在导通相的前沿都用高电压供电,在前沿过后用低电压供电。高电压可以提高电流的前沿上升率,低电压可以保持绕组的电流。高低电压驱动原理如图 6-16 所示。

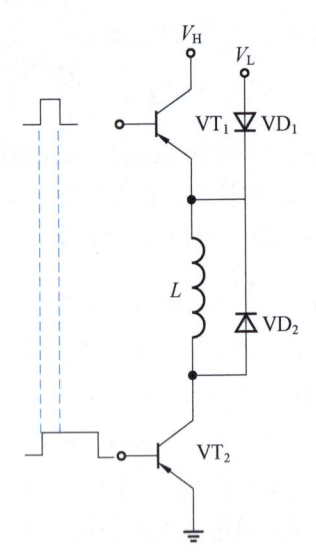

图 6-16 高低电压驱动原理

高压晶体管的启动脉冲与低压晶体管的启动脉冲同步触发，高压晶体管和低压晶体管同时导通，为电动机绕组供电。在高压的作用下，电动机绕组中的电流快速上升，电流波形的前沿很陡；高压晶体管截止后，只有低压晶体管继续为绕组供电，由于电动机绕组的电阻很小，因此仍然可以为电动机绕组提供较大的电流。

3. 恒流斩波驱动

恒流斩波驱动是直流供电电压直接加到逆变桥上，且电压值保持恒定。恒流斩波驱动的基本原理是给定值与绕组相电流或线电流比较，其差值用来控制功率晶体管的导通和关断，使绕组电流保持给定值不变。恒流斩波控制可以减小转矩脉动，提高电源的效率，并且能有效地抑制共振，进而提高电动机的带载能力，极大地改善其矩频特性，使步进电动机能够工作在较宽的频率范围。

4. 升降频驱动

为了提高步进电动机驱动系统的高频响应，可以通过提高供电电压来加快电流的上升沿。但是，如果启动频率大于电动机的极限启动频率，步进电动机就会发生失步。步进电动机停机时，如果运行频率较高，由于惯性作用，步进电动机会发生过冲现象，降低位置精度。升降频驱动的原理就是以低于突跳频率的速度运行，然后缓慢加速，达到给定速度时，就以给定速度匀速运行；当要停机时，先缓慢减速，直至电动机运行频率低于突跳频率以后再停机。

5. 细分驱动

20 世纪 70 年代，国外学者提出了步进电动机细分驱动技术，以提高步进电动机在低速和高速范围内的动态性能。细分驱动技术采用阶梯波给绕组供电，对绕组的电流值进行细分，使绕组中的电流经过若干个阶梯逐步上升到最大值，再以相同的方式由最大值下降至最小值。换言之，在电流从零到正、负最大值之间给出多个中间状态，每经过一个中间状态电动机就移动一小步，即新的步距角。

步进电动机的细分驱动分为电流细分法和电流矢量恒幅均匀旋转法。电流细分法产生的步距角不均匀，容易引起电动机的振荡和失步。由于磁场矢量幅值不恒定，会产生转矩脉动。常用的细分驱动是电流矢量恒幅均匀旋转法。该方法能够使电动机绕组产生恒定的电流合成矢量，合成矢量的模值决定了转矩的大小，合成矢量的角度与步距角有关。图 6-17 为两相混合式步进电动机四细分时的电流波形。

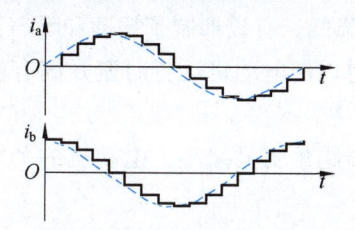

图 6-17 两相混合式步进电动机四细分时的电流波形

A 相绕组电流以四步等步距上升到最大值，再从最大值以四步等步距下降到零，整个过程按正弦曲线变化；同时，B 相绕组电流以相同的步距下降和上升，整个过程按余弦曲线变化。一个周期内步进电动机的 A、B 相电流共产生 16 个合成矢量，分别对应步进电动机的 16 个合成转矩。用星形图表示合成的转矩矢量，四细分的转矩合成矢量星形图如图 6-18 所示。

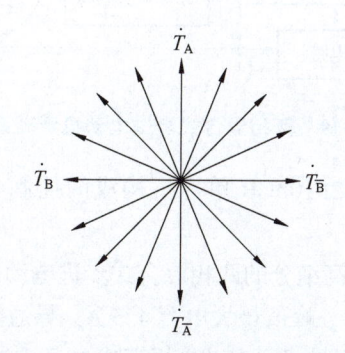

图 6-18 四细分的转矩合成矢量星形图

对于转子有 50 个齿的两相混合式步进电动机，细分之前，转子转动一个齿距需 4 步，即每次转动 1.8°；四细分后，转子转动一个齿距需 16 步，即每次转动 0.45°，达到了步距角细分的目的。

当任意细分时，可以得出两相绕组的电流如下：

$$\begin{cases} i_a = I_M \sin \theta \\ i_b = I_M \cos \theta \end{cases} \tag{6-15}$$

式中，i_a、i_b 分别为电动机 A 相和 B 相绕组的电流；$\theta = \dfrac{90°}{n} \cdot s$，$n$ 为细分数，s 为步数。因此，其合成电流矢量可表示为

$$\dot{i} = \dot{i}_a + \dot{i}_b = I_M e^{j(\frac{\pi}{2}-\theta)} \tag{6-16}$$

式(6-16)表示的合成电流矢量的幅值为 I_M，角度为 $\pi/2 - \theta$。如果按式(6-17)给两相混合式步进电动机通电，每当电流 i_a 和 i_b 变化一个 $\Delta\theta$ 电角度，则合成的电流矢量转过一个与之相对应的空间角度，合成的电流矢量产生的旋转磁场带动步进电动机转子旋转。因为转矩与电流成正比，只要保持合成电流矢量的 θ 均匀变化，就能保证步距角的均匀细

143

分；只要保持合成电流矢量的幅值不变，就能保持步进电动机的恒转矩运动。

采用细分驱动技术可以提高步进电动机的动态性能，主要表现如下：

(1) 采用细分驱动技术，相比于传统的驱动方法，电流变化的幅度明显减小，返回平衡位置时的绕组剩余能量大大降低，有效抑制了振动和噪声；

(2) 采用细分驱动技术，可以使电动机运行时避开固有振荡频率，有效地消除了低频振荡现象；

(3) 采用细分驱动技术，步距角明显减小，电动机的平均转矩得到提升，转矩脉动得到明显的改善。

6.4.2 步进电动机的驱动控制实例

以两相混合式步进电动机为例，其驱动系统如图 6-19 所示。

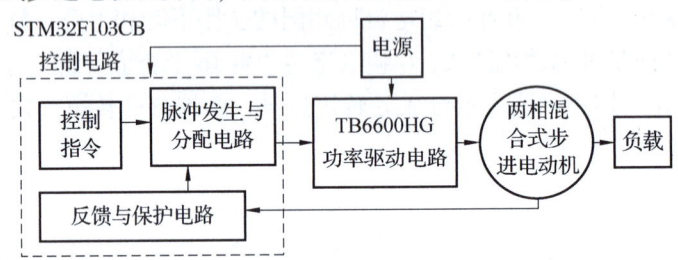

图 6-19 两相混合式步进电动机驱动系统

整个驱动系统主要由 STM32F103CB 单片机构成的控制电路、基于 TB6600HG 芯片构成的功率驱动电路等组成。

TB6600HG 是一款大功率、高细分的两相混合式步进电动机驱动芯片，具有双全桥 MOS-FET 驱动，最大耐压 50 V (DC)，峰值最大电流 4.5 A，导通电阻 $R_{on} = 0.4\ \Omega$，并有多种细分(1/1、1/2、1/4、1/8、1/16)可选且可自动选择衰减方式，内置温度保护及过流保护电路。

TB6600HG 芯片的引脚定义如图 6-20 所示。

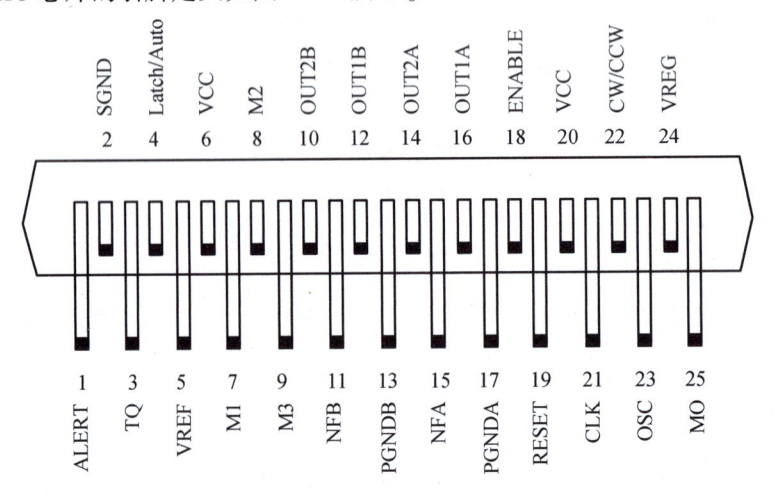

图 6-20 TB6600HG 芯片的引脚定义

TB6600HG 芯片引脚的功能描述如表 6-1 所示。

表 6-1 TB6600HG 芯片引脚的功能描述

引脚编号	输入/输出	符号	功能描述
1	输出	ALERT	温度保护及过流保护输出端
2	—	SGND	信号地外部与电源地相连
3	输入	TQ	电流百分比设置
4	输入	Latch/Auto	Latch：保护锁定模式；Auto：自动恢复模式
5	输入	VREF	电流设定端
6	输入	VCC	电动机驱动电源
7	输入	M1	细分数选择端
8	输入	M2	细分数选择端
9	输入	M3	细分数选择端
10	输出	OUT2B	B 相功率桥输出端 2
11	—	NFB	B 相电流检测端连接大功率检测电阻，典型值 0.25 Ω/2 W
12	输出	OUT1B	B 相功率桥输出端 1
13	—	PGNDB	B 相驱动电源地与 A 相电源地及信号地相连
14	输出	OUT2A	A 相功率桥输出端 2
15	—	NFA	A 相电流检测端连接大功率检测电阻，典型值 0.25 Ω/2 W
16	输出	OUT1A	A 相功率桥输出端 1
17	—	PGNDA	驱动电源地线
18	输入	ENABLE	使能端，ENABLE＝0 表示所有输出为 0，ENABLE＝1 表示正常工作
19	输入	RESET	上电复位端
20	输入	VCC	电动机驱动电源
21	输入	CLK	脉冲输入端
22	输入	CW/CCW	电动机正反转控制端
23	—	OSC	A 相斩波频率控制端
24	输出	VREG	内部 5 V 电源滤波端
25	输出	MO	原点检测输出端

TB6600HG 芯片中的 7、8、9 引脚为步进电动机细分设置引脚，外接上拉电阻后接拨码开关，可以实现 1/1、1/2、1/4、1/8、1/16 共 5 种细分；1、25 引脚外接上拉电阻和发光二极管后接电源 VCC；18、21、22 引脚分别为电动机使能、速度控制和电动机旋转方向控制引脚，外接单片机相应引脚，通过接收脉冲改变步进电动机的旋转速度和方向；19 引脚为复位引脚；5 引脚为驱动电流调节引脚，外接变位器；23 引脚外接电容后与 13、17、2 引脚并联接地；11、15 引脚分别为 B 相、A 相电流电流调节端，外接 0.2 Ω 电阻后接地；10、12、14、16 引脚外接步进电动机。

控制电路采用意法半导体公司的单片机 STM32F103CB 作为控制核心，如图 6-21 所示。

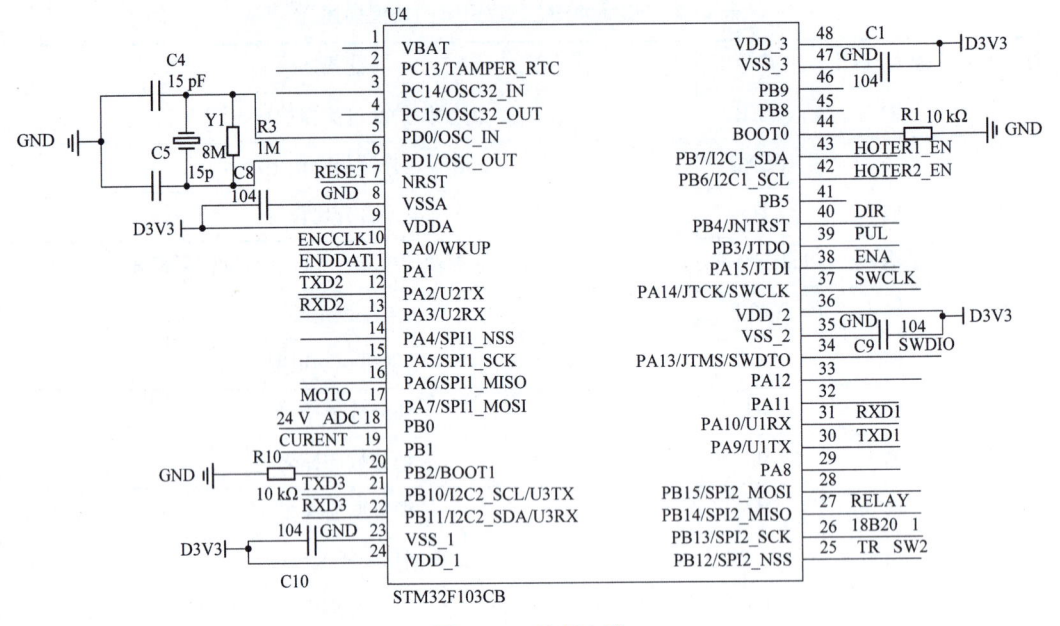

图 6-21 控制电路

功率驱动电路采用 TB6600HG 芯片的推荐接法，如图 6-22 所示。

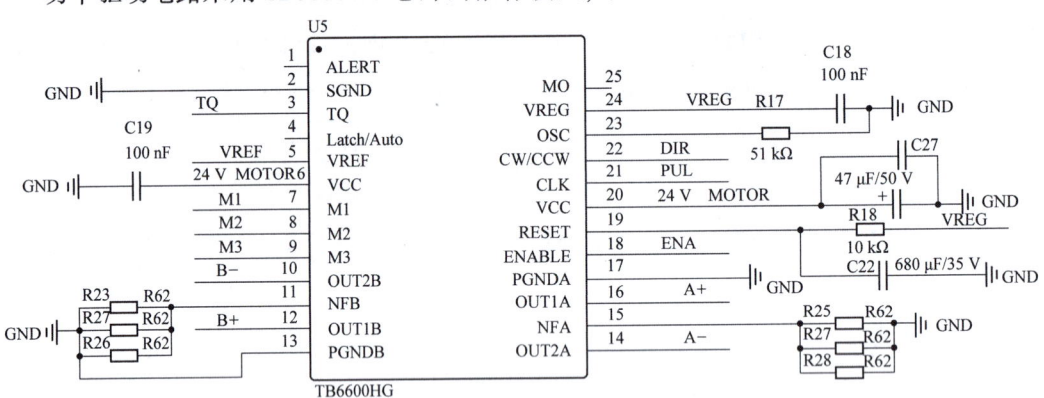

图 6-22 功率驱动电路

基于 SCT2400TVBR 芯片的 5.5 V 电源转换电路如图 6-23 所示。

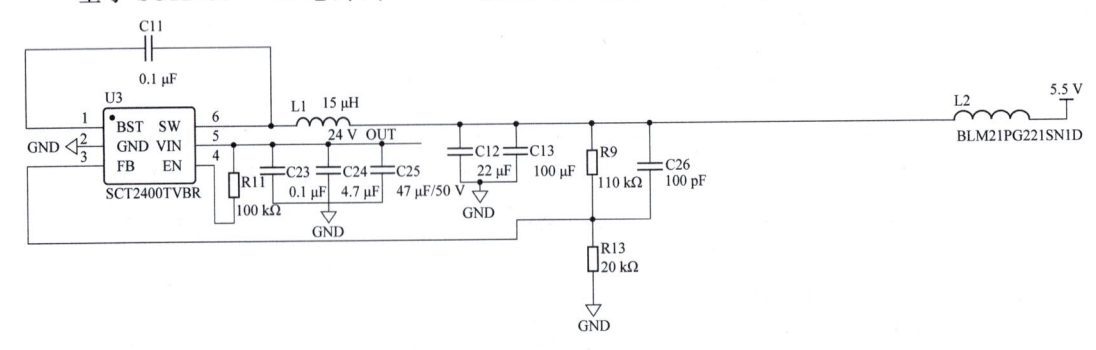

图 6-23 电源转换电路

两相混合式步进电动机驱动系统的硬件电路如图 6-24 所示。供电电源为 24 V、频率为 20 kHz 时的一相电压波形如图 6-25 所示。

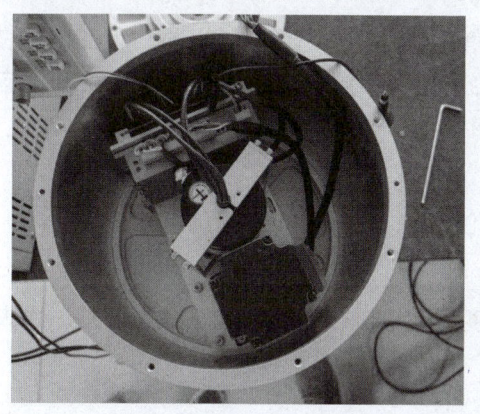

图 6-24　两相混合式步进电动机驱动系统的硬件电路

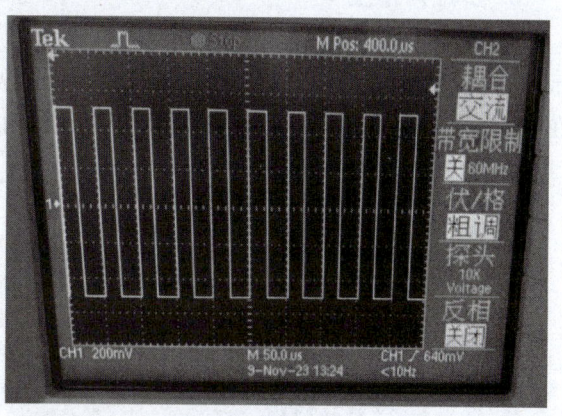

图 6-25　供电电源为 24 V、频率为 20 kHz 时的一相电压波形

6.5　步进电动机的性能指标

1. 相数

相数是指产生不同对极 N、S 磁场的激磁线圈的对数，常用 m 表示。

2. 拍数

拍数是指完成一个磁场周期性变化所需的脉冲数，或指步进电动机转过一个齿距角所需的脉冲数，用 N 表示。以四相电动机为例，有四相四拍运行方式（AB—BC—CD—DA—AB），四相八拍运行方式（A—AB—B—BC—C—CD—D—DA—A）。

3. 步距角 θ_b

步距角表示控制系统每发送一个脉冲信号，步进电动机所转动的角度；或者说，每输入一个脉冲信号，转子转过的角度称为步距角，用 θ_b 表示。步距角与控制绕组的相数、转子齿数和通电方式有关。以常规的二相和四相、转子齿数为 50 的步进电动机为例，四拍运行时的步距角为 $\theta_b = 360°/(50 \times 4) = 1.8°$（俗称整步），八拍运行时的步距角为 $\theta_b = 360°/(50 \times 8) = 0.9°$（俗称半步）。步距角越小，运转的平稳性越好。

4. 定位转矩

定位转矩是指电动机在不通电状态下，电动机转子自身的锁定转矩（由磁场齿形的谐波以及机械误差造成）。

5. 静态转矩

静态转矩是指步进电动机在额定静态电流的作用下，电动机不作旋转运动时电动机转轴的锁定转矩。静态转矩是衡量电动机体积（几何尺寸）的标准，与驱动电压及驱动电源等无关。当步进电动机转子静止时，控制绕组通直流电，由失调角引起的最大转矩称为最大静态转矩。它与控制绕组中电流的平方近似成正比。增加最大静态转矩可以提高电动机的启动频率和运行频率。

6. 步距角精度

步距角精度是指步进电动机每转过一个步距角的实际值与理论值的误差，用百分比表示，即误差/步距角×100%。不同运行拍数的步距角精度不同，四拍运行时步距角精度应在5%之内，八拍运行时步距角精度应在15%以内。

7. 失步

电动机转动时，若实际转过的步数不等于理论步数，则称为失步。

8. 失调角

失调角是指转子齿轴线偏离定子齿轴线的角度。电动机转动时一定存在失调角。由失调角产生的误差，采用细分驱动是不能解决的。

9. 最大空载启动频率

最大空载启动频率是指不加负载时，电动机采用某种驱动方式，在供电电压及额定电流条件下，能够直接启动的最大频率。

10. 最大空载运行频率

步进电动机采用某种驱动方式，在供电电压及额定电流条件下，不带负载的最高转速频率。

11. 运行矩频特性

运行矩频特性是指步进电动机在某种测试条件下，测得运行中的输出转矩与频率的关系曲线称为运行矩频特性，这是步进电动机最重要的特性，也是步进电动机选择的根本依据。

步进电动机一旦选定，静态转矩就确定了。步进电动机的动态转矩由电动机运行时的平均电流(而非静态电流)决定。平均电流越大，步进电动机的输出转矩越大，则步进电动机的矩频特性越硬。

12. 电动机的共振点

步进电动机均有固定的共振区域，二相、四相感应式步进电动机的共振区一般在180~250 pps之间(步距角1.8°)或在400 pps左右(步距角为0.9°)，pps表示每秒脉冲数。电动机的供电电压越高，电动机的电流越大，负载越轻，电动机体积越小，则共振区向上偏移，反之亦然。为使电动机的输出电矩大、不失步和噪声低，一般工作点均应偏移共振区较多。

本章小结

步进电动机将脉冲电信号变换为相应的角位移或线位移，能够按照控制脉冲的要求迅速地启动、反转和无级调速，广泛运用在自动控制系统中。

按照励磁方式不同，步进电动机可分为反应式、永磁式和混合式三种。反应式步进电动机结构简单，生产成本低，步距角可以做到很小，但动态性能相对较差；混合式步进电动机综合了反应式和永磁式的优点，步距角小，转矩大，动态性能好。

步进电动机驱动技术有单电压驱动、双电压驱动、恒流斩波驱动、升降频驱动、细分驱动等。步进电动机必须与驱动控制器配合使用，其驱动控制器包括脉冲发生器、脉冲分配器和功率驱动器等。

思考题与习题

6-1 步进电动机与一般旋转电动机有什么不同？步进电动机有哪几种？

6-2 如何控制步进电动机输出的角位移或线位移量、转速或线速度？

6-3 对三相步进电动机而言，能不能依靠增加通电相数来增大转矩？

6-4 一台五相十拍运行的步进电动机，转子齿数为48，在A相绕组中测得电流频率为600 Hz。

(1) 求步距角；

(2) 求电动机转速；

(3) 设单相通电时矩角特性为正弦形，幅值为3 N·m，求三相同时通电时的最大静态转矩。

6-5 一台四相步进电动机，若单相通电时矩角特性为正弦形，其幅值为T_{jmax}。

(1) 写出四相八拍运行方式时一个循环的通电次序；

(2) 求两相同时通电时的最大静态转矩；

(3) 分别作出单相及两相通电时的矩角特性；

(4) 求四相八拍运行方式时的极限启动转矩。

6-6 一台三相六拍运行的步进电动机，转子齿数为80，在A相绕组中测得电流频率为800 Hz。

(1) 求步距角；

(2) 求电动机转速；

(3) 设单相通电时矩角特性为正弦形，幅值为2 N·m，求两相同时通电时的最大静态转矩。

第 7 章

磁阻电动机

教学目的与要求

了解磁阻电动机的分类；了解开关磁阻电动机的结构、工作原理、运行特性和控制方法；了解同步磁阻电动机的结构、工作原理和运行特性；了解永磁辅助同步磁阻电动机的结构和工作原理；了解磁阻电动机的应用。

学习重点

开关磁阻电动机的结构和工作原理；永磁辅助同步磁阻电动机的结构和工作原理。

学习难点

不同磁阻电动机的区别。

7.1 磁阻电动机的分类

在过去的几十年里，世界各国都致力于研制用于电动汽车、机器人等行业的高性能电动机及其驱动装置。利用磁阻转矩来提高电动机输出转矩、降低永磁体使用成本的理念得到了广泛的发展。磁阻电动机的结构及工作原理与传统的交、直流电动机不同，它不是通过永磁体励磁、直流励磁或是转子感应电流产生转矩，而是通过在电动机中产生各向异性的强磁场，利用"磁阻最小原则"来产生转矩。磁阻电动机具有结构简单、成本低、无级调速、电压适应范围宽、系统可靠性高、启动转矩大、启动电流低、适用于频繁启停及正反向转换运行等特点。

尽管早在 19 世纪末人们就提出了可变磁阻电动机的原理，但直到 20 世纪 70 年代电力电子技术的发展成熟，磁阻电动机才成为研究开发的热点。又由于永磁电动机的大规模应用，磁阻电动机的发展推迟了几十年，直到近些年，才受到越来越多的关注。鉴于迄今为止的研发成果和目前行业的发展趋势，磁阻电动机及其驱动器有望应用到几乎所有行业。

磁阻电动机主要包括开关磁阻电动机、同步磁阻电动机和磁通调制磁阻电动机等。其中，开关磁阻电动机是双凸极可变磁阻电动机，它的定、转子的凸极均由普通硅钢片叠压而成。图7-1为三相6/4级开关磁阻电动机的典型结构。

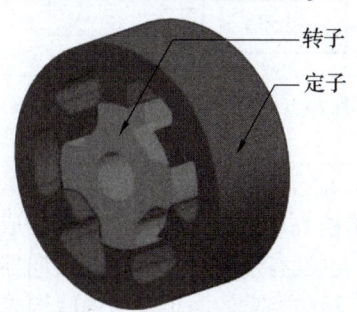

图7-1 三相6/4级开关磁阻电动机的典型结构

同步磁阻电动机是同步电动机的一种，具有结构简单、坚固耐用、效率高、调速范围广、成本较低等优点。同步磁阻电动机的定子一般采用传统的三相交流异步电动机的定子结构，利用三相对称绕组通入三相交流电在气隙内产生正弦旋转磁场。转子上有凸极，但没有励磁绕组，通过转子在不同位置引起的磁阻变化产生的磁阻转矩来驱动电动机旋转。

与传统的直流电动机相比，同步磁阻电动机没有电刷和滑环，简单可靠，维护方便；与传统的交流异步电动机相比，同步磁阻电动机转子上没有绕组，没有转子铜耗，电动机的效率高；与开关磁阻电动机相比，同步磁阻电动机转子表面光滑、磁阻变化连续，有效克服了开关磁阻电动机运行时转矩脉动和噪声大的缺点；同时，同步磁阻电动机定子为正弦波磁场，控制精度高；与永磁同步电动机相比，同步磁阻电动机转子上没有永磁体，无失磁现象，效率更稳定，能长期使用，成本更低。

本书主要介绍开关磁阻电动机和同步磁阻电动机。磁通调制磁阻电动机种类较多，可细分为爪极转子同步电动机、无刷直流-多相磁阻电动机、无刷双馈磁阻电动机、磁通切换永磁同步电动机、磁通反向永磁同步电动机、游标永磁电动机、横向磁通永磁同步电动机、磁齿轮双转子磁阻电动机、定子直流+交流绕组双凸极电动机等，本书不作介绍。

7.2 开关磁阻电动机

7.2.1 开关磁阻电动机系统的组成

开关磁阻电动机系统包括开关磁阻电动机本体，功率变换器，控制器，转子位置、电流检测单元等部分组成，如图7-2所示。

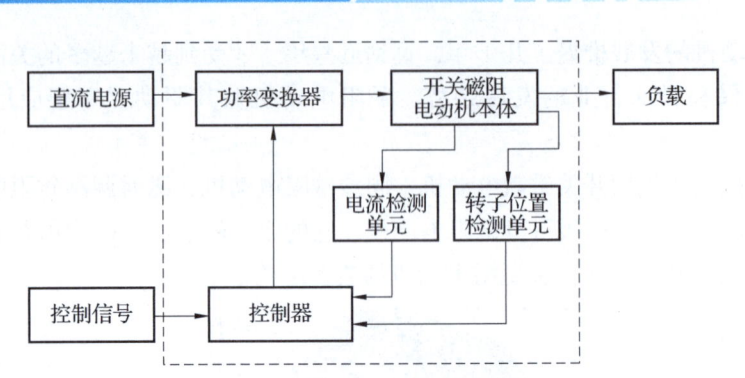

图 7-2 开关磁阻电动机系统组成

1. 开关磁阻电动机本体

开关磁阻电动机的定、转子铁心均由普通硅钢片叠压而成，这种工艺可以减小电动机的涡流损耗。转子上既没有绕组，也没有永磁体，更没有换向器和滑环等；定子极上绕有集中绕组，类似反应式步进电动机，径向相对的两个绕组串联构成一相。开关磁阻电动机的整体结构如图 7-3 所示。

图 7-3 开关磁阻电动机的整体结构

开关磁阻电动机根据需要可以设计成多种不同的相数结构，如单相、两相、三相、四相及多相等，但低于三相的开关磁阻电动机一般没有自启动能力。开关磁阻电动机的相数越多，步距角就越小，就越有利于减小转矩脉动，但是需要的开关器件就越多，结构就越复杂，成本也越高。目前常用的是三相和四相开关磁阻电动机。开关磁阻电动机的定/转子极数有多种搭配，三相开关磁阻电动机常见的定/转子极数为 6/4 级结构，如图 7-1 所示。四相开关磁阻电动机多是 8/6 结构。表 7-1 为开关磁阻电动机的定/转子极数组合。

表 7-1 开关磁阻电动机的定/转子极数组合

相数	3	4	5	6	7	8	9
定子极数 N_s	6	8	10	12	14	16	18
转子极数 N_r	4	6	8	10	12	14	16
步距角	30°	15°	9°	6°	4.28°	3.21°	2.5°

2. 功率变换器

功率变换器是直流电源和开关磁阻电动机的接口，起到开关作用，使绕组与电源接通或断开，同时为绕组的储能提供回馈路径。开关磁阻电动机系统的性能和成本很大程度上取决于功率变换器，因此合理设计功率变换器是整个开关磁阻电动机系统设计成败的关键。开关磁阻电动机常用的功率变换器有不对称半桥型、双绕组型、电源分裂型等主电路拓扑结构，主晶体管可以采用 IGBT、功率 MOSFET、GTO 等。

1）不对称半桥型

不对称半桥型主电路中，每相有两只主晶体管和两只续流二极管，如图 7-4 所示。两只主晶体管可以同时导通，或者同时关断，也可以只关断一个。以 A 相为例，当两只主晶体管 VT_1 和 VT_4 同时导通时，电源向电动机 A 相绕组供电；仅将 VT_1 或 VT_4 关断时，强制绕组短路，电流将衰减；当两只主晶体管同时关断时，相电流经续流二极管 VD_4 和 VD_1 反向续流，电流衰减更迅速，同时电动机磁场储能以电能形式迅速回馈电源，实现强迫换相。这种功率变换器工作原理简单，各相间可独立控制，可控性强，电压利用率高，可用于任何相数、任何功率等级的情况，在高电压、大功率场合下有明显的优势。

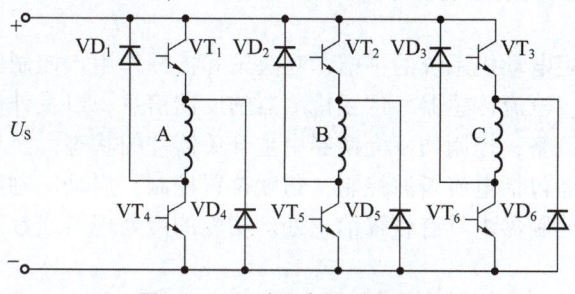

图 7-4 不对称半桥型主电路

2）双绕组型

双绕组型主电路中，每相仅有一只晶体管和一只二极管，如图 7-5 所示。图中 S_i 代表开关器件。每相由两个独立的绕组构成，两个绕组在磁方面紧密耦合，可以看作变压器的一次侧和二次侧。以 A 相为例，当开关 S_1 导通时，电源对一次侧 A 供电；当开关 S_1 关断时，靠磁耦合将绕组 A 的电流转移到二次侧，通过二极管 VD_1 续流，向电源回馈电能，实现强迫换相。这种功率变换器适用于任何相数的开关磁阻电动机，尤其适用于低压直流电源供电场合。但由于一、二次侧之间不可能完全耦合，在开关关断的瞬间，因漏磁及漏感作用，其上会形成较高的尖峰电压，故需要配备良好的吸收回路。另外，由于采用一、二次侧两个绕组，因而电动机槽及铜线利用率低，铜耗增加、体积增大。

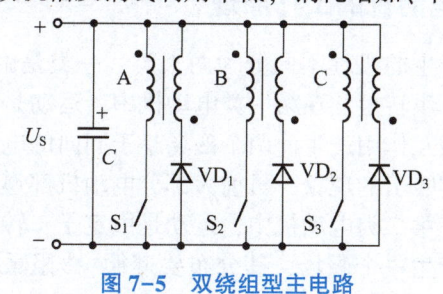

图 7-5 双绕组型主电路

3）电源分裂型

电源分裂型主电路中，两个串联的电容将电源电压一分为二，构成中点电动势，如图 7-6 所示。每相只有一只主晶体管和一只续流二极管。当 S_1 导通时，上侧电容 C_1 对 A 相绕组放电，电源对 A 相供电，经下侧电容 C_2 构成回路；当 S_1 关断时，A 相电流经 VD_1 续流，向下侧电容 C_2 充电。这种功率变换器只适用于偶数相开关磁阻电动机，主开关数较少，但各相间不能独立控制，每相电压为电源电压的 1/2，电源利用率低，并需要限制中点电动势漂移。

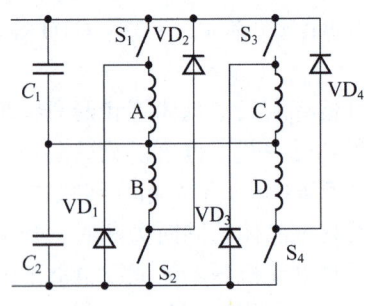

图 7-6　电源分裂型主电路

3. 控制器

控制器是开关磁阻电动机系统的中枢，起决策和指挥作用。控制器综合处理转子位置指令，速度反馈信号，电流传感器、位置检测器的反馈信息，以及外部输入的命令，通过分析处理，决定控制策略，控制功率变换器中主开关器件的状态，实现对开关磁阻电动机运行状态的控制，具体包括电流斩波控制，角度位置控制，启动、制动、停车及四象限运行控制，速度控制。控制器由具有较强信息处理功能的微处理器或数字逻辑电路及外部接口电路等部分构成。

4. 转子位置、电流检测单元

为了能够正确地换相，需要知道转子的确切位置，这时就需要在电动机转子轴上加装转子位置检测单元。转子位置检测可以由放置在开关磁阻电动机本体中的转子位置传感器来完成，转子位置传感器的种类很多，如霍尔式传感器、光电式传感器、接近开关式传感器、谐振式传感器和高频耦合式传感器等。

电流检测是电流控制的需要，也是过电流保护的需要。开关磁阻电动机相电流的基本特点是单向、脉动，以及波形随运行方式、运行条件不同而变化很大。因此，电流检测单元应具备快速性好、抗干扰能力强、灵敏度高、线性度好等特点。开关磁阻电动机的电流检测单元通常采用霍尔式电流传感器。

7.2.2　开关磁阻电动机的工作原理

电动机可以根据转矩产生的机理不同分为两大类：一类是由电磁作用原理产生转矩；另一类是由磁阻变化原理产生转矩。在第一类电动机中，运动是定子、转子产生的两个磁场相互作用的结果，这种相互作用产生使两个磁场趋于同向的电磁转矩，类似于两个磁铁的同极性相排斥、异极性相吸引的现象，目前大部分电动机都遵循这一原理，如一般的直流电动机和交流电动机。在第二类电动机中，运动是由定子、转子间气隙磁阻的变化产生的，当定子绕组通电时，产生一个磁场，其分布要遵循"磁阻最小原则"（或"磁导最大原则"），即磁通总要沿着磁阻最小（磁导最大）的路径闭合，因此，当转子凸极轴线与定子磁极的轴线不重合时，便会有磁阻力作用在转子上并产生转矩使其趋于磁阻最小的位置，即两轴线重合位置，这类似于磁铁吸引铁质物质的现象。开关磁阻电动机和反应式步进电动机就属于这一类型。

与反应式步进电动机类似，开关磁阻电动机运行也遵循"磁阻最小原则"，所以具有一定形状的转子凸极在移动到最小磁阻位置时，会使自己的主轴线与磁场的轴线重合。图 7-7 为三相开关磁阻电动机的工作原理。

第 7 章 磁阻电动机

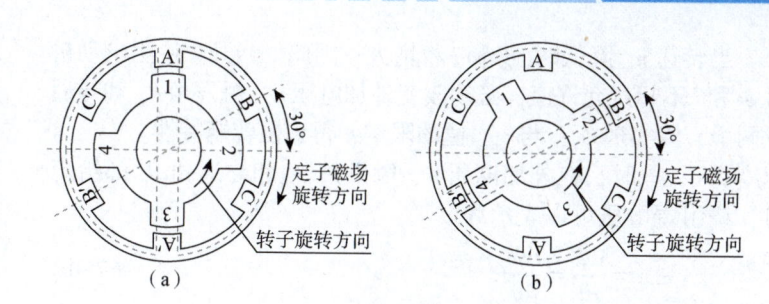

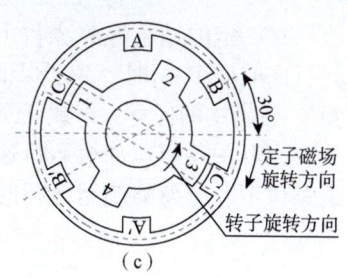

图 7-7 三相开关磁阻电动机的工作原理
(a) A 相通电；(b) B 相通电；(c) C 相通电

当 A 相绕组单独通电时，通过导磁的转子凸极，在 A-A′轴线上建立磁路，并迫使转子凸极转到与 A-A′轴线重合的位置，如图 7-7(a) 所示。这时将 A 相断电、B 相通电，就会通过转子凸极，在 B-B′轴线上建立磁路，由于此时转子并不处于磁阻最小的位置，磁阻转矩驱动转子逆时针旋转 30°到图 7-7(b) 所示的位置。这时将 B 相断电、C 相通电，根据"磁阻最小原则"，转子继续逆时针旋转 30°到图 7-7(c) 所示的位置。三相绕组按照 A—B—C—A 的顺序轮流通电，磁场旋转一周，转子逆时针转过一个极距角(360°/4 = 90°)。按照这个顺序不断换相通电，电动机就连续转动起来。

若将通电顺序改为 C—B—A—C，则电动机会反向旋转。由于电动机的旋转方向只与通电顺序有关，而与电流方向无关，改变相电流的大小，就会改变电动机的转速，从而改变电动机的转矩，因此控制开关磁阻电动机的相电流大小和换相顺序，就能达到调节电动机转速的目的。

7.2.3 开关磁阻电动机的运行特性

1. 开关磁阻电动机的运行特性简介

在外加电压 u 给定，触发角 θ_{on} 和导通角 θ_c 固定时，转矩、功率和转速之间的变化关系类似于直流电动机的串励特性。任意选择电压 u、触发角 θ_{on} 和导通角 θ_c 三个条件中的两个加以固定，改变另一个可得到一组串励特性曲线，从而可得三组串励特性曲线。

对于几何尺寸一定的开关磁阻电动机，电动机在最高外加电压、允许的最大磁链 ψ_{max} 与最大电流 i_{max} 条件下有一个临界转速 n_{fc} (或用第一临界角速度 Ω_{fc} 表示)，称为第一临界转速，它是开关磁阻电动机保持最大转矩的最高转速，对应的运行点为第一临界运行点，开关磁阻电动机典型机械特性曲线如图 7-8 所示。

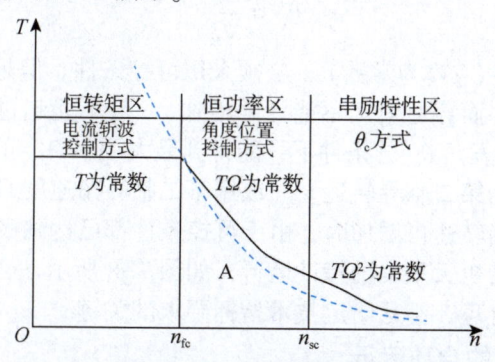

图 7-8 开关磁阻电动机典型机械特性曲线

在一定的导通角 θ_c 条件下，当转速 n_{fc} 降低时，ψ 和 i 将增大。因此，当开关磁阻电动机运行速度低于 n_{fc} 时，为了保证 ψ 和 i 不超过允许值，必须改变外加电压 u、触发角 θ_{on} 和导通角 θ_c 三者中的任意一个或任意两个，以实现 ψ_{max} 与 i_{max} 值的限定，得到恒转矩特性。

当开关磁阻电动机运行速度高于 n_{fc} 时，在外加电压 u、触发角 θ_{on} 和导通角 θ_c 都给定的条件下，当忽略绕组电阻时，绕组端电压可以表示为

$$\pm u = \frac{d\psi}{dt} = \frac{d\psi}{d\theta}\Omega \tag{7-1}$$

式中，$\Omega = \frac{d\theta}{dt}$，$\frac{d\psi}{dt} = \pm\frac{u}{\Omega}d\theta$。

通电相绕组中的电流 i 可以表示为

$$i = \frac{u}{\Omega}f(\theta) \quad \theta_1 \leq \theta \leq \theta_3 \tag{7-2}$$

式中，$\frac{u}{\Omega} = \frac{d\psi}{d\theta} = L\frac{di}{d\theta} + i\frac{dL}{d\theta}$。在转速和电压一定的条件下，绕组电流仅与转子位置角和初始条件有关。由于绕组电感 L 是一个分段函数解析式，因此对应不同的区域，$f(\theta)$ 的值不同，它是几何尺寸与转子位置角的函数。

开关磁阻电动机的转子在不同位置角 θ 时的磁链 ψ 可以表示为 $\psi = L(\theta)$，当电流 i 为常数时，转子关于位置角 θ 的静态转矩可以表示为

$$T = \frac{1}{2}i^2\frac{\partial L(\theta)}{\partial \theta} \tag{7-3}$$

当开关磁阻电动机按照给定转速稳定运行时，在一个通电周期内，转子转动了一个转子极距 $\tau_r = 2\pi/N_r$，每相转动的角度为 $\tau_r/m = 4\pi/(N_r N_s)$，则开关磁阻电动机的平均电磁转矩 T_{eav} 可以表示为

$$T_{eav} = \frac{N_r N_s}{4\pi\Omega^2}\int_0^{2\pi/N_r}\psi(\theta)df(\theta) \tag{7-4}$$

在理想线性模型的情况下，当触发角 θ_{on} 和关断角 θ_p 给定时，$\int_0^{2\pi/N_r}\psi(\theta)df(\theta)$ 为一个常数。因此，开关磁阻电动机运行时的平均电磁转矩 T_{eav} 与角速度 Ω 的平方成反比，电磁功率 P_e 与 Ω 的一次方成反比，即

$$T_{eav} \propto \frac{1}{\Omega^2} \tag{7-5}$$

$$P_e \propto \frac{1}{\Omega} \tag{7-6}$$

为了得到恒功率特性（$T\Omega$ 为常数），必须采用可控条件。但是，外加电压最大值是由电源功率变换器决定的，而导通角又不能无限增加（一般不能超过 π/N_r），因此，在 $u = u_{max}$，$\theta_c = \pi/N_r$ 和最佳触发角 θ_{on} 的条件下，能得到最大功率 P_{max} 的最高转速，也就是恒功率特性的速度上限，称为第二临界转速 n_{sc}（或用第二临界角速度 Ω_{sc} 表示），对应的运行点称为第二临界运行点。当转速再增加时，由于可控条件都已达到极限，转矩不再随 Ω 的升高而下降，开关磁阻电动机又呈串励特性运行，如图7-8所示。合理配置两个临界点是保证开关磁阻电动机设计合理，满足给定技术指标要求的关键。

2. 开关磁阻电动机的启动运行

开关磁阻电动机的启动有一相绕组通电启动和两相绕组通电启动两种方式。本节以三

相 6/4 级开关磁阻电动机为例来分析它的启动运行特点。

启动时给电动机的一相绕组通入恒定电流,随着转子位置的不同,开关磁阻电动机产生的电磁转矩大小不同,方向也会改变。电动机每相绕组通入一定的电流时产生的电磁转矩与转子位置角之间的关系称为矩角特性。图 7-9(a) 为三相开关磁阻电动机一相绕组通电启动的典型矩角特性曲线。从图中可以看出,如果各相绕组选择适当的导通区间,单相启动方式下,总启动转矩为各相转矩特性上的包络线,而相邻两相矩角特性的交点则为最小启动转矩。若负载转矩大于开关磁阻电动机的最小启动转矩,则电动机存在启动死区。

为了增大开关磁阻电动机的启动转矩,消除启动死区,可以采用两相启动方式,即在启动过程中的任意时刻均有两相绕组通入相同的启动电流,启动转矩由两相绕组的电流共同产生。若忽略两相绕组间的磁耦合影响,则总启动转矩为两相矩角特性之和。两相绕组通电启动时合成的转矩和各相导通规律如图 7-9(b) 所示。

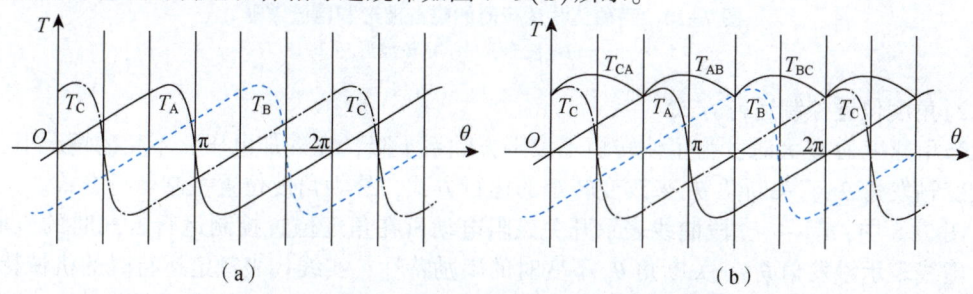

图 7-9 三相开关磁阻电动机的矩角特性曲线
(a) 一相绕组通电启动方式;(b) 两相绕组通电启动方式

两相绕组通电启动方式下的最小启动转矩为一相绕组通电启动时的最大转矩,而且两相绕组通电启动方式的平均转矩增大,电动机带载能力明显增强。两相绕组通电启动方式的最大转矩与最小转矩比值减小,转矩脉动减小。如果负载转矩一定,两相绕组通电启动时方式所需要的电流幅值将明显低于一相绕组通电启动方式所需要的电流幅值。两相绕组通电启动方式明显优于一相绕组通电启动方式,所以一般采用两相绕组通电启动方式。

3. 开关磁阻电动机的稳态运行

开关磁阻电动机的稳态运行是指在恒定负载、恒定转速下的运行。为了保证开关磁阻电动机的可靠运行,一般在低速,即低于第一临界转速 n_{fc} 时,采用电流斩波控制的运行方式;在高速运行时,采用角度位置控制的运行方式。

1) 电流斩波控制运行方式

由最大磁链方程可知

$$\psi_{max} = \frac{u}{\Omega}(\theta_p - \theta_{on}) = \frac{u}{\Omega}\theta_c \quad (7-7)$$

在导通角 θ_c 和触发角 θ_{on} 一定时,最大磁链 ψ_{max} 反比于转子角速度 Ω。当转速降低时,绕组磁链 ψ_{max} 增大,相应的电流峰值也会增大。为了避免电流过大而损坏功率开关器件和电动机,开关磁阻电动机系统在低速时必须采用限流措施,一般采用给定绕组电流上限值 I_{max} 和下限值 I_{min} 的斩波方式。控制器在绕组电流达到上限时关断主开关器件,并在电流衰减到下限值之后重新导通主开关器件,这样在触发角 θ_{on} 到关断角 θ_p 的范围内,通过开关器件的多次导通和关断来限制电流在给定的上限和下限值之间变化。在这种方式下,一般采用触发角 θ_{on} 和关断角 θ_p 固定不变的方式。这种方式通过改变电流上下限值的大小来调节开关磁阻电动机的输出转矩值,并由此实现速度的闭环控制。图 7-10 表示转速 n、触发角 θ_{on} 和关断角 θ_p 不变时,两种负载运行时的磁链波形和电流波形。

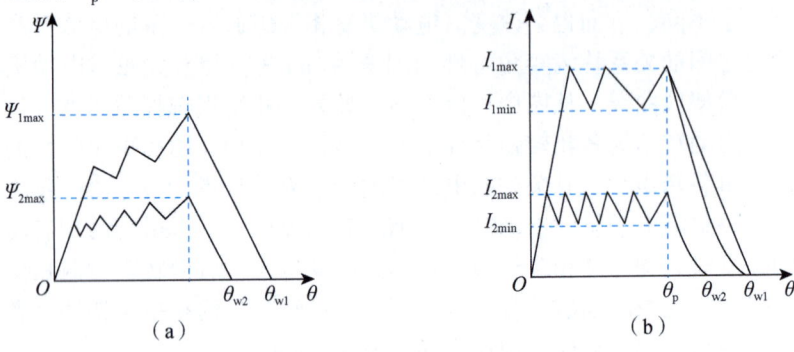

图 7-10 两种负载运行时的磁链波形和电流波形
(a) 磁链波形;(b) 电流波形

2) 角度位置控制运行方式

当角速度 Ω 变大时,为了使转矩不以平方关系下降,在外加电压 u 不变的情况下,通过改变触发角 θ_{on}、关断角 θ_p 来改变转矩的运行方式,称为角度位置控制运行方式。

图 7-8 中,$n_{fc} \sim n_{sc}$ 段曲线表示开关磁阻电动机在角度位置控制运行方式时的机械特性,虚线表示触发角 θ_{on}、关断角 θ_p 不变时的串励特性,实线代表额定运行时的机械特性。在这条曲线与两坐标轴所包围的区域内任意一点,开关磁阻电动机都能稳定运行,对于任意一种机械特性,开关磁阻传动系统都能实现。因此,开关磁阻传动系统具有调速灵活、能实现任意机械特性的优点。

4. 开关磁阻电动机的制动运行

在传动系统中,为了安全起见,需要限制电动机转速的升高,或者由高速运行快速地进入低速运行,为此需要对电动机进行制动。所谓制动,就是在电动机轴上施加一个与旋转方向相反的转矩。开关磁阻电动机只有再生制动方式。当 $dL/d\theta < 0$ 时,即触发角 θ_{on} 和关断角 θ_p 位于电感下降区时,磁链 ψ、电流 i 和电感 L 的波形如图 7-11 所示。

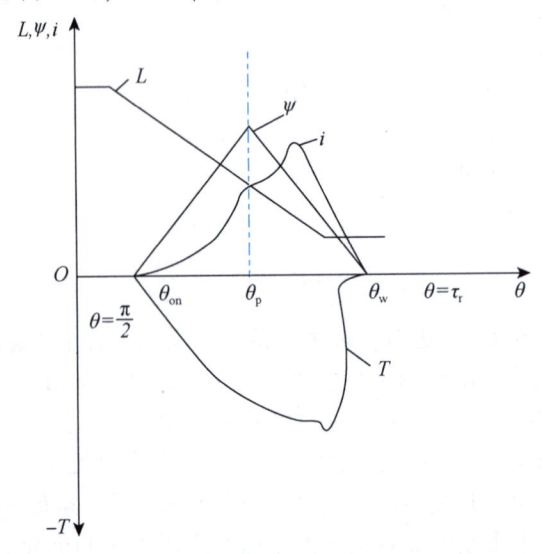

图 7-11 $dL/d\theta < 0$ 时,磁链 ψ、电流 i 和电感 L 的波形

在这种运行状态下，开关磁阻电动机处于再生制动状态。磁链和电流是正值，转矩是负值。这时，转子轴上输入的机械能被开关磁阻电动机转化成电能，并反馈给电源或其他储能元件。改变触发角 θ_{on} 和关断角 θ_p 不仅能改变开关磁阻电动机输出转矩的大小，而且能改变转矩的方向。从上面的分析可以看出：开关磁阻电动机制动运行时，仍然属于角度位置控制运行方式；在制动运行方式中，磁链、电流仍为正值，这也表明开关磁阻电动机的转矩方向与电流方向无关。

7.2.4 开关磁阻电动机的控制

为了保证开关磁阻电动机的可靠运行，一般在低速时采用电流斩波控制；在高速时采用角度位置控制。

1. 电流斩波控制

在开关磁阻电动机启动、低速、中速运行时，电压不变，旋转电动势引起的压降小，电感上升期间的时间长，而 di/dt 的值很大。为了避免电流脉冲峰值超过功率开关器件和电动机的允许值，采用电流斩波控制模式来限制电流。

电流斩波控制一般是在相电感变化区域内进行的，由于电动机的平均电磁转矩与相电流的平方成正比，因此通过设定相电流允许的最大和最小值，可使开关磁阻电动机工作在恒转矩区。

电流斩波控制又分为启动斩波、定角度斩波和变角度斩波三种。

(1) 启动斩波：在开关磁阻电动机启动时采用。这时要求启动转矩大，同时又要限制相电流峰值。通常固定导通角和关断角，导通角的值相对较大。

(2) 定角度斩波：通常在电动机启动后低速运行时采用。导通角的值保持不变，但限定在一定范围内，相对较小。

(3) 变角度斩波：通常在电动机中速运行时采用。此时，转矩调节是通过电流斩波控制和改变导通角与关断角的值来实现的。

电流斩波控制有以下实现方法。

(1) 限制电流的上、下限幅值。在一个控制周期内，检测电流 i 与给定电流的上限幅值和下限幅值，并进行比较。当电流 i 大于或等于上限幅值时，关断该相的功率开关器件；当电流小于或等于下限幅值时，导通该相的功率开关器件，使电流 i 始终保持在期望值。在一个周期内，由于相绕组电感不同，电流的变化率也不同，因此斩波频率疏密不均。在低电感区，斩波频率较高，在高电感区，斩波频率下降，其波形如图 7-12 所示。

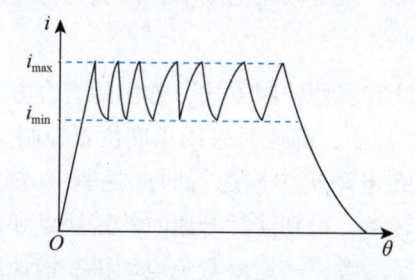

图 7-12 限制电流上、下限幅值的斩波波形

(2) 给定电流最大值和关断时间恒定。与限制电流上、下限幅值的方法相比，这种方

法主要的不同在于电流 i 与给定电流最大值的比较。当电流 i 大于最大值时，关断功率器件一段时间后再导通。

(3) PWM 斩波调压控制。这种方法通过 PWM 斩波调压间接调节电流。调节 PWM 波的占空比来调节直流侧电源的电压，也可以调节各相绕组的电压。前者对公共开关器件的可靠性要求较高，而后者各相开关器件将工作在高频斩波状态，损耗大。

2. 角度位置控制

由式(7-5)可知，为了保证转矩不会随着转速平方的升高而下降，当电动机高速运行，且外加电压一定时，通过改变导通角和关断角的大小获得所需的电流，这就是角度位置控制。

在角度位置控制中，导通角通常处于低电感区，它的改变对相电流波形影响很大，从而对输出转矩产生很大的影响。因此，一般采用固定关断角，改变导通角的控制方式。

当电动机转速较高时，反电动势的增大限制了相电流，为了增加平均电磁转矩，应增大相电流的导通角，因此关断角不能太小。关断角过大，又会使相电流进入电感下降区域，产生磁阻转矩，因此关断角存在一个最佳值，以保证在绕组电感开始随转子位置角下降时，绕组电流尽快衰减到零。

同一个运行点导通角和关断角有多种不同组合，电动机的效率和转矩脉动等性能指标是不同的。找出导通角和关断角中使电动机出力相同且效率最高的一组，就实现了角度控制的优化。采用角度位置控制时，电磁转矩与导通角和关断角的关系如图 7-13 所示。

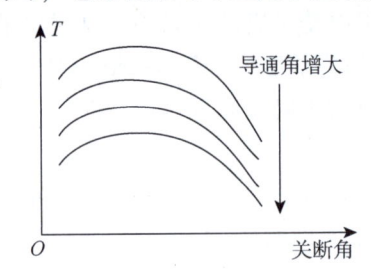

图 7-13 电磁转矩与导通角和关断角的关系

3. 电压 PWM 控制

电压 PWM 控制通过调节占空比调节相绕组电压的平均值，进而间接地调节和限制相电流的大小，实现转速和转矩的调节。电压 PWM 控制既能用于高速调速系统，也能用于低速调速系统，而且控制简单，但是调速范围窄，低速运行时的转矩脉动较大。

4. 组合控制

开关磁阻电动机调速系统有多种控制方式，常用的组合方式有以下两种。

(1) 低速时采用电流斩波控制，高速时采用角度位置控制。

这种控制方式的缺点是在电动机中速运行时的控制方式切换，要注意参数的对应关系，避免存在较大的不连续转矩，特别注意升速时的转换点和降速时的转换点间要有一定的回差。一般应使前者略高于后者，一定要避免电动机在该速度附近运行时的频繁转换。

(2) 变角度电压 PWM 控制的组合控制。

这种控制方式是通过控制电压的 PWM 脉冲来调节电动机的转速或转矩，使导通角和关断角随转速的变化而变化。根据开关磁阻电动机的特点，工作时尽量将绕组电流波形置于电感的上升段，但是电流的建立过程和续流消失过程都需要一定的时间。当转速较高时，通电区间对应的时间越短，电流波形滞后就越多，因此可以通过导通角提前的方法来加以校正。

组合控制的主要优点是转速和转矩的调节范围大，高速和低速均具有较好的转矩性能，且不存在两种控制方式互相转换的问题，因此得到了广泛应用。组合控制的主要缺点是控制方式的实现比较复杂。

7.3 同步磁阻电动机

同步磁阻电动机，又称为磁阻式同步电动机，在本质上也是同步电动机，但是其产生转矩的原理与传统同步电动机不同，它不像传统同步电动机那样依靠定、转子磁场相互作用形成转矩，而遵循磁通总是沿着磁阻最小路径闭合的原理，通过转子在不同位置引起的磁阻变化产生的磁拉力形成转矩，这种转矩称为磁阻转矩。而有别于开关磁阻电动机的定子开关旋转磁场，同步磁阻电动机的定子与普通三相异步电动机相同，定子磁场为正弦波旋转磁场。同步磁阻电动机的转子结构比较特殊，转子上开有很多槽，这种结构使得 d 轴磁路在通过转子时主要通过高导磁材料闭合，而 q 轴磁路通过转子时需要多次穿越气隙。因此，同步磁阻电动机 d 轴磁路磁阻很小，而 q 轴磁路磁阻很大。这种磁阻的巨大差异使得电动机转子呈现强烈的凸极性，从而产生磁阻性质的电磁转矩。

与传统的电动机相比，同步磁阻电动机主要有以下优点：
（1）特殊的转子结构使转子上的磁滞损耗和涡流损耗很小，同步运行时基本不存在转子发热问题，提高了电动机的运行效率和安全性；
（2）特殊的转子结构使转子表面光滑，磁阻变化比较连续，大大减小了电动机运行时的转矩脉动和噪声；
（3）转子上无绕组，电动机转动惯量小，动态响应速度快，坚固耐用，易于维护；
（4）转矩大、功率密度高、过载能力强、易于弱磁升速，特别适用于高速传动系统；
（5）转子转速取决于定子电流的频率，控制系统简单可靠；
（6）由于不需要永磁材料，因此转子主要由硅钢片叠压而成，电动机的性价比高。

同步磁阻电动机汇集了普通异步电动机、开关磁阻电动机和永磁同步电动机的优点，其综合性能良好，可以满足曳引电动机苛刻的使用要求。

7.3.1 同步磁阻电动机的结构和工作原理

1. 同步磁阻电动机的结构

同步磁阻电动机定子结构一般采用传统三相异步电动机的定子结构，设计时可以根据电动机功率和尺寸借用传统三相异步电动机的机座和定子冲片，以降低成本。同步磁阻电动机的结构一般是指其转子结构，它是同步磁阻电动机的关键。特殊的转子结构主要实现 d 轴磁通走铁心磁路，磁阻较小，而 q 轴磁通路径由导磁材料和非导磁材料（或空气气隙）串联而成，磁阻较大，形成 q、d 轴磁路的巨大磁阻差，呈现强烈的凸极性，从而产生磁阻转矩，如图 7-14 所示。

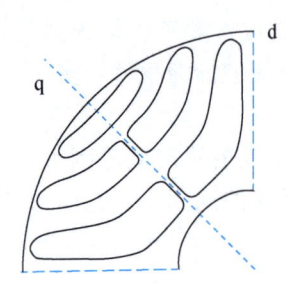

图 7-14　同步磁阻电动机的 d 轴和 q 轴磁通路径

目前，同步磁阻电动机的转子结构主要有两种：轴向叠片各向异性式和横向叠压式，如图 7-15 所示。

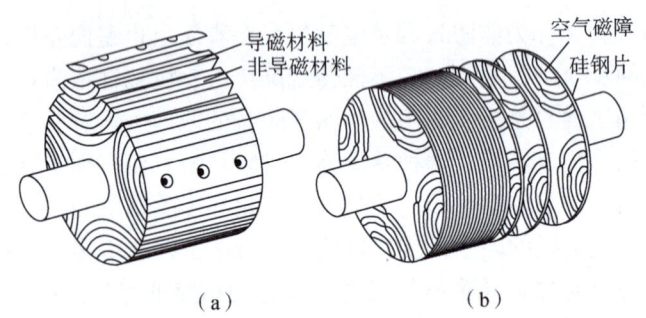

图 7-15　同步磁阻电动机的转子结构
(a)轴向叠片各向异性式；(b)横向叠压式

各向异性式转子结构采用高导磁材料和非导磁材料的叠片沿轴向交替高密叠压而成，叠片与叠片之间绝缘。将导磁材料和非导磁材料按一定厚度比沿轴向交替叠压，可以获得最大的 q 轴电感和最小的 d 轴电感，从而实现磁阻转矩的最大化。这种电动机的转矩密度、效率和功率因数都较高，但加工工艺复杂、机械强度较低，制约了其在工业中的应用。

横向叠压式转子结构采用传统的冲制与叠压工艺，在转子硅钢片中冲压多个空气磁障来产生 d、q 轴磁阻差异。该转子结构加工简单，机械强度高，生产成本低，更适合工业大批量生产。但是，其凸极性不如各向异性式转子结构强烈，因此转矩密度和功率因数较各向异性式结构有所不如。

2. 同步磁阻电动机的工作原理

同步磁阻电动机的工作原理可用图 7-16 所示的简化模型说明。完整的磁路包括定子铁心、转子铁心和气隙。转子无励磁绕组和永磁体，定子三相绕组的合成电流用 i 表示。当给定子绕组通电时，绕组中产生的磁通从定子的一端经过气隙、转子，在定子的另一端闭合。N、S 表示定子旋转磁场的磁极，如图 7-16（a）所示。图 7-16(a)所示的转子为气隙均匀的圆柱形隐极转子，d 轴与 q 轴的磁阻相同，转子位置的变化对定子磁场的磁阻没有影响。当转子无励磁时，无论 d 轴与定子磁场相差多大角度，都不会产生切向电磁力和电磁转矩。

而对于同步磁阻电动机，情况则发生了变化，由于转子是凸极结构，磁路上的磁阻随着转子位置的变化而变化。如图 7-16(b) 所示，定子磁场的轴线与 d 轴重合，此时磁路上磁阻最小，不产生磁阻转矩；当转子处于图 7-16(c) 所示位置时，转子 d 轴与定子磁场的轴线存在一个夹角，d 轴磁路的磁阻比 q 轴磁路的磁阻小得多，磁力线由极靴处进入转子，磁场发生扭曲，产生磁阻转矩驱动转子旋转，使磁路的磁阻最小。对于同步磁阻电动机，定子磁场为旋转磁场，转子会跟随定子磁场旋转，否则会偏离最小磁阻位置进入"高阻"态，从而产生磁阻转矩驱动转子旋转。定子旋转磁场带着转子同步旋转的过程，就是所谓"同步磁阻电动机"的工作原理。

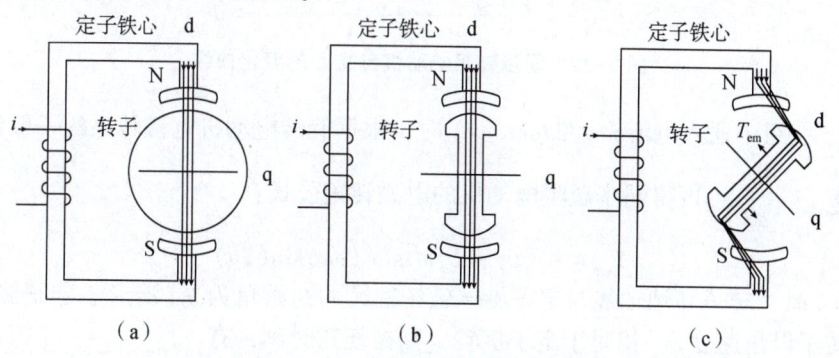

图 7-16 同步磁阻电动机的工作原理
(a) 隐极转子(无磁阻转矩)；(b) 同步磁阻电动机的磁阻最小位置；(c) 同步磁阻电动机磁阻转矩产生

7.3.2 同步磁阻电动机的运行特性

对于磁阻电动机的分析，较为普遍的是基于转子 d、q 坐标系。图 7-16 所示电动机的极对数为 1。设定子绕组电流建立的磁场是沿气隙的理想正弦分布曲线，转子位置角 θ 是转子 d 轴轴线与定子磁场轴线之间的夹角(电角度)。

图 7-16 (b) 中，转子 d 轴轴线与定子磁场轴线重合，此时转子位置角 $\theta = 0$，对应磁路的磁阻最小，该位置为转子的平衡位置。在这个位置上，系统储能最小，定子自感为最大值 L_d。转子有角位移时，产生的转矩将使转子回归到 $\theta = 0$ 的平衡状态，如图 7-16 (c) 所示。当转子 q 轴轴线与定子磁场轴线重合时，转子位置角 $\theta = 90°$，对应磁路的磁阻最大，定子自感为最小值 L_q，转子处于不稳定平衡状态。转子每转过 180° 电角度，自感就变化一个周期。自感 $L(\theta)$ 中包含两倍于 θ 变化频率的交变量，可以表示为

$$L(\theta) = L_0 + L_2 \cos(2\theta) \tag{7-8}$$

由同步磁阻电动机的工作原理可得

$$L_d = L(0), \quad L_q = L\left(\frac{\pi}{2}\right) \tag{7-9}$$

将式(7-9)代入式(7-8)可以解出

$$L_0 = \frac{L_d + L_q}{2}, \quad L_2 = \frac{L_d - L_q}{2} \tag{7-10}$$

则式(7-8)可以表示为

$$L(\theta) = \frac{L_d + L_q}{2} + \frac{L_d - L_q}{2} \cos(2\theta) \tag{7-11}$$

同步磁阻电动机自感 L 的变化曲线如图 7-17 所示。

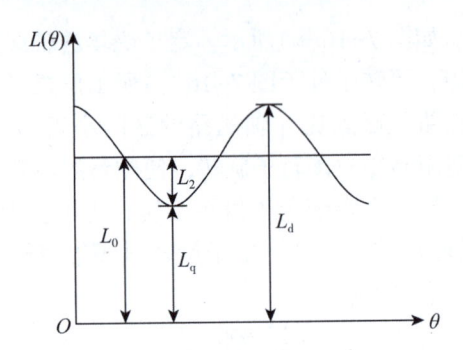

图 7-17 同步磁阻电动机自感 L 的变化曲线

当定子绕组中通入电流 $i=\sqrt{2}I\sin(\omega t)$ 时,根据旋转电动机电磁转矩的一般化公式 $T_{em}=\frac{1}{2}\sum_{j=1}^{J}\sum_{k=1}^{J}i_{j}i_{k}\frac{\partial L_{jk}}{\partial \theta}$,可得同步磁阻电动机的电磁转矩公式:

$$T_{em} = -(L_d - L_q)I^2\sin^2(\omega t)\sin(2\theta) \tag{7-12}$$

当 $t=0$ 时,转子 d 轴轴线与定子旋转磁场轴线的初始角为 θ_0(滞后于定子旋转磁场轴线),若转子以角速度 ω_m 相对于定子旋转,则在任意时刻,有

$$\theta = \omega_m t + \theta_0 \tag{7-13}$$

代入式(7-12)可以得到

$$T_{em} = -\frac{1}{2}(L_d - L_q)I^2\left\{\sin 2(\omega_m t + \theta_0) - \frac{1}{2}[\sin 2(\omega t + \omega_m t + \theta_0) - \sin 2(\omega t - \omega_m t - \theta_0)]\right\} \tag{7-14}$$

上式大括号中的第 1 项在一个周期内的平均转矩为零;第 2 项由于 ω_m、ω 均大于零,在一个周期内的平均转矩也为零;只有第 3 项当 $\omega_m = \omega$ 时,在一个周期内的平均电磁转矩 T_{em} 才不为零,磁阻电动机才能产生有效的平均转矩,其表达式为

$$T_{em} = \frac{1}{4}(L_d - L_q)I^2\sin(2\theta_0) \tag{7-15}$$

由以上分析可以得出如下结论。

(1) 同步磁阻电动机随着转子位置 θ 的变化才能产生磁阻转矩。

(2) 当同步磁阻电动机以同步转速稳态运行时才能产生有效的平均电磁转矩。

(3) 磁阻转矩是转子 d 轴轴线与定子旋转磁场轴线的夹角 θ_0 的正弦函数;当 $\theta_0 = 45°$ 时,磁阻转矩达到最大值,此时的转矩为失步转矩;若最大负载转矩大于失步转矩,则电动机将处于不稳定运行状态。

(4) 电感 L_d、L_q 分别为 d 轴同步电感、q 轴同步电感,磁阻转矩的大小与它们的差值成正比。

7.3.3 永磁辅助同步磁阻电动机

稀土永磁同步电动机由于具有功率密度高、效率高、体积小、结构简单等优点,获得了广泛的应用。但由于稀土材料的紧缺和价格偏高,又限制了它的进一步推广。因此,争取少用稀土材料同时又能获得其优良性能成为电动机业界的研究热点。由同步电动机的磁阻现象引申而来的永磁辅助同步磁阻电动机,由于可以减少稀土材料的用量,甚至改用铁氧体永磁材料,同时仍有可能获得稀土永磁同步电动机同等优良的性能,因此得到了国内外学者的广泛关注。

永磁辅助同步磁阻电动机结合了永磁同步电动机和同步磁阻电动机的特点,同时使用磁阻转矩和永磁转矩,降低了对永磁体的性能要求。这种电动机具有功率密度高、效率高、调速范围宽、成本低等显著优点,而且可以减少稀土的消耗,具有广阔的应用前景。

永磁辅助同步磁阻电动机是通过在同步磁阻电动机的转子槽中插入永磁体变化而来的,结构示意如图 7-18 所示。由于永磁材料的磁导率接近空气,对 d 轴磁力线的阻碍作用与空气层几乎相同,因此永磁辅助同步磁阻电动机保留了同步磁阻电动机中 d 轴磁阻远小于 q 轴磁路磁阻的特性;同时,由于在 d 轴磁极方向添加了一定量的永磁材料,且使永磁材料产生的磁通方向与电动机弱磁时电枢反应 d 轴分量的方向相反,因此大大减小了 d 轴的去磁电流,从而提高了电动机的输出转矩和功率因数。

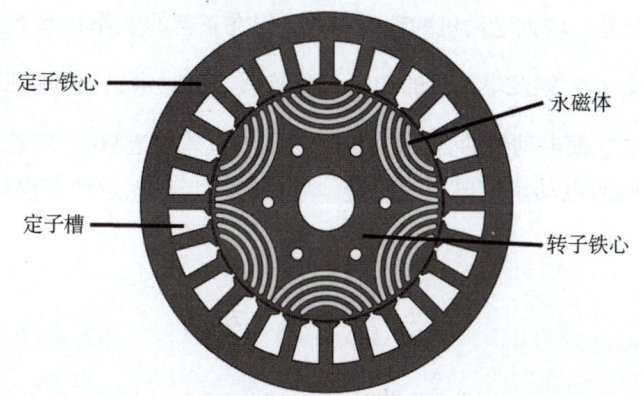

图 7-18 永磁辅助同步磁阻电动机的结构示意

永磁辅助同步磁阻电动机通过增大 q、d 轴电感的差值提升磁阻转矩,同时又能利用永磁转矩,实现较大的转矩密度。在永磁辅助同步磁阻电动机中,影响电动机性能的 3 个主要电磁参数分别为直轴电感 L_d、交轴电感 L_q 和磁链 ψ_f。

永磁辅助同步磁阻电动机主要依靠磁阻转矩驱动电动机,磁阻转矩产生的原理:电动机的定子绕组通入电流产生定子磁场,由于转子 q、d 轴磁路磁阻不相等,而磁力线总是沿着磁阻最小路径走,因此只需要控制定子绕组电流的相位,使定子磁场与转子 d 轴始终保持一定的夹角,电动机就能产生稳定的转矩。永磁辅助同步磁阻电动机通过在转子中添加永磁体,使永磁体磁场与定子磁场相互作用产生永磁转矩,相较于同步磁阻电动机,永磁辅助同步磁阻电动机在相同的电流下产生的电磁转矩更大。

永磁辅助同步磁阻电动机的空间矢量图如图 7-19 所示。

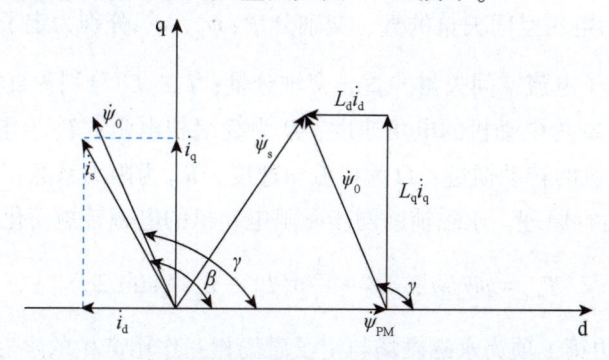

图 7-19 永磁辅助同步磁阻电动机的空间矢量图

图 7-19 中，$\dot{i}_s$ 为定子电流空间矢量，$\dot{i}_d$、$\dot{i}_q$ 分别为 $\dot{i}_s$ 的直、交轴分量，L_d、L_q 分别为直、交轴电感，$\dot{\psi}_{PM}$ 为转子永磁体产生的磁链，$\dot{\psi}_0$ 为 $\dot{i}_s$ 产生的磁链，$\dot{\psi}_s$ 为 $\dot{\psi}_0$ 与 $\dot{\psi}_{PM}$ 的合成磁链，β 是 $\dot{i}_s$ 与 d 轴的夹角，γ 是 $\dot{\psi}_0$ 与 d 轴的夹角。

从图中可以看出，由于电动机 d、q 轴电感不同，且 q 轴电感大于 d 轴电感，定子绕组电流产生的磁链 $\dot{\psi}_0$ 与定子电流空间矢量 $\dot{i}_s$ 相位不重合，$\dot{\psi}_0$ 在相位上滞后于 $\dot{i}_s$，并且电动机 q 轴电感与 d 轴电感的比值（凸极比）越大，$\dot{\psi}_0$ 与 $\dot{i}_s$ 的相位差越大。由于 $\dot{\psi}_0$ 的感应电动势空间矢量的相位超前 $\dot{\psi}_0$ 90°，因此在同步磁阻电动机中，增大电动机的凸极比，可以减小电压与电流的相位差，增大电动机的功率因数。但在正常的工作状态下，同步磁阻电动机的 $\dot{\psi}_0$ 与 $\dot{i}_s$ 的相位差较小，因此电动机的功率因数较低。但对永磁辅助同步磁阻电动机而言，可以通过调节 $\dot{i}_s$ 和 $\dot{\psi}_{PM}$ 使电动机的合成磁链 $\dot{\psi}_s$ 与 $\dot{i}_s$ 相位差接近 90°，实现较高的功率因数。

永磁辅助同步磁阻电动机的电压、磁链、电磁转矩与机械运动方程如下。

电压方程：

$$\dot{u}_d = \frac{d\dot{\psi}_d}{dt} - \omega\dot{\psi}_q + R\dot{i}_d \tag{7-16}$$

$$\dot{u}_q = \frac{d\dot{\psi}_q}{dt} + \omega\dot{\psi}_d + R\dot{i}_q \tag{7-17}$$

磁链方程：

$$\dot{\psi}_d = L_d \dot{i}_d + \dot{\psi}_{PM} \tag{7-18}$$

$$\dot{\psi}_q = L_q \dot{i}_q \tag{7-19}$$

电磁转矩方程：

$$T_e = p[\psi_{PM} i_q + (L_d - L_q) i_d i_q] \tag{7-20}$$

机械运动方程：

$$J\frac{d\Omega}{dt} = T_e - T_L - R_\Omega \Omega \tag{7-21}$$

式中，$\dot{u}_d$、$\dot{u}_q$ 分别为电压空间矢量的直、交轴分量；$\dot{\psi}_d$、$\dot{\psi}_q$ 分别为定子磁链的直、交轴分量；$\dot{i}_d$、$\dot{i}_q$ 分别为定子电流空间矢量的直、交轴分量；L_d、L_q 分别为直、交轴电感；ψ_{PM} 为永磁体产生的磁链；ω 为电动机的电角速度；R 为绕组相电阻；T_e 为电磁转矩；p 为电动机极对数；J 为电动机的转动惯量；Ω 为机械角速度；R_Ω 为阻力系数；T_L 为负载转矩。

根据电动机的运行原理，永磁辅助同步磁阻电动机的电磁转矩简化公式如下：

$$T_{em} = p\psi_{PM} i_s \sin\beta + \frac{1}{2}p(L_d - L_q)i_s^2 \sin(2\beta) \tag{7-22}$$

式(7-22)中右边第 1 项为永磁磁场与定子磁场相互作用产生的永磁转矩；第 2 项为由于电动机 d、q 轴电感不相等而产生的磁阻转矩。

7.4 磁阻电动机的应用

近年来，磁阻电动机的发展突飞猛进，已成功地应用于电动汽车、纺织机械等通用工业领域以及家用电器中。功率范围从 10 W～50 MW 不等，最高转速可达 100 000 r/min。

7.4.1 开关磁阻电动机的应用

1. 开关磁阻电动机在电动汽车中的应用

开关磁阻电动机最早的应用领域就是电动汽车。目前电动汽车的驱动电动机主要有永磁同步电动机及异步电动机两种。当考虑高能量密度时，开关磁阻电动机有其独特的优势。

开关磁阻电动机结构坚固，更适合高速运行。开关磁阻电动机驱动系统的结构简单、性能可靠，在较宽的调速范围内均能保证高效，且可以实现四象限运行。开关磁阻电动机更适用于电动汽车的复杂工况运行，是电动汽车中极具有潜力的一种电动机。转矩脉动引起的振动和噪声是开关磁阻电动机的缺点，可以通过采用多相电动机、进行结构优化和研究新的控制方法加以解决。

2. 开关磁阻电动机在工业中的应用

近些年来，我国纺织工业的机电一体化水平明显提高。采用开关磁阻电动机作为无梭织机的主要传动机构有很多好处，省去了传动齿轮、皮带和皮带盘、电磁离合器和刹车盘，不需要寻纬电动机，可以节能10%左右。国内已研发出相关的开关磁阻电动机驱动产品，正在进行应用技术开发，以填补国内空白。

开关磁阻电动机因其启动转矩大，启动电流小，可以频繁重载启动，无须其他的电源变压器，维护简单等特点，特别适用于矿井输送机、电牵引采煤机及中小型绞车等。我国研制成功的 110 kW 的开关磁阻电动机已用于矸石山绞车，132 kW 的开关磁阻电动机已用于带式输送机拖动，都具有良好的启动和调速性能。我国还将开关磁阻电动机用于电牵引采煤机和电动机车，有效提高了运行效率。

3. 开关磁阻电动机在家电行业中的应用

随着人们生活水平的提高，洗衣机已深入千家万户。目前洗衣机发展到了全自动阶段，并不断向智能化方向发展。开关磁阻电动机由于具有低成本、高效能以及智能化的特点，也开始应用于洗衣机。开关磁阻电动机驱动器具有良好的衣物分布性、良好的滚筒平衡性、能够快速安全启停、最大转速高、低速转矩大、机械特性易调整、水温和水流易于智能控制等优点。

7.4.2 永磁辅助同步磁阻电动机的应用

1. 永磁辅助同步磁阻电动机在家电行业中的应用

我国国土面积广阔，南北气候差异大，空调受不同环境及不同消费者使用习惯的影响，经常运行在快速制热制冷、连续启停、高负荷等工作状态。因此，要求空调压缩机具有以下特性。

（1）高效节能。空调作为一种大功率家用电器，国家对其能效等级有明确的要求。

（2）调速范围宽。变频空调依靠改变变频压缩机转速的快慢调节室温，在室内外温差较大时高转速运行，实现快速制冷制热，达到设定温度后切换到低转速运行，保证精确控温，因此要求变频压缩机具有宽广的调速范围。

（3）结构紧凑、体积小、可靠性高。随着城市人口密度增加，住房面积减少，空调安装空间愈发狭小，通风散热条件也随之变差，因此对空调压缩机的体积大小及可靠性提出了更高要求。

（4）成本低。在保证能效的基础上，尽可能降低压缩机材料成本，特别是电动机的成本。

（5）噪声小。空调噪声大小将直接影响用户体验，压缩机为空调的主要噪声激励源，噪声是其主要评价指标。

为满足变频压缩机高性能的要求，现有的变频压缩机中多采用稀土永磁同步电动机，稀土消耗量巨大。然而，稀土属于国家重要战略储备物资，广泛应用于航天、核工业、石油化工等战略领域，由于前期的过度开采，以及开采过程中带来的大量环境污染问题，2011年国家出台了稀土矿开采总量控制指标的政策，对稀土开采实施了严格管控。

为了摆脱变频空调对稀土资源的依赖，促进行业的可持续发展，高效变频压缩机电动机的少稀土乃至无稀土技术成为空调行业的研究热点。

永磁辅助同步磁阻电动机是其中的典型代表，其中格力电器通过多年研究，于2011年成功研发出1~12 HP（1 HP≈746 W）空调压缩机用铁氧体永磁辅助同步磁阻电动机，并应用于变频压缩机和空调产品中。根据压缩机的应用场合及产品要求，格力电器分别开发了采用集中绕组和分布绕组的永磁辅助同步磁阻电动机，其中集中绕组永磁辅助同步磁阻电动机主要应用于2 HP以下的家用变频空调压缩机，分布绕组永磁辅助同步磁阻电动机应用于2 HP以上的家用变频空调和商用变频空调压缩机。图7-20为空调压缩机用永磁辅助同步磁阻电动机的结构示意，转子采用双层磁障结构，磁障内插入铁氧体永磁体。

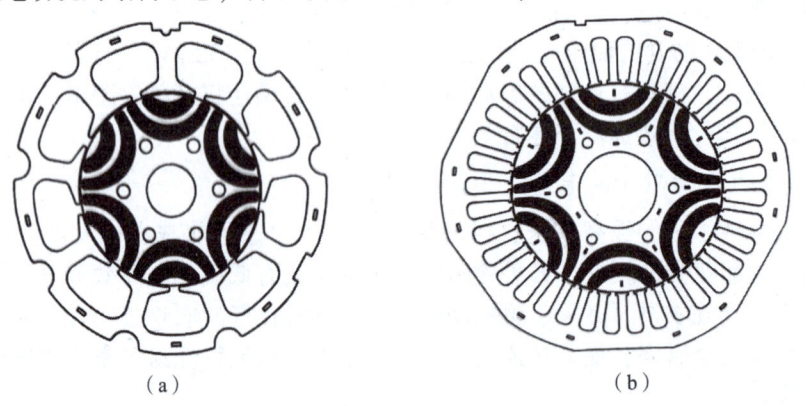

(a)　　　　　　　　　　　(b)

图7-20　空调压缩机用永磁辅助同步磁阻电动机的结构示意
(a) 集中绕组；(b) 分布绕组

2. 永磁辅助同步磁阻电动机在电动汽车中的应用

永磁电动机相比电励磁电动机具有结构紧凑、功率密度高、效率高、工作可靠等优点，因而被广泛应用于电动汽车中。特别是稀土永磁同步电动机，由于稀土永磁体卓越的磁性能，其在电动汽车上的应用受到越来越多的关注，但稀土资源受调控限制，且成本较高，这是稀土永磁同步电动机应用的隐患，而永磁辅助同步磁阻电动机很好地解决了这个问题。

日本大阪府立大学开发了一款用于混合动力汽车的永磁辅助同步磁阻电动机，对标样机为一款 50 kW 稀土永磁同步电动机。该电动机定、转子结构如图 7-21 所示，为提高电动机磁阻转矩，转子永磁体呈 3 层排布，为获得较好的机械强度，在单层永磁体间设置加强筋。

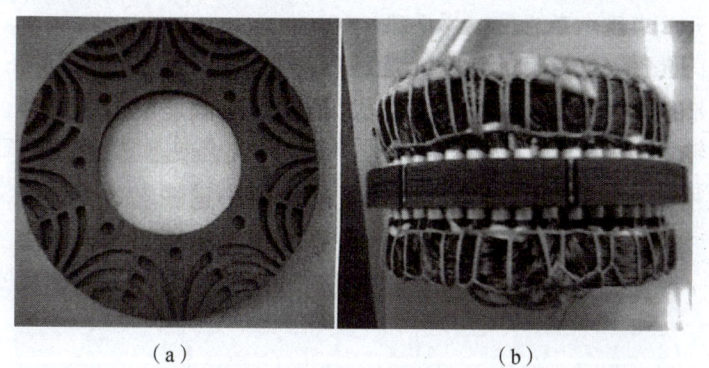

图 7-21 日本大阪府立大学开发的一款混合动力汽车用永磁辅助同步磁阻电动机定、转子结构
(a)转子；(b)定子

本章小结

磁阻电动机主要包括开关磁阻电动机、同步磁阻电动机和磁通调制磁阻电动机等。

开关磁阻电动机的定、转子凸极均由普通硅钢片叠压而成，转子上既没有绕组，也没有永磁体，更没有换向器和滑环等。定子磁极上绕有集中绕组。径向相对的两个绕组串联构成一相，电动机整体结构简单。开关磁阻电动机按相数可分为单相、两相、三相、四相及多相开关磁阻电动机，但低于三相的开关磁阻电动机一般没有自启动能力。目前常用的是三相和四相开关磁阻电动机。

开关磁阻电动机运行遵循"磁阻最小原则"，即磁通总是沿着磁阻最小的路径闭合。两相启动方式下的最小启动转矩为单相启动时的最大转矩，而且两相启动方式的平均转矩增大，电动机带负载能力明显增强。因此，开关磁阻电动机一般采用两相启动方式。

为了保证开关磁阻电动机的可靠运行，一般在低速时采用电流斩波控制(电流 PWM 控制)；在高速时采用角度位置控制(单脉冲控制)或者是二者的组合控制、电压 PWM 控制或者是变角度电压 PWM 控制的组合控制。

同步磁阻电动机定子结构一般采用传统三相交流电动机的定子结构，特殊的转子结构主要用来形成 q、d 轴磁路的巨大磁阻差，呈现强烈的凸极性，从而产生磁阻转矩。目前，同步磁阻电动机的转子结构分为轴向叠片各向异性式和横向叠压式。

同步磁阻电动机只有当转子位置 θ 发生变化时才会产生磁阻转矩；当电动机以同步转速稳态运行时才能产生有效的平均电磁转矩；若最大负载转矩大于失步转矩，则电动机将不稳定运行；磁阻转矩的大小与电感 L_d、L_q 的差值成正比。

在同步磁阻电动机的转子空气层中添加一定量的永磁材料，其就成为永磁辅助同步磁阻电动机。由于在 d 轴磁极方向添加了永磁材料，且磁通方向与电枢反应 d 轴分量的方向相反，因此大大减小了 d 轴的去磁电流，提高了电动机的输出转矩和功率因数。

近年来，磁阻电动机的发展突飞猛进，已成功应用于电动汽车、纺织机械等通用工业领域以及家用电器中。

思考题与习题

7-1 简述开关磁阻电动机的工作原理。

7-2 简述同步磁阻电动机的工作原理。

7-3 永磁辅助同步磁阻电动机与传统异步电动机的结构有何异同？

7-4 永磁辅助同步磁阻电动机存在哪两种转矩？q 轴电感和 d 轴电感是否相同？q、d 轴电感对转矩的产生有何影响？

7-5 磁阻电动机有哪些应用？

第 8 章 直线电动机

教学目的与要求

了解直线电动机的优点；理解直线感应电动机的结构和工作原理；理解直线同步电动机的结构和工作原理；理解直线直流电动机的结构和工作原理；理解直线型和平面型步进电动机的结构和工作原理；了解特种直线电动机及其工作原理；了解直线电动机的应用。

学习重点

结合旋转电动机，对比分析各种直线电动机的结构和工作原理。

学习难点

实现直线型步进电动机持续直线运动的通电相序。

8.1 概述

8.1.1 直线电动机的定义

传统的直线驱动系统一般是利用旋转电动机，再通过机械传动装置（如齿轮、丝杠或链条等机构）驱动负载。这种模式具有技术成熟、运载能力大等优点，也具有以下缺点：一是由于需要将旋转运动转换为直线运动的中间机构，故系统的整体建造费用较高，且不利于系统的小型化；二是由于普通旋转电动机受到离心力的作用，其圆周速度受到限制，故转换后的直线速度也同样受到限制；三是由于传统的直线驱动依赖轮轨（轮带）间的黏着力，故极大地限制了直线加速性能的提高。

因此，突破传统直线驱动模式的技术局限，开发一种小型化、非黏着驱动方式的直线驱动技术成为必然的趋势。在这种背景下，直线电动机应运而生。直线电动机是直接驱动负载实现直线运动的传动装置。直线电动机将电能直接转换成直线运动机械能，而不需要中间转换机构，也称直线马达、线性电动机或线性马达。

目前直线电动机的应用已非常广泛。例如，在交通运输方面的磁悬浮列车、地铁、高铁、动车等；在工业方面的冲压机、车床进刀机构等；在信息与自动化方面的绘图仪、扫描仪等；在自动控制系统中的驱动、指示和信号元件，如快速记录仪等。此外，其在民用和军事方面也有许多应用，如民用自动门、电子缝纫机以及军用导弹、电磁炮、鱼雷等装置。

8.1.2 直线电动机的基本结构

对于直线电动机，由旋转电动机定子演变而来的一侧称为初级，由转子演变而来的一侧称为次级。初级与次级之间的距离为气隙。

1. 初级

直线电动机的初级相当于旋转电动机的定子沿圆周方向展开，初级铁心由硅钢片叠成，表面开有槽，绕组嵌置于槽内。旋转电动机的定子铁心和绕组沿圆周方向是连续的，而直线电动机的初级则是断开的，形成了两个端部边缘，铁心和绕组无法从一端直接连接到另一端，对电动机的磁场有一定的影响，即所谓的纵向边缘效应。

2. 次级

直线电动机的次级相当于旋转电动机的转子。在直线电动机中常采用的次级有三种：第一种是钢板，称为钢次级或磁性次级，这时钢既起导磁作用，又起导电作用，但由于钢的电阻率较大，故钢次级的电磁性能较差。第二种是钢板上复合一层铜板（或铝板），称为钢铜（或钢铝）复合次级。在复合次级中，钢主要用于导磁，而导电主要靠铜或铝。第三种是单纯的铜板（铝板），称为铜（铝）次级或非磁性次级。这种次级一般用于双边型电动机中，使用时必须使一边的 N 极对准另一边的 S 极，从而使非磁性次级中磁通路径最短。

3. 气隙

直线电动机的气隙通常比旋转电动机的大得多，主要是为了保证在长距离运动中，初、次级不至于相互摩擦。对于复合次级或铜（铝）次级，还要引入电磁气隙的概念。由于铜或铝等非导磁材料的导磁性能和空气相同，故在磁场和磁路的计算时，铜板或铝板的厚度要归并到气隙之中，这个总的气隙称为电磁气隙，用 δ_e 表示。为了区别起见，单纯的空气隙称为机械气隙，用 δ 表示。

由于在运行时初级和次级之间要作相对运动，如果在运动开始时，初级与次级正巧对齐，那么在运动中，初级与次级之间相互耦合的部分将越来越少，会造成不能正常工作等后果，为了保证在所需的行程范围内，初级与次级之间的耦合始终能保持不变。在实际工作时，必须将初级与次级制造成不同的长度。

仅在一边安放初级的直线电动机称为单边型直线电动机，如图 8-1 所示。单边型直线电动机的显著特点是在初、次级之间存在着很大的法向磁拉力。在大多数情况下，是不希望存在这种磁拉力的。若在次级两边都装上初级，就能使两边的法向磁拉力相互抵消，即次级上受到的法向合力为零，这种结构的直线电动机称为双边型直线电动机，如图 8-2 所示。在实际应用时，根据初级与次级之间的相对长度不同，直线电动机可分为短初级（长次级）与长初级（短次级）两种结构，分别如图 8-1(a)、图 8-2(a) 和图 8-1(b)、图 8-2(b) 所示。

图 8-1 单边型直线电动机
(a)短初级；(b)长初级

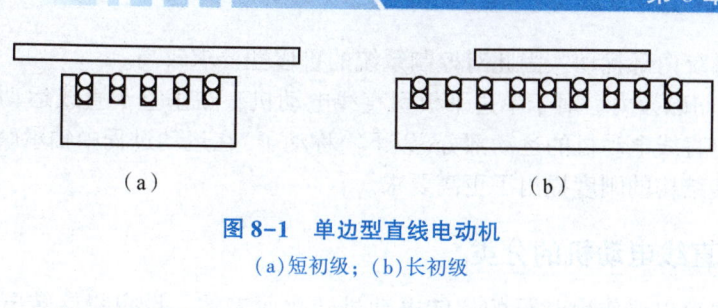

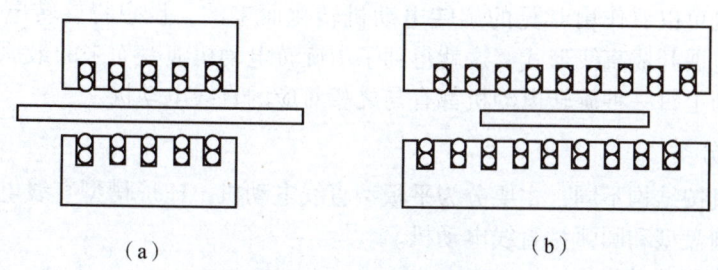

图 8-2 双边型直线电动机
(a)短初级；(b)长初级

短初级结构由于制造成本和运行费用低、能量消耗少，因而应用最为广泛，如用于由直线电动机驱动的轨道交通车辆。而在电磁弹射系统中，长初级结构却更有优势，因为在弹射过程中需采用大功率脉冲方式供电，若采用短初级结构，则高速运行的初级绕组必须通过移动电缆或通过大电流滑动电刷馈电，因此这种方案成本高，安全性和可靠性较低，而长初级结构不存在这样的问题。为了在有限的时间和距离内将舰载机加速至最大速度，运动部件应越轻越好，仅由导电板构成的次级相对于铁心和绕组构成的初级质量更轻、次级结构简单、散热与冷却更容易。

8.1.3 直线电动机的特点

与旋转电动机传动相比，直线电动机传动主要具有以下优点。

(1)不需要中间传动机械，因而使整个装置或系统简化，提高了精度和可靠性，减少了振动和噪声。

(2)系统的零部件和传动装置不像旋转电动机那样会受到离心力的作用，因而直线速度可以不受限制。

(3)由于不存在中间传动机构的惯性和阻转矩的影响，因而响应速度快，加速和减速的时间短，可实现快速启动和正反向运行。

(4)可以做到无接触的运动，使传动零部件无磨损，从而大大减少了机械损耗。

(5)直线电动机由于散热面积大，容易冷却，所以允许较高的热负荷，可提高电动机的容量定额。

当然，直线电动机也存在以下缺点。

(1)设计、控制复杂。端部效应使直线电动机无论是设计还是控制都比旋转感应电动机更加复杂，尤其在高速运行时其影响更加明显。

(2)效率、功率因数和功率密度低。直线电动机的气隙通常较大，加之端部效应产生的损耗，使其效率、功率因数和功率密度均低于同容量的旋转电动机。

(3)对控制系统的鲁棒性要求高。直接驱动系统的负载及外部扰动无缓冲地加载在电动机上，成为系统内部扰动，因此对控制系统的鲁棒性要求较高。

（4）存在法向磁拉力。对于单边平板型直线电动机，在垂直于直线运动的方向存在法向磁拉力，使得直线电动机的运动部分（以下简称动子）在运动过程中轴承摩擦力增大，同时对电动机安装结构的刚度提出了更高要求。

8.1.4 直线电动机的分类

直线电动机可以看作由常见的旋转电动机转化而来的，设想将旋转电动机沿径向剖开，并将电动机展开成直线形式，这就得到了由旋转电动机演变而来的最原始的扁平型直线电动机，原则上每一种旋转电动机都有与之相对应的直线电动机。

1. 按结构分类

直线电动机按结构不同，主要分为平板型直线电动机、U形槽型直线电动机、圆筒型直线电动机、圆盘型和圆弧型直线电动机。

1）平板型直线电动机

平板型直线电动机的初级可简单理解成剖开的旋转电动机，如图 8-3 所示。有三种类型的平板型直线电动机：无槽无铁心平板型直线电动机、无槽有铁心平板型直线电动机和有槽有铁心平板型直线电动机。

图 8-3　平板型直线电动机

（1）无槽无铁心平板型直线电动机将一系列线圈安装在一个铝板上，由于没有铁心，因此没有吸力和接头效应。动子可以从上面或侧面安装以适合大多数应用。这种电动机对要求控制速度平稳的应用是理想的，如扫描应用。但是，平板磁轨具有高的磁通泄漏，通常平板磁轨设计产生的推力输出最低。

（2）无槽有铁心平板型直线电动机在结构上和无槽无铁心平板型直线电动机相似。铁心安装到铝背板上，铁心为叠片结构，用来指引磁场和增加推力。磁轨和动子之间产生的吸力和电动机产生的推力成正比。

（3）有槽有铁心平板型直线电动机的线圈位于槽型结构里以产生线圈单元。铁心通过线圈产生的磁场有效增强电动机输出的推力。

2）U形槽型直线电动机

U形槽型直线电动机固定的磁轨组件类似于一个U字形。由于这种直线电动机的线圈通常设计为无铁心，因此无齿槽效应，又由于其是无刷的，而且直接使用交流电供电，所以也称为无刷无齿槽效应交流直线电动机。这种直线电动机适用于要求无齿槽效应的平滑运动中。

U形槽型直线电动机的结构示意如图 8-4 所示，主要由 U 形磁轨组件和线圈组件两部分构成。U形磁轨组件由极性交替变换的、形状大小相同的磁块黏在镀硬铬的两块相对的冷轧钢板上以及一块一定宽度的间隔条组成。U形磁轨组件通常是固定的。线圈组件通常由环氧树脂封装的一个铜线圈和上面的一块铝条块以及连接电源的接口件组成。线圈组件通常为运动的，铝条块一般直接与运动平台相连，用于驱动负载。

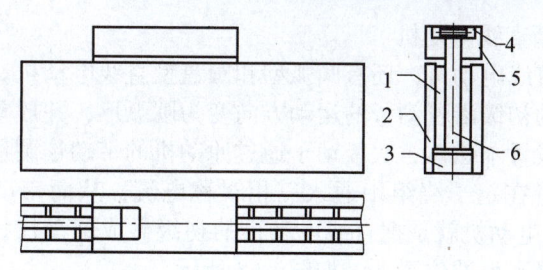

1—磁块；2—冷轧钢板；3—间隔条；4—铜线圈；5—铝条块；6—接口件。

图 8-4　U 形槽型直线电动机的结构示意

北京信息科技大学设计了一种应用于龙门五轴加工中心的大推力 U 形槽型永磁同步直线电动机，该电动机的初级由两块安装板并联在一起形成两个 U 形直线电动机并联，初级线圈与安装板之间加装由铸铝制成的水冷板并内嵌铝管，用于通水为初级线圈绕组冷却，直线电动机底部为次级板，其结构呈 U 字形。

3）圆筒型直线电动机

圆筒型直线电动机又称为管型直线电动机，也是由旋转电动机演变而来的。把平板型直线电动机中的扁平的初级和次级绕在一根与磁场运动方向平行的轴上，就得到了圆筒型直线电动机，其结构示意如图 8-5 所示。从图中可以看出，在往复运动的动子上放置永磁体，动子通过原动机的带动作往复直线运动，从而在定子绕组里产生感应电动势。

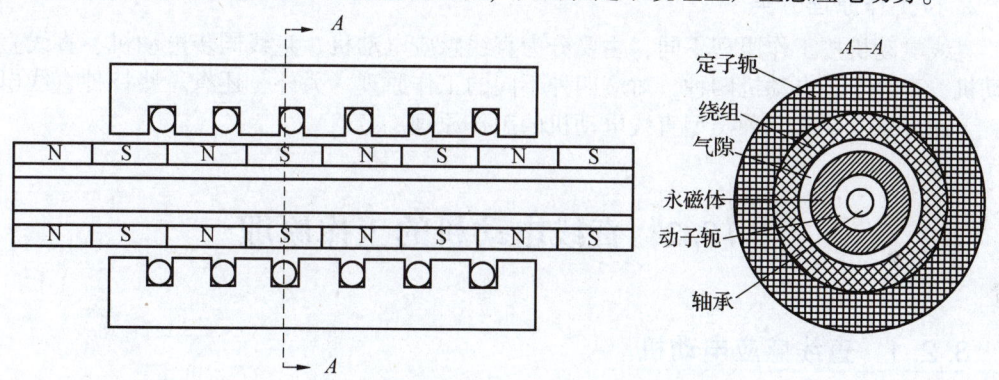

图 8-5　圆筒型直线电动机的结构示意

与直线感应电动机相比，圆筒型直线电动机具有结构简单、无励磁线圈、损耗小、效率高、功率密度高等优点；与平板型直线电动机相比，圆筒型直线电动机具有结构对称、无电磁径向力、无横向端部效应、绕组利用率高等特点。

此外，天津大学对自由活塞式永磁直流直线发电动机进行了理论分析与优化，结果显示该发电动机定位力小，控制简单、可靠，能够正常发电，其结构示意如图 8-6 所示。

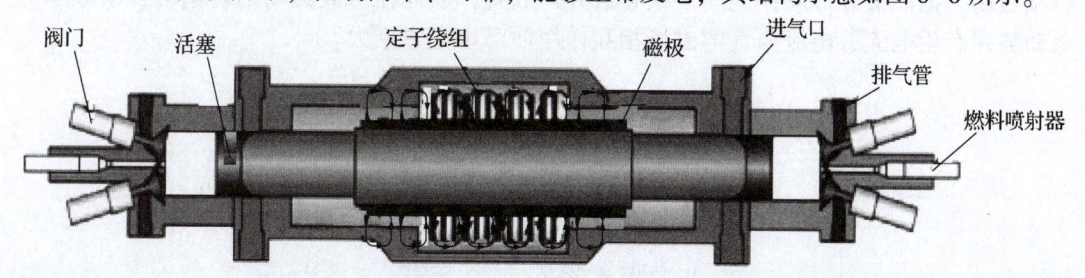

图 8-6　自由活塞式永磁直流直线发电动机的结构示意

4) 圆盘型和圆弧型直线电动机

除了上述结构的直线电动机，还有圆弧型和圆盘型直线电动机。圆弧型直线电动机是把平板型直线电动机的初级沿着动子的运动方向变为圆弧形，并放置于圆柱形次级表面的外侧。圆柱形次级上放置永磁体，次级动子通过原动机的带动作圆周运动，在定子绕组里产生感应电动势；或者在定子绕组中通入三相对称电流，从而带动次级定子运动，如图8-7所示。圆盘型直线电动机就是把直线电动机的初级做成圆盘片状的形式，次级放置在圆盘形初级靠近外边缘平面的位置上，如图8-8所示。

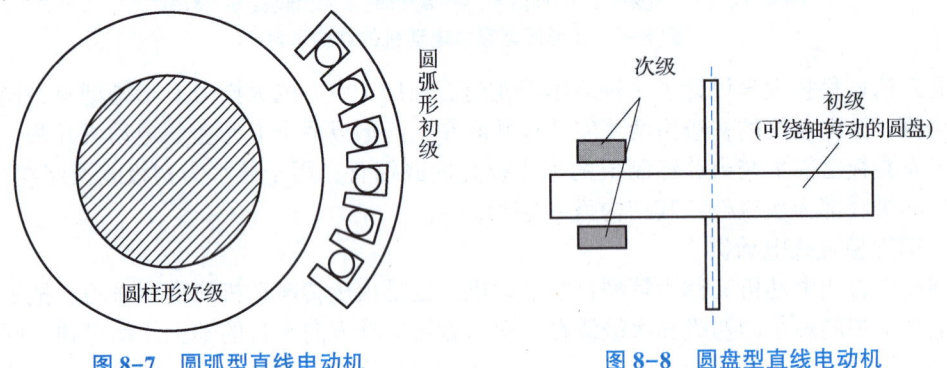

图 8-7 圆弧型直线电动机

图 8-8 圆盘型直线电动机

2. 按工作原理分类

直线电动机按工作原理不同，主要分为直线感应电动机、直线同步电动机、直线直流电动机、直线步进电动机四种，对应四种不同的工作原理。另外，还有一些特种直线电动机，下面分别介绍这几种类型直线电动机的工作原理。

8.2 直线电动机的工作原理

8.2.1 直线感应电动机

直线感应电动机是由普通旋转交流感应电动机演变而来的，从结构类型来看，虽然其与普通交流感应电动机不同，但是它们的基本原理是一样的。在直线电动机的初级绕组中通入三相对称正弦电流后会产生一个气隙磁场，当不考虑由铁心两端开断而引起的纵向边缘效应时，这个气隙磁场的分布情况与旋转电动机的类似，即可看成沿直线方向呈正弦波形分布，其运行原理如图8-9所示。当三相电流随时间变化时，气隙磁场将按A—B—C相序沿直线移动，与旋转电动机不同的是：这个磁场是平移的，而不是旋转的，因此称为行波磁场。把次级导体看作无限多根导条并列放置，这样在行波磁场的切割下，次级感应电动势并产生电流，电流与气隙磁场相互作用便产生电磁推力。

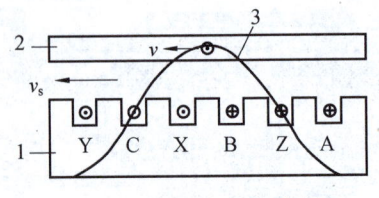

1—初级；2—次级；3—行波磁场。

图 8-9 直线感应电动机运行原理

由旋转电动机的理论可知，q 绕组中的电流交变一次，多相对称绕组所产生的合成磁场将在空间移过一对极距，若电动机的极距为 τ，电源的频率为 f，则移动磁场的速度为

$$v_s = 2f\tau \tag{8-1}$$

此速度称为移动磁场的同步速度，由此可见，在工频条件下，要将直线电动机的速度做得过低或过高都是有困难的，因为要将齿槽做得过窄，或者将极距做得过大，在制造工艺上都是有困难的。

在移动磁场的作用下，次级中会产生感应电动势，由于次级由整个钢板或整块铜（铝）板制成，因此在导电板中会产生感应电流，这个感应电流和移动磁场相互作用，就会产生电磁推力，使初级和次级之间产生相对运动。若将初级固定，则次级将会朝着移动磁场移动的方向运动。反之，若将次级固定，则初级会朝着移动磁场移动的方向运动。与旋转电动机一样，运动部分的稳定速度 v 总是低于移动磁场的同步速度 v_s。它们之间的关系也用滑差率 s 表示，即

$$s = (v_s - v) \div v_s \tag{8-2}$$

$$v = (1 - s)v_s \tag{8-3}$$

与旋转电动机一样，在电动机状态下运行时 s 在 0~1 之间。在旋转电动机中对换任意两相的电源，可以改变旋转磁场的转向从而实现转子的反转。同理，将直线电动机的初级三相电源对换任意两相后，运动方向也会反向。根据这一原理，可以实现直线感应电动机的往复直线运动。由于直线电动机的边缘效应使得其效率和功率因数低于同容量的旋转电动机，因此人们总在通过各种方法来研究直线电动机的结构和性能，力求提高直线电动机的缺点降到最小。

按照运行速度和运行方式，直线感应电动机可分为两大类：第一类运行于低速高滑差的电动机，其运行方式为间断的或往复的；第二类运行于高速低滑差的电动机，其运行方式为连续的。

8.2.2　直线同步电动机

直线同步电动机也是由相应的旋转同步电动机演化而成的，旋转同步电动机的定子转化为直线同步电动机的初级，旋转同步电动机的转子转化为直线同步电动机的次级。直线同步电动机的工作原理与普通的旋转同步电动机基本一致。

根据次级励磁的不同，直线同步电动机可分为次级磁极由直流电流励磁的常规直线同步电动机和次级磁极由永磁体励磁的直线永磁同步电动机。

常规直线同步电动机的次级磁场是由励磁电流励磁产生的，励磁磁场的大小由直流电流的大小决定。通过控制励磁电流可以改变电动机的切向牵引力和侧向吸引力。这种结构使得电动机的切向和侧向力可以分别控制。高速磁悬浮列车的长初极直线同步电动机即采用这种结构。

直线永磁同步电动机的次级磁场由永磁体提供，次极无须外加电源励磁，这样就会使电动机的结构得到简化，整体效率得到较大的提高。直线永磁同步电动机的基本结构如图 8-10 所示。

在电动机初级绕组产生的气隙行波磁场与次级磁场的共同作用下，气隙磁场对次级产生电磁推力。在这个电磁推力的作用下，如果电动机初级是固定不动的，那么次级就沿着行波磁场运动的方向作直线运动。次级速度与行波磁场的移动速度是一致的。上述就是直线同步电动机的基本工作原理。

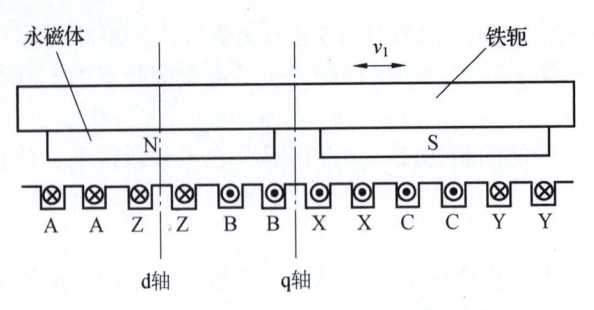

图 8-10 直线永磁同步电动机的基本结构

与直线感应电动机相比，直线同步电动机具有较大的驱动力，通过对驱动电源的调节，其可控性更优、精度更好。直线同步电动机在高精度直线驱动中获得了相当广泛的应用，近年来成为直线驱动高速地面运输系统和直线提升装置的主要选择。

直线同步电动机具有以下特点。

(1) 直线同步电动机可以同时产生推力和法向力。这一特点尤为符合交通运输的要求，因为高速车辆既要有足够的推力，同时也要在高速时将车身浮起以实现无接触运行。不像以直线异步电动机作推进器的车辆，其悬浮法向力需由辅助设备提供。

(2) 直线同步电动机的气隙公差要求不像其他异步电动机那样严格，即使存在较大气隙，也可以通过调节励磁电流，在空间产生励磁磁场推动直线电动机运行。

(3) 由于直线同步电动机的启动、失步问题，直线同步电动机需要一个相对比较完善的驱动控制系统才能使电动机在所有的指定速度下均保持同步运行。

(4) 直线同步电动机不同于旋转电动机的转子铁心是封闭的，它的电枢与磁极沿磁场移动方向是开断的、不连续的。因此对于行波磁场，出现了一个"进入端"和一个"离开端"。这就形成了直线电动机所特有的边缘效应，加之铁心及绕组开断、各相互感不等引起的其他边缘效应，使得电动机的推力减小、损耗增加、发热增加。

8.2.3 直线直流电动机

直线直流电动机和直线感应电动机相比，明显的优点：运行效率高，没有功率因数低的问题；控制比较方便、灵活。直线直流电动机和闭环控制系统结合在一起，可精密地控制位移，其速度和加速度控制范围广，调速的平滑性好。直线直流电动机的主要缺点是电刷和换向器之间的机械磨损。虽然在短行程系统中，直线直流电动机可以采用无刷结构，但在长行程系统中，很难实现无刷无接触运行。

直线直流电动机主要有两种类型：永磁式和电磁式。前者多用在功率较小的自动控制仪器中，如记录仪中笔的纵横走向的驱动，摄影机中快门和光圈的操作机构，电梯门控制器的驱动等；而后者则用在驱动功率较大的机构中。下面分别予以简要介绍。

1. 永磁式直线直流电动机

随着高性能永磁材料的出现，各种永磁式直线直流电动机相继出现。由于它具有结构简单、无旋转部件、速度易控、反应速度快、体积小等优点，在自动控制仪器仪表中被广泛地采用。按照结构的不同，永磁式直线直流电动机可分为动圈型和动磁型两种。

动圈型永磁式直线直流电动机的结构示意如图 8-11 所示。软铁板两端装有极性同向的两块永磁体，通电线圈可在软铁棍上作直线运动。这种结构具有体积小、成本低和效率高等优点。在线圈的行程范围内，永磁体产生大致均匀的磁感应强度为 B 的磁场。当线圈中通入直流电时，导体线圈处于磁场中的部分就会受到电磁力的作用。这个电磁力的方向可由电磁感应左手定则来确定。因此，只要改变直流电流的方向，就可改变线圈受力的方向，进而改变线圈运动方向。只要线圈受到的电磁力大于线圈支架上存在的静摩擦阻力，就可使线圈产生直线运动。

动磁型永磁式直线直流电动机的结构示意如图 8-12 所示。软铁框架上套有固定线圈，该线圈的长度要包括整个行程。显然，当这种结构的线圈流过电流时，不工作的部分要白白消耗能量。为了降低电能的消耗，可将线圈外表面进行加工使铜裸露出来，通过安装在磁极上的电刷把电流馈入线圈中。这样，当磁极移动时，电刷跟着滑动，可只让线圈的工作部分通电。但由于电刷存在磨损，故降低了可靠性和寿命。

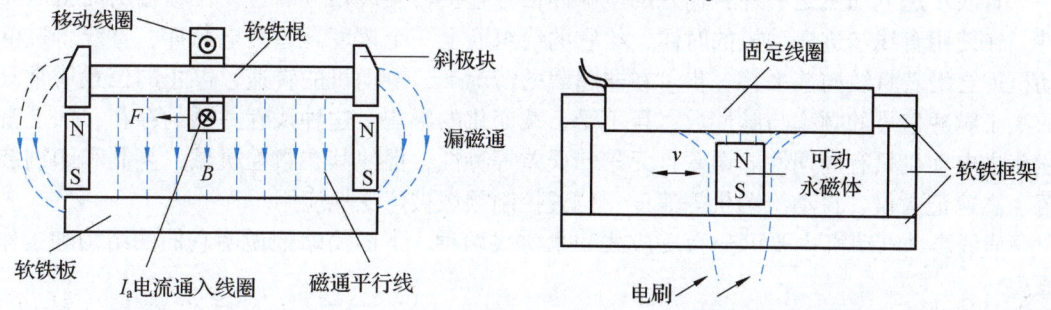

图 8-11 动圈型永磁式直线直流电动机的结构示意　　图 8-12 动磁型永磁式直线直流电动机的结构示意

2. 电磁式直线直流电动机

当功率较大时，永磁式直线直流电动机中永磁体所产生的磁通可改为由绕组通入直流电励磁所产生，这就成为电磁式直线直流电动机。图 8-13 为圆筒型电磁式直线直流电动机的结构示意。这种对称的圆筒型结构没有线圈端部，电枢绕组得到完全利用，并且气隙均匀，消除了电枢和磁极间的吸力。图 8-13(a)为单极电动机，图 8-13(b)为两极电动机。此外，还可做成多极电动机。由图可见，当环形励磁绕组通入电流后，便产生经电枢铁心、气隙、极靴端面和外壳的磁通（如图中虚线所示）。电枢绕组是在圆筒型电枢铁心的外表面上用漆包线绕制而成的。对于两极电动机，电枢绕组应绕成两半，两半绕组绕向相反，串联后接到低压直流电源上。当电枢绕组通电后，载流导体与气隙磁通的径向分量相互作用，在每极上便产生轴向推力，磁极就沿着轴线方向作往复直线运动。若电枢固定不动，磁极就沿着轴线方向作往复直线运动。当把这种电动机应用于短行程和低速移动的场合时，可省掉滑动的电刷；但若行程很长，为了提高效率，应与永磁式直线直流电动机一样，在磁极端面上装上电刷，使电流只在电枢绕组的工作段流过。

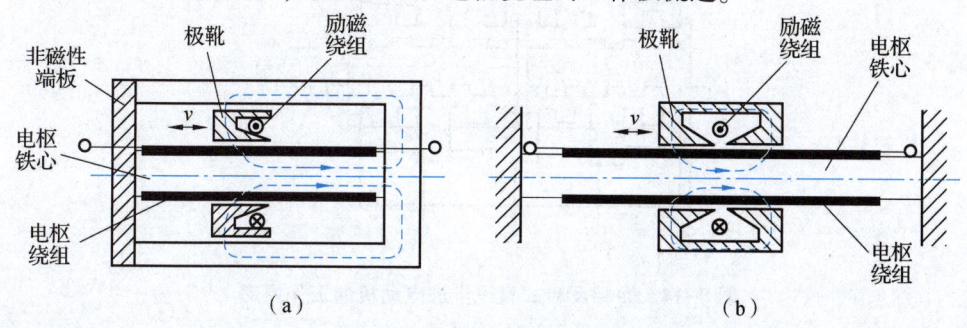

图 8-13 圆筒型电磁式直线直流电动机的结构示意
(a)单极电动机；(b)两极电动机

8.2.4 直线步进电动机

在一些自动化装置中，要求机构能快速、精确地作直线或平面运动。如果采用旋转式的步进电动机来实现，就需要将步进电动机的旋转运动变成直线运动，这就使得传动装置变得复杂，并且传动装置中的齿轮、齿条等零件的不规则运动会影响定位精度，增加振动和噪声。在这种要求精确直线运动的领域，直线步进电动机凭借其高速定位、高可靠性以及高密度性而得到广泛应用。直线步进电动机的结构比较简单，它没有中间转换结构，进行运动的部分的质量轻、惯性小，不存在漂移现象，无累计的定位误差出现。

直线步进电动机是一种将输入的电脉冲信号直接转换成相应的直线位移输出的机电元件。在使用直线步进电动机的时候，给它的绕组通上一个幅度合适的电脉冲，直线步进电动机就会沿着直线向前平移一步。在非超载的情况下，电动机的转速、停止的位置通常只取决于脉冲信号的频率与脉冲数，且不受负载变化的影响。这种线性关系的存在，加上直线步进电动机只有周期性的误差且无累计误差等特性，促使其在数控机械、复制和印刷装置、高速记录仪、自动绘图机等速度、位置控制领域被广泛地应用。

直线步进电动机主要可分为反应式和永磁式两种。下面简略地说明它们的结构和工作原理。

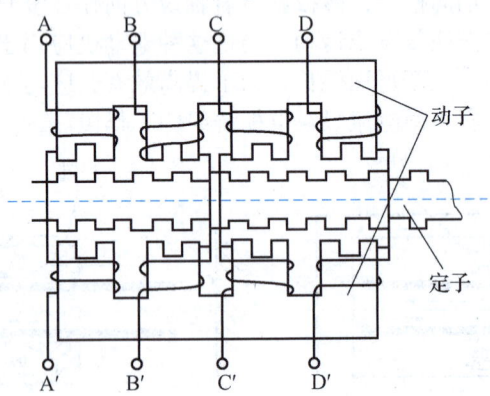

1. 反应式直线步进电动机

反应式直线步进电动机的工作原理与旋转步进电动机相同。图8-14为四相反应式直线步进电动机的工作原理。它的定子和动子铁心都由硅钢片叠成，上、下两个动子铁心用支架刚性连接起来，可以一起沿定子表面滑动。定子上、下表面都有均匀的齿，动子是一对具有4个极的铁心，每个极的表面也有均匀的齿，动子与定子的齿距相同。为了避免槽中积聚异物，通常在槽中填满非磁性材料(如塑料或环氧树脂等)，使定子和动子表面平滑。动子磁极上套有四相控制绕组，当某相控制绕组通电时，该相动子的齿与定子齿对齐，满足磁路"磁阻最小原则"，而相邻相的动子齿轴线与定子齿轴线错开1/4齿距。显然，当控制绕组按A—B—C—D—A的顺序轮流通电时，动子将以1/4齿距的步距向左移动。当通电顺序改为A—D—C—B—A时，动子将向右步进移动。与旋转步进电动机相似，反应式直线步进电动机的通电方式可以是单拍制，也可以是双拍制，双拍制时步距减少一半。

图8-14 四相反应式直线步进电动机的工作原理

2. 永磁式直线步进电动机

图8-15为两相永磁式直线步进电动机的工作原理。其中，定子是带齿槽的反应导磁

板，槽中通常填满非磁材料（如环氧树脂）使整个定子表面保持光滑。动子包含两块永磁体 A 和 B，四个 Π 形导磁磁极和 A、B 两相控制绕组，在永磁体 A 的两个 Π 形导磁磁极上装有 A 相控制绕组，永磁体 B 的两个 Π 形导磁磁极上装有 B 相控制绕组。每个 Π 形导磁磁极有两个极齿（如 a 和 c、a′和 c′），极齿和定子齿的形状相同，并且极齿之间的齿距为定子齿距的 1.5 倍，这样当极齿 a 与定子齿对齐时，极齿 c 便对准槽。同一永磁体的两个导磁磁极间隔的距离刚好使极齿 a 和 a′能同时对准定子的齿。永磁体 B 与 A 的极性相反，它们之间的距离满足：当其中一个永磁体的极齿完全与定子齿和槽对齐时，另一个永磁体的极齿应处在定子的齿和槽的中间（即错开 1/4 定子齿距）。

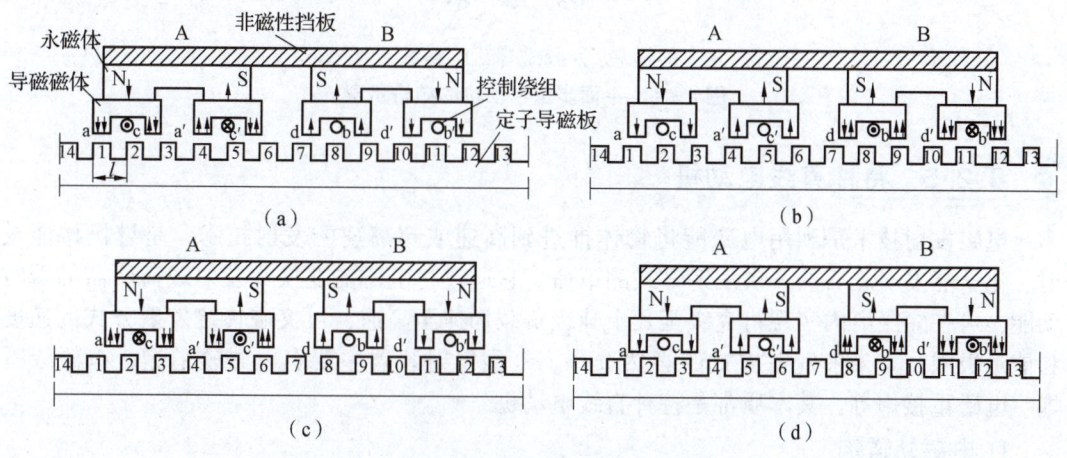

图 8-15　两相永磁式直线步进电动机的工作原理
(a) A 相通正向电流；(b) B 相通正向电流；(c) A 相通反向电流；(d) B 相通反向电流

如果某一瞬间，A 相绕组中通入正向电流，如图 8-15(a) 所示。这时，A 相绕组所产生的磁通在极齿 a、a′中与永磁体 A 的磁通相叠加，而在极齿 c、c′中却相互抵消，使极齿 c、c′全部去磁，不起任何作用。在这一过程中，B 相绕组不通电流，永磁体 B 的磁通在极齿 d、d′、b 和 b′中大致相等，沿着动子移动方向各齿产生的作用力互相平衡。因此，这时只有极齿 a 和 a′在起作用，动子处在如图 8-15(a) 所示的位置上。为了使动子向右移动，移到图 8-15(b) 的位置，就要切断加在 A 相绕组的电源，同时给 B 相绕组通入正向电流。这时，在极齿 b、b′中，B 相绕组产生的磁通与永磁体 B 的磁通相叠加，而在极齿 d、d′中却相互抵消。因而，动子向右移动 1/4 定子齿距，使极齿 b、b′移到与定子齿相对齐的位置。

如果切断 B 相电流，并给 A 相绕组通上反向电流，则 A 相绕组及永磁体 A 产生的磁通在极齿 c、c′中相叠加，而在极齿 a、a′中相抵消。动子便向右又移动 1/4 定子齿距，使极齿 c、c′与定子齿相对齐，如图 8-15(c) 所示。同理继续，切断 A 相电流，给 B 相绕组通上反向电流，动子又向右移动 1/4 定子齿距，使极齿 d 和 d′与定子齿相对齐，如图 8-15(d) 所示。这样，经过图 8-16 所示的 4 个阶段后，动子便向右移动了一个齿距 t。如果还要继续移动，只需要重复前面的顺序通电即可。相反，如果想使动子向左移动，只需要把通电顺序颠倒过来即可。而若改变通电周期（或通电脉冲频率），则可以改变动子的移动速度。

以上介绍的是直线步进电动机的工作原理。如果要求动子作平面运动，应将定子改为一块平板，其上开有 x、y 轴方向的齿槽，而动子由两台直线步进电动机组成，其结构示意如图 8-16 所示。其中一台保证动子沿着 x 轴方向移动；与它正交的另一台保证动子沿着 y 轴方向移动。这样，只要设计适当的程序控制语言，产生对应的脉冲信号，就可以使

动子在 xy 平面上做任意几何轨迹的运动，并定位在平面上任何一点，这就成为平面步进电动机了。

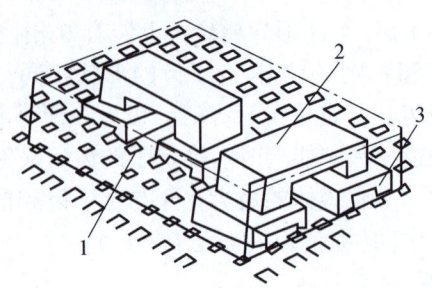

1—定子；2—永磁体；3—磁极。
图 8-16　平面步进电动机的结构示意

8.2.5　特种直线电动机

电磁发射技术是利用电磁能将物体推进到高速或超高速的发射技术，是继机械能发射、化学能发射之后的一次发射方式的革命。它通过将电磁能变换为发射载荷所需的瞬时动能，可在短距离内实现将克级至几十吨级负载加速至高速，可突破传统发射方式的速度和能量极限，是未来发射方式的必然选择。电磁发射装置主要有电磁轨道炮、电磁线圈炮、电磁重接炮等，其本质都是特种直线电动机。

1. 电磁轨道炮

电磁轨道炮采用电磁能推动电枢高速运动，具有初速高、射程远、发射弹丸质量范围大、隐蔽性好、安全性高、适合全电战争、结构不拘一格、受控性好、工作稳定、性能优良、效费比高、反应快的特点，被美军评为五种能改变战争的"未来武器"之一（其余四种"未来武器"是"超级隐形"或"量子隐形"材料、太空武器、高超声速巡航导弹、"有感知能力"的无人驾驶载具）。

电磁轨道炮由两条平行并通有大电流的固定轨道和一个与轨道保持良好电接触、能够沿着轨道轴线方向滑动的电枢组成，其工作原理如图 8-17 所示。当接通电源时，电流沿着一条轨道流经电枢，再由另一条轨道流回，从而构成闭合回路。当大电流流经两平行轨道时，在两轨道之间产生强磁场，这个磁场与流经电枢的电流相互作用，产生电磁力，推动电枢和置于电枢前面的弹丸沿着轨道加速运动，从而获得高速度。发射过程中，两轨道间存在巨大的电磁扩张力。在电枢高速运动过程中，枢轨接触面间产生接触电阻热和摩擦热，造成轨道与电枢的局部高温现象，同时会出现电弧侵蚀、刨削、槽蚀等现象，这些现象也将导致枢轨接触面间产生摩擦磨损，降低了电磁轨道炮的效率与寿命。

在电磁轨道炮研究领域，美国一直处于国际领先地位，多年来不断取得新进展。2003 年，美国海军采用 90 mm 口径的电磁轨道炮样机进行了一次发射试验，炮弹初速度达 2 500 m/s 以上；2008 年，美国海军在达尔格伦进行了电磁轨道炮的试射，炮弹出口动能达 10 MJ；2010 年 12 月，美国海军再一次成功完成了实际尺寸电磁轨道炮的试射，炮弹出口动能达 33 MJ，射程超过 200 km。2016 年 11 月，美国海军进行了一次电磁轨道炮的试射，此时的轨道炮无论是在质量上还是在尺寸上都已经达到了实战水平。2017 年，美国海军首次完成了电磁轨道炮的连发试验，表明美海军的电磁轨道炮武器系统已具备了充能、发射、装弹、充能、再发射循环的自动装填功能。

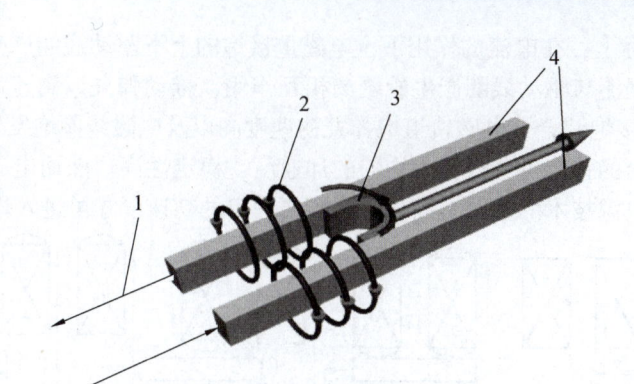

1—电流；2—磁力线；3—弹丸；4—轨道。

图 8-17　电磁轨道炮的工作原理

2. 电磁线圈炮

电磁线圈炮的工作原理类似直线电动机，其通常由两种线圈组成：一种是用来驱动炮弹做加速运动的驱动线圈，也可以称为炮管线圈；另一种是用来装载发射物体的弹丸线圈。电磁线圈炮利用两线圈的磁耦合机制使弹丸线圈在驱动线圈的驱动作用下以高速射出，如图 8-18 所示。与电磁轨道炮不同，电磁线圈炮的炮管与弹丸之间不存在滑动接触，因此不会产生接触电阻热和摩擦热，轨道上不会产生磨损，炮管的寿命与发射效率较高。由于单级线圈加速效果有限，因此可以采用多级线圈对弹丸进行驱动，这样就可以在减小驱动电流的基础上，采用多级加速方式对弹丸线圈进行加速，逐级推动炮弹使其以高速射出炮膛。电磁线圈炮适合发射质量较大的弹丸，但是缺点也很明显，即供电技术与结构都相对较为复杂，并且驱动线圈产生的磁场与弹丸线圈的运动位置必须保持准确同步，弹丸受到两线圈之间相互排斥的作用力从而进行加速运动。根据上述的原理特点，线圈炮适合发射鱼雷、导弹、加榴炮以及弹射飞行器等口径与质量较大的炮弹。

1901 年，挪威奥斯陆大学的 Birikeland 教授研制出了世界上首台电磁线圈炮；1967 年，苏联通过使用 1 cm 长的电磁线圈炮将 2 g 铝环加速到了 5 000 m/s。1972 年，美国国家航空航天局提出了一种新型电磁线圈炮。然而，由于电磁线圈炮的供电技术与结构都较为复杂，其发展逐渐停滞。

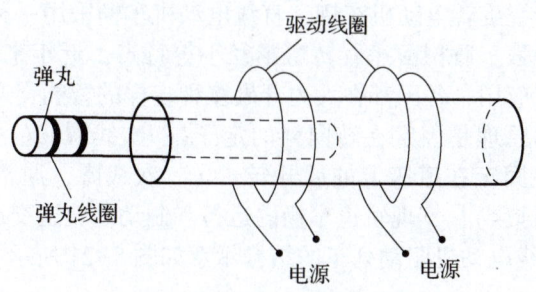

图 8-18　电磁线圈炮的工作原理

3. 电磁重接炮

电磁重接炮实质上是一种特殊的感应型电磁线圈炮。电磁重接炮与电磁线圈炮的主要差异在于：驱动线圈的排列和极性不同；弹丸一般由抗磁材料制成，且是实心良导体；工作原理主要是通过弹丸尾部被截断的磁力线重新连接所具有的拉直趋势来推动弹丸运动，简称

"磁力线重接"。实际上，在电流的作用下，电磁重接炮的上下驱动线圈产生交变磁场，弹丸在交变磁场中产生涡流与驱动线圈产生的磁场相互作用，推动弹丸以高速运动出炮膛，如图8-19 所示。电磁重接炮综合了电磁轨道弹丸初速度高以及电磁线圈炮发射弹丸质量大、无接触的特点，其发射的弹丸可获得更为均匀的加速度，稳定性高。然而电磁重接炮也存在一些缺点，例如，对电源技术的要求更高；弹丸需要一定的初速度才可进入炮膛。

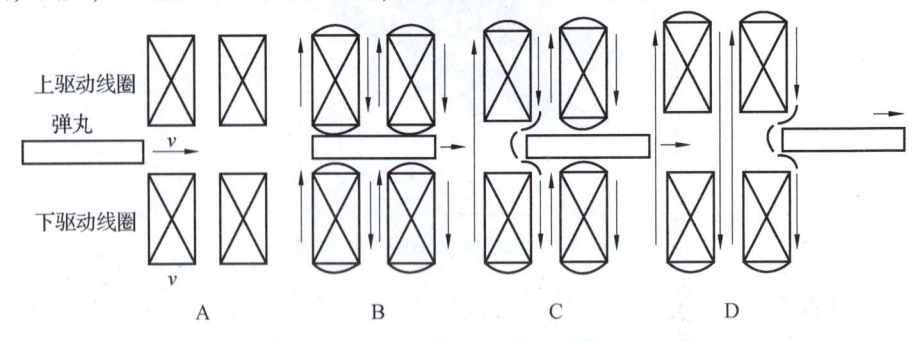

图 8-19 电磁重接炮的工作原理

电磁重接炮最早在 20 世纪 80 年代由考恩等人提出，被普遍认为是未来电磁炮较为理想的结构形式，拥有较大的应用和发展前景，但是目前这种形式还处于应用基础研究阶段。

8.3 直线电动机的应用

直线电动机以速度快、加减速过程短、精度高、结构简单、体积小、行程长度不受限制、速度范围宽、工作安全可靠、寿命长、维护简单、反应速度快、灵敏度高、随动性好、噪声小、适应性强等突出优点，在轨道交通、航空航天、电磁弹射、电磁炮、数控、工业等军事、民用领域中都得到广泛应用。为此，近年来许多国家都在积极研究直线电动机的应用，这让直线电动机的应用推广越来越广泛。

1. 直线电动机在轨道交通领域的应用

直线电动机车辆是当今世界先进的城市轨道交通移动装备，因其采用直线电动机牵引技术而得名。相较于传统旋转电动机车辆，直线电动机车辆采用一种非黏着直驱的新型交通模式，具有爬坡能力强、盾构面小、转弯半径小等特点，近年来，在低速磁悬浮列车、地铁与轻轨中得到广泛应用，各国都在大力开展多种多样的智能交通运输系统研究。

直线电动机车辆的原理是固定在转向架的定子（一次线圈）通过交流电，产生移动磁场，通过相互作用，使固定在道床上的展开转子（二次线圈，通常称为感应板）产生磁场，通过磁力（吸引、排斥），实现轨道车辆的运行和制动。轨道交通直线电动机的结构示意如图 8-20 所示；直线电动机驱动列车的结构示意如图 8-21 所示。

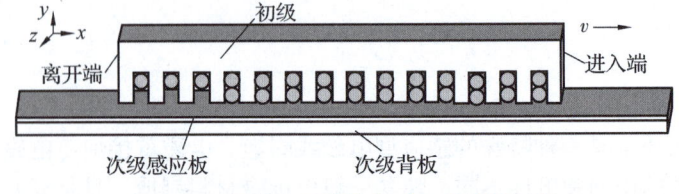

图 8-20 轨道交通直线电动机的结构示意

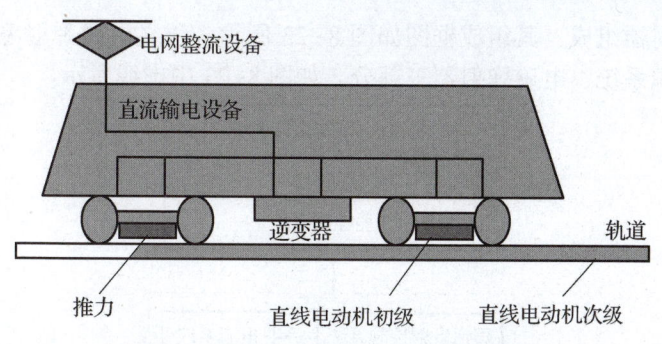

图 8-21　直线电动机驱动列车的结构示意

直线电动机初级装在车厢底部转向架上，直线电动机次级采用复合材料并直接铺设在轨道上。轨道旁直流电源通过受流器送到逆变器入端，经 DC/AC 变换为直线电动机所需的三相电源。不断变化的三相交流电在气隙中产生行波磁场，并在次级导体板中感应出涡流，于是涡流和气隙磁链相互作用产生水平推力驱动列车前进。首都国际机场就采用了直线电动机车辆，如图 8-22 所示。

图 8-22　首都国际机场的直线电动机车辆

直线电动机车辆具有鲜明的特点，以及旋转电动机车辆不可替代的优势，非常适用于线网复杂的多层次立体化轨道交通建设，也非常适用于地形复杂、坡度大、转弯半径小的地理环境条件。直线电动机车辆作为轨道交通车辆的一种选择，值得进一步深入研究和推广应用。

此外，直线电动机推进船、直线电动机驱动的潜艇、直线电动机驱动地铁车和高速公路车也正在研究。

2. 直线电动机在电磁弹射领域的应用

电磁弹射技术是电磁发射技术在大质量、低速物体方面的重要应用，是对传统弹射技术的重大突破。电磁弹射对小到几千克的模型，大到导弹、航母舰载机都可以进行有效的弹射，在军事、民用领域具有广阔的应用前景。

以导弹发射为例，电磁弹射一般要求弹射导弹的质量范围为 100 kg 到数十吨，弹射速度范围为 10~100 m/s。电磁弹射是直线电动机在弹射领域的具体应用，既可提高导弹的命中精度、作战半径、战场隐蔽性，解决电磁弹系统烧结问题，又能使一部弹射器完成多种型号导弹的任务，应用前景广阔。

广义电磁弹射系统由目标探测跟踪定位系统、武器控制系统、导弹发射控制系统、电源系统、电磁弹射器组成,其组成框图如图 8-23 所示。狭义电磁弹射系统仅包括导弹发射控制系统、电源系统、电磁弹射器三部分,如图 8-23 中虚线所示。

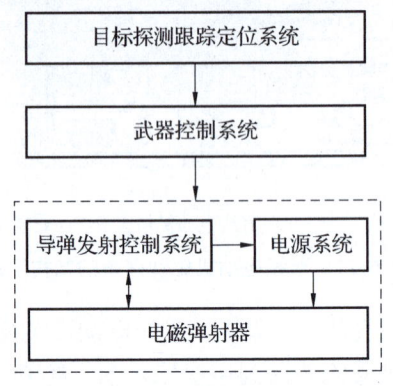

图 8-23 电磁弹射系统组成框图

电磁弹射系统的一般工作过程:根据目标探测跟踪定位系统输入的相关信息与参数,武器控制系统进行信息处理后向导弹发射控制系统发送相应的控制信号,导弹发射控制系统根据武器控制系统对弹射速度、行程要求进行结算并形成控制信号,控制电源系统按要求发送脉冲电源波形,电磁弹射器将电能转化为动能,带动抛体作直线运动,在一定距离内使导弹达到要求的弹射速度。

与传统依靠导弹自身发动机燃烧的反冲推力或辅助热弹射机构产生推力发射相比,电磁弹射技术具有以下优点。

(1)电磁弹射推力控制精度高,能提高导弹命中精度。与冷发射方式相比,克服了无法控制弹道过载、导弹在电磁弹射器中所受电磁力的缺点,可通过调节脉冲电流波形,使导弹在整个弹射过程中均匀受力,弹体稳定性好,从而提高导弹命中精度。

(2)电磁弹射器可调节电磁推力大小,可弹射多种型号导弹。与冷发射方式相比,克服了发射导弹型号单一等缺点,根据目标导弹性质和射程大小可快速调节电磁力的大小,从而满足多种目标导弹对弹射质量和初速发射能量的要求。

(3)可改善作战半径。在不增加导弹自身质量的条件下,可以改善导弹的作战半径,尤其随着大功率脉冲电源技术的不断发展,改善作战半径将会在导弹电磁弹射系统中产生越来越重要的作用。

(4)彻底解决电磁弹射系统的烧结问题。采用电磁弹射技术后,依靠电磁推力给导弹初始动能,使导弹离开电磁弹射系统一定距离后,发动机点火自主飞行。由于不存在高能复合推进剂燃烧时对发射系统产生的高温燃气烧蚀和超高速熔融残渣的烧黏问题,彻底解决了发动机对电磁弹射系统的烧蚀问题,避免了烧蚀问题导致的装备性能下降、寿命显著缩短。

(5)提高战场隐蔽性,安全性高。电磁弹射过程中不产生火焰和烟雾、冲击波,所以作战中比较隐蔽,不易被敌人发现,这有利于发射平台的安全,符合现代战场的隐蔽作战需求。

直线电动机弹射技术是一种常用的电磁弹射技术,具有效率高和推力体积比高的特点。直线电动机弹射系统主要由储能系统、控制系统和直线电动机三部分组成。

直线电动机是直线电动机弹射系统的核心部分,主要有永磁直线电动机、直线感应电动机和直线磁阻电动机三类。对于采用注入电流励磁的直线感应电动机,绕组能够加载大电流，故输出推力往往大于永磁直线电动机，非常适用于大载荷电磁弹射。能量转换效率更高的永磁直线电动机，更适用于小载荷电磁弹射，其中动磁型永磁直线电动机最适合大推力、高速度的电磁弹射应用。

美国桑迪亚国家实验室和洛克希德·马丁公司通过合作研究和发展协议，开发了一种基于现有的战斧导弹及其发射系统而设计的电磁线圈导弹弹射系统。该系统是一种基于同步感应线圈发射技术的高效率电磁助推系统，利用电磁线圈发射技术将结合在电枢上的导弹助推到一定的高度，然后导弹和电枢分离而发射出去，完成发射，如图 8-24 所示。2004 年年底，美国桑迪亚国家实验室和洛克希德·马丁公司共同进行了电磁导弹弹射演示实验，通过 5 级同步感应线圈炮将 650 kg 的发射载荷加速到 12 m/s，系统效率达到 17.4%，为以后的工程应用奠定了基础。

美国电磁飞机弹射系统主要包括直线电动机、盘式交流发电动机、大功率变频器三部分，组成如图 8-25 所示。其电磁弹射器都采用了 4 台单机功率超过 30 MW 的直线电动机，总功率可达到百兆瓦级。美军花费了 28 年时间和 32 亿美元经费，直到 2010 年 12 月 18 日，通用原子公司使用电磁弹射装置将一架 F/A-18 战机成功弹射，标志着 EMALS 系统的试验成功。EMALS 系统的试验成功标志着直线电动机电磁弹射系统趋于实用，这对包括导弹电磁弹射技术的发展和应用有着十分重要的意义。

图 8-24 导弹和电枢分离

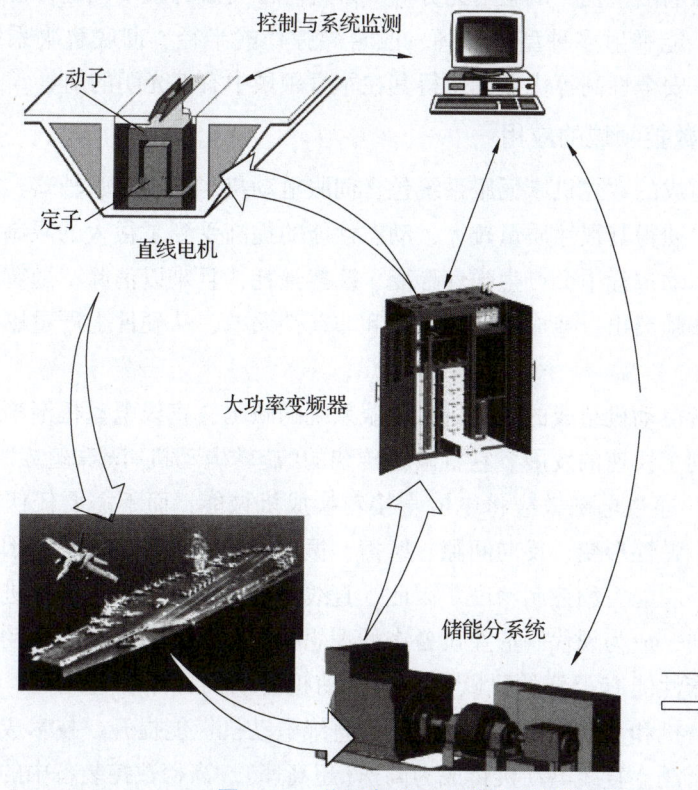

图 8-25 美国电磁飞机弹射系统的组成

英国开发了电磁力集成技术,用于无人机电磁弹射技术研究。电磁力集成系统包含储能装置、逆变器、滤波器和先进直线感应电动机,一个竖直的动子盘,运动控制系统,机械发射轨道和刹车系统,系统组成如图8-26所示。

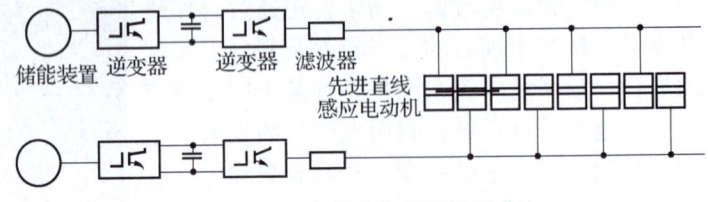

图8-26 电磁力集成系统组成

电磁力集成系统弹射本体采用的先进直线感应电动机由一系列分立的相同定子单元组成,便于安装和生产;且为每个定子单元都配备了一个可控硅开关,当动子经过某一定子单元时,该可控硅开关闭合,推动动子前进,减小逆变器电流;该先进直线感应电动机具有转差率小、损耗小和功率因数高的优点,且可采用无传感器速度控制。电磁力集成系统能够自适应无人机质量和负载的变化,发射不同质量的无人机,目前已经进行了超过2 500次的试验,能够在15 m的轨道上将524 kg的重物加速到51 m/s,最大的峰值功率达到了3 MW,最大加速度为8.7g。英国国防部还与英国孚德机电公司签订了未来航母的飞机弹射项目,目前已经完成了方案论证工作。

虽然电磁射系统还存在着脉冲电源体积、质量大,成本高,弹射器高效稳定工作性能不佳、弹射过程存在强电磁干扰、试验不充分等一系列有待突破的技术问题,但电磁弹射技术具有控制精度高,能弹射多种型号导弹、改善导弹作战半径、彻底解决系统烧结问题、提高战场隐蔽性,安全性高等优点,使得其在军事领域中有着光明的前景。

3. 直线电动机在数控领域的应用

传统旋转电动机组成的数控机床伺服系统包含伺服电动机、轴承、联轴器、丝杠及构成该系统的支撑结构,使得其惯性质量较大,动态性能的提高受到了很大的限制。更严重的是这些中间结构在运动过程中会产生弹性形变、摩擦损耗,且难以消除,随着使用时间的增加,该弊端会越来越突出,造成定位的滞后和非线性误差,从硬件上严重影响了加工精度。

为了克服传统旋转电动机组成的数控机床伺服系统的缺陷,直线电动机渐渐取代了传统的旋转电动机,得到了快速的发展。它打破了传统的"旋转电动机-滚珠丝杠"的传动方式,实现了"零传动",通过电磁效应将电能直接转换成机械能,而不需要任何的中间机构,消除了转动惯量、弹性形变、反向间隙、摩擦、振动、噪声及磨损等不利因素,极大地提高了系统的快速反应能力和控制精度。因此,直线电动机在数控机床高速进给系统领域逐渐发展为主导方向,成为现代制造业设备中的理想驱动部件,使机床的传动结构出现了重大变化,并使机床性能有了新的飞跃。直线电动机驱动的冲床、电磁锤、螺旋压力机、电磁打箍机、压铸机和型材轧制牵引机等随着直线电动机性能提升、技术成熟、成本下降,应用也会更加广泛。直线电动机将成为高速(超高速)、高档数控装备中的主流驱动方式。旋转电动机-滚珠丝杠传动方式与直线电动机传动方式的性能比较如表8-1所示。

两种典型采用直线电动机驱动的机床,如图8-27、图8-28所示。

表8-1 旋转电动机-滚珠丝杠传动方式与直线电动机传动方式的性能比较

性能	旋转电动机-滚珠丝杠传动方式	直线电动机传动方式
精度/(μm·$\frac{1}{300}$ mm^{-1})	5	0.5
重复精度/μm	3	0.1
最高速度/(m·min^{-1})	90~120	60~200
最大加速度/g	1.5	2~10
静态刚度/(N·μm^{-1})	90~180	70~270
动态刚度/(N·μm^{-1})	90~120	160~210
速度平稳性/%	10	1
调整时间/ms	100	10~20
工作寿命/h	6 000~10 000	50 000

图8-27 直线电动机驱动的冲压机床

图8-28 直线电动机驱动的XK714型数控机床

4. 直线电动机在工业领域的应用

直线电动机在工业领域发展较为迅速,产品较为成熟,得到了大量应用,具体如下。

直线电动机应用于半导体行业:光刻机、IC粘接机、IC塑封机等多种加工设备,而且单台设备往往需要多台直线电动机。

直线电动机应用于冶金工业:电磁泵、液态金属搅拌器。

直线电动机应用于纺织工业:直线电动机驱动的电梭子、割麻装置以及各种自动化仪表和电动执行机构。

直线电动机应用于电子设备:打印机、软盘驱动器、光驱设备、扫描仪、绘图仪、记录仪等常用电子设备中均有应用。

直线电动机应用于物料传输领域:升降机、快递包裹、行李、原材料等分拣传输线、电子产品加工生产线、核废料搬运、食品加工线及制药生产线,以及立体车库的储藏和调度方面等各种工业物料传输装置。

除以上领域外,直线电动机在医疗和民用领域也有应用。

在医疗领域,大到电动护理床、X光透视床、电动手术台,小到心脏起搏器都有直线电动机的应用实例。

在民用领域，有直线电动机驱动的门与门锁，直线电动机驱动的窗和窗帘，直线电动机驱动的床、柜、桌、椅，盘型直线电动机驱动的洗衣机，空调、电冰箱用直线电动机压缩机，用直线电动机驱动的家用针织机和缝纫机、炒茶机等。

本章小结

直线电动机是直接驱动负载实现直线运动的传动装置，将电能直接转换成直线运动所需的机械能，而不需要中间转换机构。直线电动机可以看作由常见的旋转电动机转化而来，将旋转电动机沿径向剖开，并将电动机展开成直线形式，就得到了由旋转电动机演变而来的直线电动机，原则上每一种旋转电动机都有与之相对应的直线电动机。直线电动机按结构不同，主要分为平板型直线电动机、U形槽型直线电动机、圆筒型直线电动机、圆盘型和圆弧型直线电动机。直线电动机按工作原理不同，主要分为直线感应电动机、直线同步电动机、直线直流电动机、直线步进电动机四种。另外，还有一些特种直线电动机。

直线电动机具有速度快、加减速过程短、精度高、结构简单、体积小、行程长度不受限制、速度范围宽、工作安全可靠、寿命长、维护简单、反应速度快、灵敏度高、随动性好、噪声小、适应性强等突出优点，因此在轨道交通、航空航天、电磁弹射、电磁炮、数控、工业等军事、民用行业中都得到了广泛应用。

思考题与习题

8-1 直线电动机的优缺点是什么？

8-2 分析直线感应电动机的工作原理。

8-3 分析永磁直线同步电动机的结构特点和工作原理。

8-4 动圈型永磁式直线直流电动机和动磁型永磁式直线直流电动机的结构和工作过程有何区别？

8-5 根据四相反应式直线步进电动机的结构特点和工作原理，分析五相反应式直线步进电动机的结构特点和工作原理。

8-6 分析永磁直线步进电动机的工作原理。

8-7 分析电磁轨道炮的结构特点和工作过程。

8-8 直线电动机在哪些领域得到了应用？试举例说明。

第 9 章 电容可变式静电电动机

教学目的与要求

了解电容可变式静电电动机的分类及特点；理解电容可变式静电电动机的结构和工作原理；了解电容可变式静电电动机的优化过程；了解电容可变式静电电动机的应用。

学习重点

电容可变式静电电动机的结构和工作原理。

学习难点

提高电容可变式静电电动机转矩的方法。

9.1 概述

常规的电动机多为基于电磁感应原理的，而静电电动机是利用静电为能量源的一种能量转换装置。与电磁式电动机相比，静电电动机具有一系列优点：节省了绕组线圈、铁心和永磁体，构造简单，加工容易，成本低；没有绕组线圈的铜耗，铁心、永磁体中的铁耗，电动机损耗小，效率高；不用考虑高温对永磁体去磁和绕组绝缘的影响，适用于超高温领域；电动机中没有磁性材料，也没有磁场产生，电动机不受外界磁场影响，适用于强磁场领域。因此，静电电动机在高效节能、降低成本方面可以作为电磁式电动机的一个重要拓展。

根据运行原理的不同，静电电动机可以划分为两类：介电感应式静电电动机和电容可变式静电电动机。介电感应式静电电动机也称为静电感应电动机或异步介电感应电动机，其稳定运行受材料导电性能的影响较大，这也成为介电感应式静电电动机设计的难点，使其研究进展较缓慢。而电容可变式静电电动机则不需要考虑对材料导电性能的控制，并且电极之间的电场强度与电极表面导电层的厚度无关，电极可以采用更轻的绝缘材料再镀一层导电层的方式来实现电动机的轻量化，因此这种电动机得到了广泛研究。本章主要针对电容可变式静电电动机进行介绍。

类似于开关磁阻电动机的"磁阻最小原则"，电容可变式静电电动机施加驱动电压后，利用定转子电极之间基于静电能的能量变化趋势产生静电转矩，驱动转子旋转以实现定转子电极之间能量最小。通常，静电能的能量密度与电磁能量密度相比较低，因此常规的动力源如工业用电动机多为电磁式的，但是在微观领域，情况却发生了根本的变化，绝缘体的电场破坏强度随着绝缘厚度的变薄而上升，有效提高了静电能的能量密度。电容可变式静电电动机具有构造简单、加工容易、效率高等优点，目前在微机电系统中已经得到了广泛的应用，常规尺寸领域中电容可变式静电电动机的研究仍处于转矩提升机理等关键技术攻关和实验验证阶段。

静电电动机具有漫长的发展历史，早在1742年，即在电磁式电动机诞生100多年前，Andrew Gordan 发明了利用同号电荷相排斥、异号电荷相吸引原理的电铃和电弹力车，是最早的利用静电驱动的例子。1889年，Karl Zipernowsky 发明了电容式静电电动机。1969年，B. Boilee 研制了几种电容可变式静电电动机，其中一种定转子之间的间隙加工到了 0.1 mm，有100个电极，工作电压降到了200 V，输出功率为600 μW。美国加利福尼亚大学伯克利分校的 Muller 在1987年提出在1 μm～1 mm 范围内制作以硅集成工艺为基础的具有智能化结构的微机电系统概念；1989年，该校学生 L. S. Fan 等人成功地在硅片上制作出直径为120 μm 的静电电动机，至此，电容可变式静电电动机在微机电系统中得到了越来越广泛的应用。

我国在超微型电动机的研制方面也取得了较大的成就，清华大学微电子学研究所研制出直径仅为100 μm 的微型静电电动机，转速高达几万转每分钟，其独到之处在于电动机与转速传感器集成于一体，这些成就表明我国在超微型电动机领域已形成自己的特色。

到目前为止，日本、美国和德国对静电电动机的开发与研究分别代表着三种制作静电电动机的技术：第一种是以日本为代表的利用非光刻的传统的机械加工手段（如金属与塑料部件的切削、研磨），即利用大机器制造生产小机器，再利用小机器制造微机器的方法；第二种是以美国为代表的表面超微加工技术，利用牺牲层技术和集成电路工艺技术相结合对硅材料进行加工；第三种是以德国为代表的 LIGA 技术，LIGA 是德文 Lithographie（深度X 射线刻蚀）、Galvanoformung（电铸成型）和 Abformung（塑料铸模）三个词的缩写，它是利用 X 射线光刻技术，通过电铸成型和塑料铸模形成深层微结构的方法，这种方法可以对多种金属以及陶瓷进行三维微细加工。其中，第二种方法与传统 IC 工艺相兼容，可以实现微机械和微电子的系统集成，比较适合批量生产，已成为目前超微静电电动机生产的主流技术。

由于电容可变式静电电动机具有结构简单、成本低、损耗小，适用于超高温、强磁场领域等一系列优点，近年来，国外一些研究学者开始关注常规尺寸领域电容可变式静电电动机的研究，但目前仍处于关键技术攻关与实验验证阶段。

电容可变式静电电动机的一个关键技术就是提高其输出转矩，目前，日本 Shinsei 公司的 Toshiiku Sashida 通过提高真空电介质下电动机的驱动电压来提高其输出转矩。所研制电动机为单相电动机，驱动电压范围为1～100 kV，理论最大转矩为0.1 N·m、最大功率为 100 W、最大转速为 10 000 r/min、效率大于 95%。电动机定子电极加载极性不断变化的电压，根据传感器检测的定转子电极之间的相对位置信息，调整加载在转子电极上的电压极性，使定转子之间产生持续不断的转矩来驱动电动机旋转。这种单相电动机的输入电压过高，而且维持电动机处于真空状态的成本也很高，不利于在实际领域的应用。

美国 Wisconsin 大学的 Daniel C. Ludois 等学者则是采用相对介电常数为 7.1 的液体电介质来提高电动机的输出转矩。所研制三相电容可变式静电电动机在输入电压为 7.5 kV 的状态下，理论输出转矩为 0.7 N·m，转矩密度达到 0.101 N·m/kg，等同于几百瓦功率等级的异步电动机。但是，电动机的转矩是在转子锁定的情况下，测量加载电压时定子的扭矩所得，目前还处于控制器研制和电动机启动验证阶段，液体电介质下电动机的风摩损耗、介质损耗及效率等方面也有待研究。

由此可以看出，国外在常规尺寸电容可变式静电电动机领域已经开展了一些研究，但是在电动机结构优化、探索最佳电介质和控制策略研究等关键技术上还有待深入。目前，日本 Shinsei 公司已经有相关产品问世，美国 Wisconsin 大学也有研究成果陆续发表，而国内在这一领域的研究还处于初期。

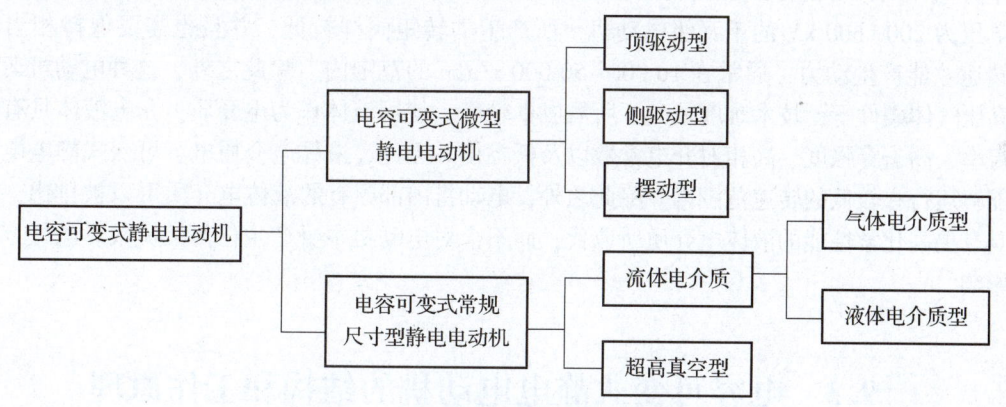

9.2 电容可变式静电电动机的分类及特点

电容可变式静电电动机根据应用尺寸不同可以分为电容可变式微型静电电动机和电容可变式常规尺寸型静电电动机，如图 9-1 所示。

图 9-1 电容可变式静电电动机的分类

电容可变式微型静电电动机可以分为三种：顶驱动型、侧驱动型以及摆动型。顶驱动型静电电动机的结构是定子在转子的上面，定子电极与转子电极之间形成电容，电容中电场变化产生一个相对轴承为切向的静电力，直接驱动电动机旋转。侧驱动型静电电动机的转子在定子里面，电能储存在定转子电极间的气隙中，产生的静电力的方向相对轴承也为切向。摆动型静电电动机也称为行波型静电电动机，转子的外径比定子的内径小一些，电动机的运行依靠径向静电力吸引转子向被激励的定子电极方向运动，按一定顺序激励定子电极，就可以实现转子在定子直径内滚动。在这三种旋转型静电电动机中，顶驱动型静电电动机由于其定转子之间的电容变换较大，所以输出转矩比较大，但是在运行过程中会产生一个与转子电极相垂直的静电力，将转子推向定子电极，所以转子的稳定性是一个非常严峻的问题；对于侧驱动型静电电动机，通过轴承来确保转子在被激励的定子电极之间，于是转子的不稳定性就得到了结构性的补偿，但由于其为扁平结构，故其定转子电极重叠形成的电容小，导致其输出转矩过小；对摆动型静电电动机，可以通过将电动机做得长一些来获得较大的输出转矩，但是由于转子在定子电极内作滚动运行，所以这种结构会导致所带负载摆动较大。针对上述结构的静电电动机的缺点，为了提高输出转矩、解决转子的稳定性等，目前又有人提出了双定子静电电动机、静电悬浮式静电电动机、外转子静电电动机、中心钉轴瓦静电电动机、法兰盘静电电动机、快门静电电动机等新结构。

电容可变式常规尺寸型静电电动机的一个关键技术就是提高其输出转矩，提高电动机的驱动电压和采用相对介电常数更高的流体电介质是目前研究人员提出的两种改善电动机输出转矩的方法。因此，电容可变式常规尺寸型静电电动机根据填充介质的类型不同，可以分为超高真空电容可变式静电电动机、流体电介质电容可变式静电电动机。其中，流体电介质电容可变式静电电动机的介质流体可以是气体或液体，这两种形式各有优缺点。

(1) 超高真空电容可变式静电电动机：在超高真空条件下，击穿强度得到提高，比一般情况下高出至少一个数量级。这种增长只相当于电切力值和磁切力值之间两个数量级的差值，因此相对介电常数仍是不变的。这种电容可变式静电电动机在较小马力运转下仍需要 10~300 kV 的输入电压，所产生的转矩相对较低，并且必须保持相当高的转速才能产生动力，通常在 10 000~50 000 r/min 的范围内。除此之外，这种电动机运行所需要的超高真空条件实现难度较大，所需成本较高。

(2) 流体电介质电容可变式静电电动机：使用气体作为电介质：在高压条件下使用气体作为电介质，将击穿强度提高到帕邢曲线的范围。这种电容可变式静电电动机适用于输入电压为 200~600 kV 的千瓦级电动机，所产生的转矩同样较低，并且也需要保持相当高的转速才能产生动力，通常在 10 000~50 000 r/min 的范围内。除此之外，这种电动机运行于高压气体条件下，技术难度较大，所需成本较高。使用液体作为电介质：介电液体具有低导流率、高击穿强度、高相对介电常数以及低黏度。因此，液体电介质电容可变式静电电动机能够运行在较低的转速范围内。除此之外，电动机内部原有的液体电介质可以被排出，并被具有更高化学性能的液体电介质所取代，而不会对电动机本身产生任何机械或者电气方面的影响。

9.3 电容可变式静电电动机的结构和工作原理

9.3.1 电容可变式静电电动机的结构

以常规尺寸电容可变式静电电动机为例，其由定转子、定转子电极、气隙及电介质、壳体及转轴构成。图 9-2 为单相径向电容可变式静电电动机的结构示意，电动机包含两个定子和一个转子，转子位于两个定子中间，两个定子和转子上沿同心圆分布有电极，定子电极和转子电极相互交叉，中间的间隙充满电介质。定子上分布的电极层数(同心圆个数)、每一层电极的个数(电动机的极数)、排列方式、电极形状，定转子电极之间的交叉方式可以根据需要进行设计优化。定转子的相互空间位置可以沿轴向排列，也可以沿径向排列。定转子电极板和电极条材料可以是任意导电金属，也可以采用不导电材料再镀一层导电层。电介质可以是气体也可以是液体。作为单相电动机，两个定子分别施加正、负电压，中间的转子接地。

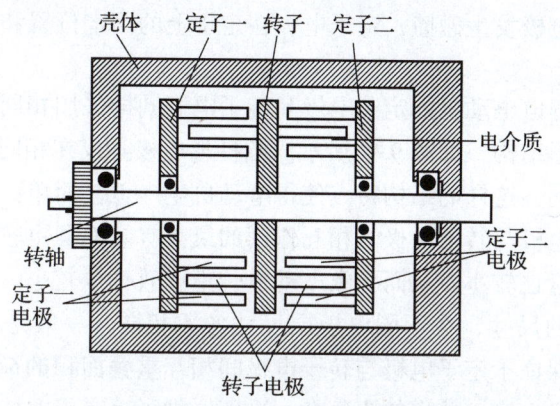

图 9-2 单相径向电容可变式静电电动机的结构示意

1. 定转子

定转子是保证径向电容可变式静电电动机正常运转的主体结构，为定子电极和转子电极之间的静电能变化提供条件，进而保证电动机能够正常运行。径向电容可变式静电电动机的定子和转子一般采用相同的结构设计，这样的结构设计不仅控制了电动机生产的成本，还保证了电动机整体结构的稳定。定子一般通过轴承设置在转子转轴上，始终保持固定状态，两个定子电极板在轴上的固定位置沿转子旋转方向相差180°电角度(同一层中相邻两个电极沿转子旋转方向上相差360°电角度)，以保证电动机的电容变化量及转矩最大化；而转子则固定在转子转轴上，跟随转子转轴同步转动。径向电容可变式静电电动机的定子和转子样机如图 9-3 所示，采用塑料 3D 打印成型，然后在表层镀一层金属镍使其导电。

图 9-3 径向电容可变式静电电动机的定子和转子样机

2. 定转子电极

定转子电极一般沿着垂直于定转子表面的方向嵌入定转子，使得定子电极和转子电极之间能够彼此重叠，保证在外加激励后静电能的能量变化能够正常进行。这样的结构使得径向电容可变式静电电动机的定转子电极沿着电动机的转子转轴方向进行延伸，意味着电动机的静电能作用方向是沿着电动机的径向的，这也是径向电容可变式静电电动机名称的由来。

定子电极、转子电极分别以定子中心、转子中心为圆心，由内向外呈圆形分布。为了避免定子电极和转子电极发生碰撞，定子电极在定子上的固定位置和转子电极在转子上的固定位置彼此错开。

径向电容可变式静电电动机的定子电极和转子电极同样采用相同的结构设计，通常采用圆柱形结构或棱柱形结构，如图9-4所示。圆柱形电极不仅在相同电极层尺寸相同，在不同电极层尺寸也相同，这样的结构特点使得电动机生产工艺简单，生产成本具有较为明显的优势，但是定子电极与转子电极间相互作用的最大有效面积也较小，电动机所能产生的电容量及电容变化量也较小，从而导致电动机转矩和效率也较小。而棱柱形电极则仅在相同电极层具有相同的尺寸，在不同电极层尺寸各不相同，一般是从内层到外层逐渐增大，这样的结构特点保证了定子电极与转子电极间相互重叠面积的最大化，但是由于电极尺寸差异较大，电动机生产工艺也较为复杂，进而增加了生产成本。图9-3所示样机采用的即为棱柱形电极。

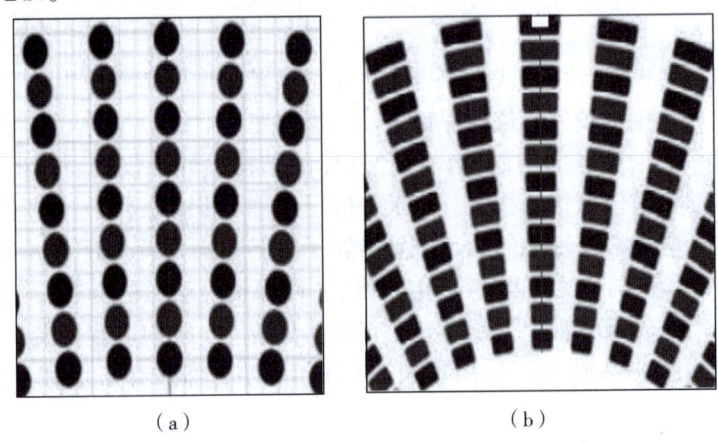

图9-4 常见的径向电容可变式静电电动机定子电极和转子电极结构
(a)圆柱形；(b)棱柱形

不论是圆柱形还是棱柱形，径向电容可变式静电电动机的定转子电极都是沿着轴向延伸的，而定转子则是沿着径向延伸的，进而使得电动机径向尺寸较小，轴向尺寸较大。这样的结构导致越靠近转子转轴的电极层热量堆积越严重，散热能力越差。

3. 气隙及电介质

气隙是进行静电能能量变化的场所，一般位于电容可变式静电电动机相邻的定子电极和转子电极之间。对径向电容可变式静电电动机来说，气隙的大小是指相邻定子电极和转子电极之间的径向距离，这一参数与外加激励有关，也与电介质的材料特点有关。气隙的大小还决定着电动机整体性能的优劣，影响着电动机的转矩、效率等性能参数。在气隙之间一般填充有电介质，电介质的介电能力对电动机的电容变化量和输出转矩大小也有影响。

一般常用的电介质包括真空、介电能力较好的气体和液体。真空环境对电动机结构的密封性要求较高，生产工艺和日常维护较为复杂，设备一旦发生破损，维修难度较大。因此，真空环境较多地应用在理论和科学研究当中，在实际应用中并不多见。而空气作为较为常见的气体电介质,则不需要担心电介质泄漏的问题,对电动机的生产工艺要求也进一步降低,电动机的整体性能也不逊色于采用真空环境的电动机。液体电介质由于其自身的材料特点,通常情况下都具有较好的介电能力,电动机的转矩性能相较于气体和真空环境都具有明显的提升,但是电动机的损耗也相对较大。

4. 壳体及转轴

电动机的壳体一般设置在电动机的最外侧,对电动机的内部结构起保护作用;同时,还能够支撑电动机的安装部件,如转子转轴、轴承等。对于一些结构特殊的电动机,壳体甚至还能起到散热、隔声的作用。在壳体的轴心一般放置着电动机的转子转轴,转子转轴通过轴承在壳体的两侧表面进行固定,担负着支撑转子、传递转矩、散发热量的任务。除此之外,由于转子转轴固定了转子的位置,保证了定子和转子之间的气隙距离保持恒定,为电容可变式静电电动机的运转提供了保障。

9.3.2 电容可变式静电电动机的工作原理

在电动力学里,洛伦兹力是运动于电磁场的带电粒子所受的力。根据洛伦兹力定律,洛伦兹力可以表达为

$$F = q(E + vB) \tag{9-1}$$

式中,F 是洛伦兹力;q 是带电粒子的电荷量;E 是电场强度;v 是带电粒子的速度;B 是磁感应强度;qE 项是电场力项;qvB 项是磁场力项。在电动机领域通常会忽视电场也能产生力矩来做功,电容可变式静电电动机便是利用洛伦兹力的电场力项来产生力矩的。

电容可变式静电电动机的工作原理可以类比开关磁阻电动机的"磁阻最小原则"。电容可变式静电电动机施加驱动电压后,定转子电极之间产生的电场力试图使转子电极与最近的定子电极相对齐,以实现定转子电极之间能量最小,从而产生驱动转子旋转的转矩。

电容可变式静电电动机基于静电场,而开关磁阻电动机基于磁场,两种电动机的参数对比如表9-1所示。其中,磁阻 R_M 是电感 L 的倒数乘以匝数 N 的平方,倒电容是电容的倒数,磁阻和倒电容都只由填充气隙的材料和电感/电容的几何尺寸决定。磁阻或者倒电容越低,磁通或电通量越容易穿透给定源的空间,从而产生越高的储能能力。开关磁阻电动机的转矩与电感的变化量及电流的平方成正比,而电容可变式静电电动机的转矩与电容的变化量及电压的平方成正比。由此,可以得出电容可变式静电电动机的转矩取决于三个因素:一是电容的变化量;二是电容最大值和最小值产生位置之间的角距离,即极数;三是电压的大小。

表9-1 开关磁阻电动机和电容可变式静电电动机的参数对比

参数	开关磁阻电动机	电容可变式静电电动机
通量	$B = \mu_0 H$ $\varphi_M = \iint_S B \cdot dS$ (B 是磁感应强度;μ_0 是真空磁导率; φ_M 是磁通;S 是面积)	$D = \varepsilon_0 E$ $\varphi_E = \iint_S D \cdot dS$ (D 是电位移;E 是电场强度; ε_0 是真空介电常数;φ_E 是电通量;S 是面积)
电感/电容	$L = \dfrac{\varphi_M}{I}$ (L 是电感;φ_M 是磁通;I 是电流)	$C = \dfrac{\varphi_E}{V}$ (C 是电容;φ_E 是电通量;V 是电压)

续表

参数	开关磁阻电动机	电容可变式静电动机
磁阻/倒电容	$R_M = \dfrac{N^2}{L}$ （R_M 是磁阻；N 是匝数）	$\varepsilon_E = \dfrac{1}{C}$ （ε_E 是倒电容）
磁动势/电动势	$MMF = Ni = I = \varphi_M R_M$ （MMF 是磁动势；i 是每匝线圈上的电流）	$EMF = V = \varphi_E \varepsilon_E$ （EMF 是电动势）
力	$F_M = \dfrac{1}{2}i^2\dfrac{d}{dx}L(x)$ $= \dfrac{1}{2}i^2\dfrac{d}{dx}\dfrac{N^2}{R_M(x)}$ （x 是转过的距离）	$F_E = \dfrac{1}{2}V^2\dfrac{d}{dx}C(x)$ $= \dfrac{1}{2}V^2\dfrac{d}{dx}\dfrac{N^2}{\varepsilon_E(x)}$ （x 是转过的距离）
转矩	$T_M = \dfrac{1}{2}i^2\dfrac{dL}{d\theta} \propto i^2\dfrac{L_{max}-L_{min}}{\Delta\theta}$ （L_{max} 是能够达到的最大电感；L_{min} 是能够达到的最小电感；θ 是转过的角度）	$T_E = \dfrac{1}{2}V^2\dfrac{dC}{d\theta} \propto V^2\dfrac{C_{max}-C_{min}}{\Delta\theta}$ （C_{max} 是能够达到的最大电容；C_{min} 是能够达到的最小电容；θ 是转过的角度）

现以平行板电容器为例，具体说明电容可变式静电动机的基本原理。平行板电容器的结构示意如图 9-5 所示。

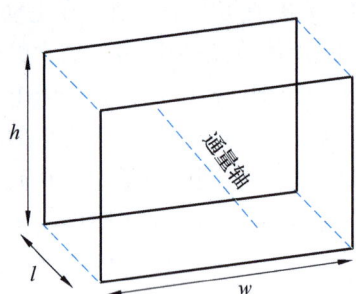

图 9-5 平行板电容器的结构示意

电容器的倒电容为

$$\varepsilon_E = \dfrac{l}{\varepsilon_0 \varepsilon_r wh} = \dfrac{1}{C} \tag{9-2}$$

式中，w 是极板的宽度；h 是极板的长度；l 是两个极板间的距离；ε_0 和 ε_r 分别是真空介电常数和相对介电常数。

当在电容器的两极板间施加电压 V 时，电容器的电能为

$$W = \dfrac{\varepsilon_0 \varepsilon_r wh V^2}{2l} \tag{9-3}$$

假如电容器的两极板在 w 方向不完全重合，存在 x 的重叠长度，则电容器在 w 方向产生的力为

$$F = \dfrac{1}{2}\dfrac{\varepsilon_0 \varepsilon_r h V^2}{l} \tag{9-4}$$

电容器的固定极板保持静止，移动极板则会在力 F 的作用下沿着 w 方向进行运动，最

第 9 章　电容可变式静电电动机

终达到移动极板与固定极板相互对准的稳定状态。将电容器的固定极板看作电容可变式静电电动机的定子电极，将电容器的移动极板看作电容可变式静电电动机的转子电极，在定子电极与转子电极之间填充电介质材料，并对转子向定子移动的自由度加以直线或旋转的限制，这样就可以引申出电容可变式静电电动机。

在明确了电容可变式静电电动机的基本原理后，便可以对其工作原理进行介绍。以图 9-2 所示的单相径向电容可变式静电电动机为例，当定子一电极与转子电极不重合时，定子一电极通电，定子二电极断电，此时定子一电极与转子电极之间由于电容的能量变化而产生静电吸力，这个静电吸力会试图将转子电极与定子一电极相互对准，从而驱动转子运动；当转子电极与定子一电极完全重合时，转子达到平衡位置，静电吸力消失，转子不再转动。此时，定子一电极断电，定子二电极通电，定子二电极与转子电极之间产生的静电吸力继续驱动转子运动，直到转子电极与定子二电极完全重合。此时，转子再次达到平衡位置，静电拉力消失，转子不再转动。重新给定子一电极通电，定子二电极断电，便能维持转子的持续转动。通过检测转子位置并给予定子相应的激励电压，便可以实现静电电动机的正常运转。

9.4　电容可变式静电电动机的设计实例与分析

9.4.1　拓扑结构

本小节针对一种常规尺寸盘式电容可变式静电电动机进行设计与分析。与径向电容可变式静电电动机类似，盘式电容可变式静电电动机的基本结构同样是由定子和转子、定子和转子电极、气隙及电介质、壳体及转轴等部分组成，其结构示意如图 9-6 所示。

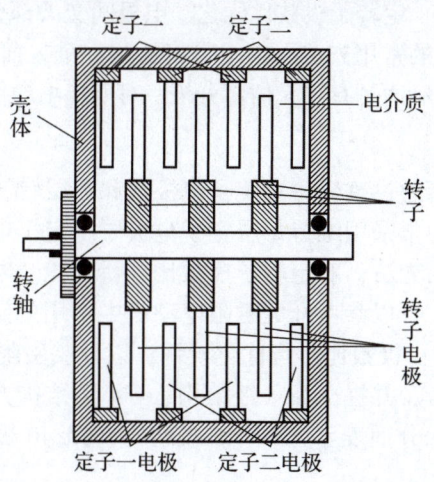

图 9-6　盘式电容可变式静电电动机的结构示意

盘式电容可变式静电电动机的定子和转子通常由多个定子层和转子层组成，按照一个定子层相邻一个转子层的规则沿着转子转轴方向交替设置，通常转子转轴的两端均设置为定子层。定子电极和转子电极一般沿着周向分别嵌入定子内侧面和转子外侧面，其结构示意如图 9-7 所示。因此，定子电极和转子电极之间能够彼此重叠，为静电能的变化提供了保障。这样的结构设计使定子和转子电极沿着电动机的径向进行延伸，而静电能的作用方向则是沿着电动机的轴向，即与转子转轴的方向平行，也正因如此，这类电动机称为盘式电容可变式静电电动机。由于盘式电容可变式静电电动机的定子电极和转子电极都位于相同水平的圆周上，因此电动机的散热能力较好，而径向电容可变式静电电动机定转子内部发热更明显。

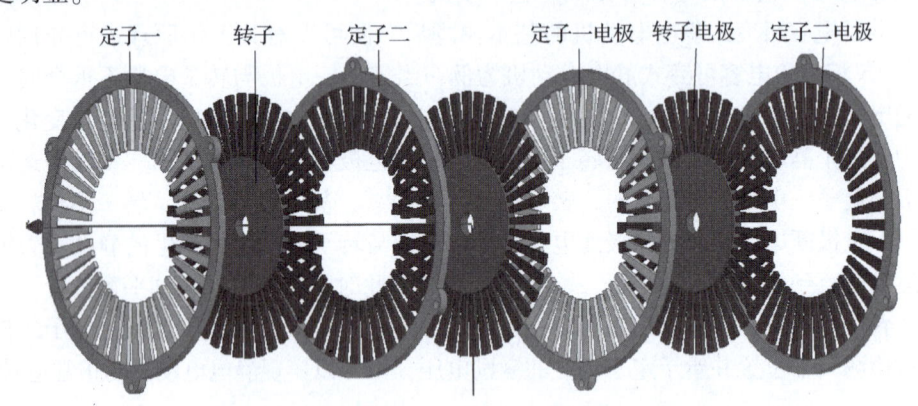

图 9-7　盘式电容可变式静电电动机定子和转子电极的结构示意

9.4.2　性能优化

本小节通过结构的优化设计实现盘式电容可变式静电电动机转矩的提升。电动机结构对于电动机转矩的影响主要在于电极间的正对面积以及电极间气隙的距离。增大电极间的正对面积或者减小电极间气隙的距离都能够提升电动机的转矩。考虑到减小电极间气隙距离会使电介质存在被激励电压击穿的可能，因此采用增大电极间的正对面积来提升电动机转矩。增大电极间的正对面积主要是通过对电极结构进行优化设计，使得电动机整体的电极在工作时彼此之间总的正对面积增加。定转子极数比优化、电极间交叉部分长度优化、电极径向弧度优化是对电极结构进行优化的常用方法，本小节将从这三个方面对电极结构进行优化设计，并给出具体的优化方案。最后通过有限元仿真分析，对所提出的优化方案进行验证。

1. 定转子极数比优化

定转子极数比优化是指通过改变每层定子电极数和每层转子电极数的比值，起到增大电极间正对面积的效果。通常采用维持每层定子电极层中定子电极数量不变，改变每层转子电极层中转子电极数量的方法，对定转子极数比进行优化。电容可变式静电电动机的结构类似于开关磁阻电动机，可以参考开关磁阻电动机中常用的定转子数量比，如 8/6 极结构、6/4 极结构等，对定转子极数比进行优化设计。以开关磁阻电动机的 8/6 极结构、6/4 极结构作为优化设计的参考，并提出 8/4 极结构、4/4 极结构方案进行对比分析。四种电极极数比结构设计可以表示分别表示为 60/45 极结构、60/40 极结构、60/30 极结构、60/60 极结构。

2. 电极间交叉部分长度优化

电极间交叉部分长度优化是指通过改变定子电极以及转子电极的径向长度，以改变电极间交叉部分的长度，进而实现定子电极以及转子电极之间能够达到最大的正对面积。考虑到电极转动的稳定性以及电动机运行的安全性，结合本文中单个电极径向长度为 45 mm、定子电极和转子电极间交叉部分长度为 40 mm 的初始设计，电极间交叉部分长度优化方案仅考虑在初始设计值的基础上进行削减。综合上述因素，电极间交叉部分长度设计为 40 mm 和 35 mm 两种方案并进行对比。

3. 电极径向弧度优化

电极径向弧度优化是指在保持单层电极数不变的前提下，改变单个电极径向弧度，使其与相邻电极间的距离发生变化，进而改变定子电极与转子电极间的正对面积。考虑到电动机的工作原理，单个电极的径向弧度需要控制在 120° 电角度到 180° 电角度之间，以确保电动机的正常运转。结合单个电极径向弧度为 3° 的初始设计，电极径向弧度设计为 4.5° 和 3° 两种方案并进行对比。

将定转子极数比、电极间交叉部分长度以及电极径向弧度三个参数相互融合，构造优化方案。为了构造较为平衡的优化对比方案，遵循单一变量的原则进行方案设计。整合后的多变量优化方案如表 9-2 所示。

表 9-2　整合后的多变量优化方案

序号	单层电极数	电极间交叉部分长度/mm	电极径向弧度/(°)
1	60	35	3
2	60	40	3
3	40	40	3
4	40	40	4.5

在完成优化方案的有限元建模后，分析计算不同方案电极的电容变化量，多变量整合优化仿真结果如图 9-8 所示。从图中可以看出，相比于 60/35 mm/3° 拓扑结构，60/40 mm/3° 拓扑结构增大了电极间交叉部分长度，进而增大了电极间有效相互作用面积，导致电容变化量提高了 109.12%。对比 40/40 mm/3° 拓扑结构和 40/40 mm/4.5° 拓扑结构，可以看出 40/40 mm/4.5° 拓扑结构具有更大的电容变化量，这是因为两种拓扑结构的定转子电极虽然在相同的位置达到电容最大值和最小值，但是 40/40 mm/3° 拓扑结构的电极径向弧度较小，定子电极和转子电极在电容最小值位置的气隙间距较大，使得电容变化量提高了 14.40%。与 60/40 mm/3° 拓扑结构相比，40/40 mm/3° 拓扑结构的电极数量减少，从而导致定子电极和转子电极在电容最小值位置的气隙间距增大，进而导致电容变化量提高了 78.49%。

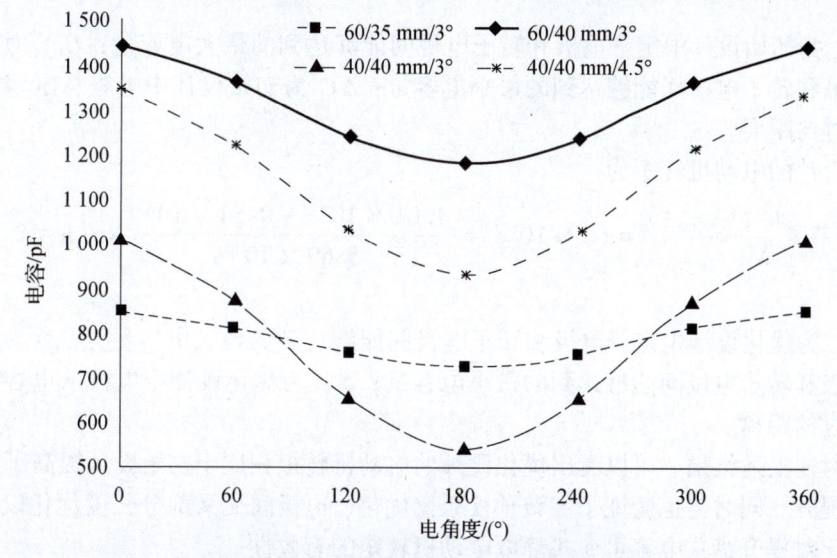

图 9-8　多变量整合优化仿真结果

因此，可以得出规律：定转子电极重叠长度通过改变电极间有效相互作用面积影响电容变化量，而且增大定转子电极重叠长度可以增大电容变化量；电极径向弧度、电极数量则是通过改变电极间气隙间距影响电容变化量，而且减小电极径向弧度、减少电极数量可以增大电容变化量。

综合以上结果和分析，可以得出 40/40 mm/3° 拓扑结构具有理想的电容变化量，是多变量整合优化的最佳结构形式，因此作为多变量整合优化的最终设计。

优化前后电动机的相关参数如表 9-3 所示。

表 9-3　优化前后电动机的相关参数

参数	初始设计	优化设计
定转子极数比	60/60	40/40
单层电极数	60	40
电极间交叉部分长度/mm	40	40
电极径向弧度/(°)	3	3
定子层数	12	12
转子层数	11	11
电极厚度/mm	3	3
电极径向长度/mm	45	45
电极气隙宽度/mm	1	1
转子外侧半径/mm	50	50
定子内侧半径/mm	100	100

初始设计的电动机转矩为

$$T_1 = V^2 \frac{C_{1\max}(x) - C_{1\min}(x)}{\Delta x_1} = (2 \times 10^3)^2 \times \frac{1.44 \times 10^{-9} - 1.18 \times 10^{-9}}{5.69 \times 10^{-3}} \text{N} \cdot \text{m} = 0.18 \text{ N} \cdot \text{m}$$

(9-5)

式中，$C_{1\max}$ 为初始设计中定子电极和转子电极间能够达到的最大电容量；$C_{1\min}$ 为初始设计中定子电极和转子电极间能够达到的最小电容量；Δx_1 为初始设计中电极从电容量最大到最小所转过的距离。

优化设计的电动机转矩为

$$T_2 = V^2 \frac{C_{2\max}(x) - C_{2\min}(x)}{\Delta x_2} = (2 \times 10^3)^2 \times \frac{1.01 \times 10^{-9} - 0.54 \times 10^{-9}}{5.69 \times 10^{-3}} \text{N} \cdot \text{m} = 0.33 \text{ N} \cdot \text{m}$$

(9-6)

式中，$C_{2\max}$ 为优化设计中定子电极和转子电极间能够达到的最大电容量；$C_{2\min}$ 为优化设计中定子电极和转子电极间能够达到的最小电容量；Δx_2 为优化设计中电极从电容量最大到最小所转过的距离。

通过对比上述结果，可以看出优化设计的电动机转矩相比于初始设计提高了 83%，具有明显的提升。同时，也验证了定转子极数比优化、电极间交叉部分长度优化以及电极径向弧度优化对提升盘式电容可变式静电电动机转矩的有效性。

9.4.3 控制策略

根据电容可变式静电电动机的工作原理,电容可变式静电电动机转子旋转的角度与定子通电的脉冲数成正比,速度与脉冲的频率成正比,通过控制施加在定子上的电压信号就可以实现对电动机旋转角度及速度的控制。以单相电动机为例,首先通过脉冲电源产生脉冲信号,然后通过信号分配电路对脉冲信号进行分配,接着将分配后的脉冲信号通过功率放大器件进行放大,最后将放大后的脉冲信号输送给各定子电极,实现电动机驱动及控制。控制策略如图 9-9 所示。

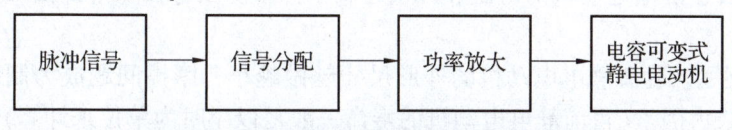

脉冲信号 → 信号分配 → 功率放大 → 电容可变式静电电动机

图 9-9 电容可变式静电电动机的控制策略

首先是产生盘式电容可变式静电电动机控制所需的脉冲信号。考虑到电容可变式静电电动机所需的激励电压较高,可以通过专业的脉冲电源来获得。脉冲信号的波形如图 9-10 所示,其通断电时间可以根据实际需求进行相应的设置和调整。

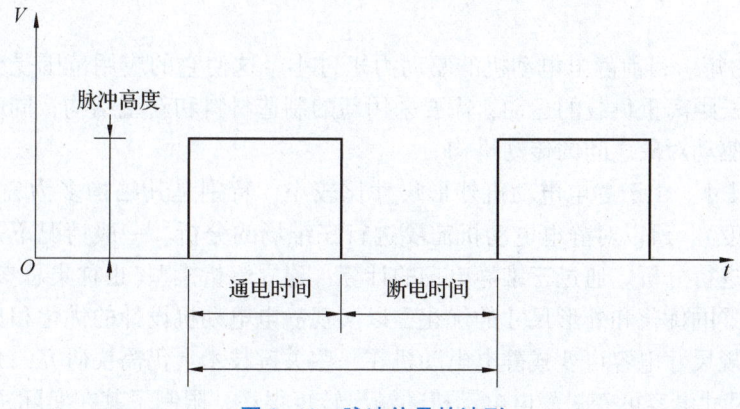

图 9-10 脉冲信号的波形

然后将所产生的脉冲信号按照电容可变式静电电动机的工作原理进行分配,从而实现电动机的通电换相。以所提出的单相结构为例,电动机正转时通电换相的顺序为定子一正电压—定子一无电压—定子二正电压—定子二无电压—定子一负电压—定子一无电压—定子二负电压—定子二无电压—定子一正电压;反转时通电换相的顺序为定子一正电压—定子二无电压—定子二负电压—定子一无电压—定子一负电压—定子二无电压—定子二正电压—定子一无电压—定子一正电压。信号分配可以通过控制器进行软件编程来实现,也可以采用专业的脉冲分配器来完成。分配好的脉冲信号一般电压幅值较小,无法满足电容可变式静电电动机的电压激励需求,需要进行功率放大,通常使用功率放大电路或者专业的功率放大器来完成。放大后的脉冲信号输送给相应的定子,实现电动机的驱动。

9.5 电容可变式静电电动机的应用及展望

目前,静电电动机已经在一些基本上不需要功率输出的场合得到了应用,如光、磁领域。日本丰田中央研究所研究的利用表面微机械加工的静电电动机被用于驱动微机械光学斩波器，通过在电动机电极间施加 100 V 电压产生 0.4 μN 的对应拉力，从而使栅格偏移 2.5 μm。随着微机电系统的不断发展以及微观领域基础理论的不断深入研究，作为微型机械的动力，静电电动机将会发挥其优势，在各种纤细复杂的微环境里有广阔的应用前景。例如，在医疗领域，静电电动机可用在集电子发射器、自动记录仪及计算机等于一体的超小型机械上，这种机器可进入人的肠胃、血管；在航天航空领域，静电电动机可用在带摄像装置进入卫星、宇航飞机内检查故障的机器上；在军事领域，超微静电电动机可以作为微型空中机器人的动力构件，这种机器人装有红外线感应器，能完成规定的侦察任务。

就目前而言，静电电动机的研制和开发还属于探索阶段，在以下方面可以进一步开展研究。

（1）摩擦问题。随着静电电动机的外形尺寸越做越小，摩擦问题成为制约静电电动机寿命与性能的最大因素（目前静电电动机的寿命一般是以小时为单位来计算），同时摩擦力还直接影响着静电电动机的效率。对于超微型的静电电动机，摩擦力主要是由表面间的相互作用而不再是载荷引起的，传统的宏观摩擦理论和研究方法已不再适用。研究微观摩擦理论来获得在质量、压力很小的条件下无摩擦、无磨损的边界条件对于解决以上问题是十分必要的。极小的运动间隙需要严格的防尘技术。发热和耐久性问题也是值得关注的课题。

（2）驱动力矩。目前静电电动机的驱动力矩过小，这使它的应用范围受到限制。要实现静电电动机长距离重负载的运动，需要采用新的制造材料和新型结构，同时也要研究静电电动机与被驱动对象之间的传动机构。

（3）外形尺寸。由于静电电动机外形尺寸比较小，特别是其结构多为扁平状（径向直径大于轴向长度），所以对静电电动机需要进行三维场的分析，一般情况下是采用有限元法或边界元法进行分析。通过三维静电场的计算，建立解析模型（也称集总参数模型），结合电压激励方式的优化和外形尺寸的优化，以实现静电电动机设计的优化和自动化。

另外，常规尺寸电容可变式静电电动机在一些关键技术上仍需要研究，介绍如下。

（1）常规尺寸电容可变式静电电动机的输出转矩很小，限制了其在实际领域中的应用。气体电介质（包含真空）状态下提高电动机的驱动电压和采用相对介电常数更高的液体电介质是目前提出的两种改善电动机输出转矩的方法。但是，这两种方法目前都处于探索性研究和样机及控制器试制阶段，各自的性能特点还不明确，新的提高电动机转矩的方法也在不断探索中。另外，电动机定转子电极的排列方式和电动机结构参数的改变对电动机的输出转矩的影响也很大。因此，需要分析不同拓扑结构电动机的转矩性能特点，研究提高电容可变式静电电动机输出转矩的最佳结构方式并进行优化设计，以提升电动机的转矩密度，更好应对驱动电动机对输出转矩的性能需求。

（2）电动机转矩密度的提升和转矩脉动的抑制离不开控制策略的研究。常规尺寸电容可变式静电电动机的调速和控制涉及电动机学、电力电子、控制理论等众多学科领域。作为一种新型电动机，常规尺寸电容可变式静电电动机的控制原理不同于常规的电磁式电动机，目前只有基于一系列简化条件的线性数学模型作为其控制方法的依据，各种应用于电磁式电动机的控制策略在常规尺寸电容可变式静电电动机转矩控制方面的效果还不明确。因此，需要推导常规尺寸电容可变式静电电动机精确的数学模型，分析电动机的转矩控制参数，研究能有效提高电动机转矩性能的控制策略。

（3）在提高电动机转矩性能的基础上，综合衡量不同结构形式的常规尺寸电容可变式

第9章 电容可变式静电电动机

静电电动机的转矩密度、损耗、效率、高温耐热性、控制系统复杂性、电压等级、成本等性能，是实现常规尺寸电容可变式静电电动机在不同需求领域中应用的前提。常规尺寸电容可变式静电电动机没有电磁式电动机的铜耗和铁耗，理论上应该损耗小、效率高，但是，常规尺寸电容可变式静电电动机需要考虑不同电介质带来的介质损耗和风摩损耗的影响。不同电介质下介质损耗在高电压、高饱和电动机的总损耗里所占的比例还有待验证。而风摩损耗在不同电介质下（如气体电介质和液体电介质）在总损耗中所占比例也有很大区别。因此，需要对比分析不同结构形式电动机的损耗，以及引起的效率和高温耐热性等性能的变化，并综合电动机的转矩密度、控制系统复杂性、电压等级、成本等性能，研究常规尺寸电容可变式静电电动机在实际不同领域中的适用性。

本章小结

　　静电电动机在高效节能、降低成本方面可以作为电磁式电动机的一个重要拓展。电动机由定转子、定转子电极、气隙与电介质、壳体及转轴构成。径向电容可变式静电电动机的定转子电极是沿着电动机的转子转轴方向进行延伸，意味着电动机的静电能作用方向是沿着电动机的径向。盘式电容可变式静电电动机的定转子电极沿着电动机的径向进行延伸，而静电能的作用方向则是沿着电动机的轴向，即与转子转轴的方向平行。电容可变式静电电动机施加驱动电压后，定转子电极之间产生的电场力试图使转子电极与最近的定子电极对齐，以实现定转子电极之间能量最小，从而产生驱动转子旋转的转矩。

　　常规尺寸电容可变式静电电动机的一个关键技术就是提高其输出转矩，可以通过增大电极间的正对面积来实现。增大电极间正对面积主要是通过对电极结构进行优化设计，使得电动机整体的电极在工作时彼此之间总的正对面积增加。定转子极数比优化、电极间交叉部分长度优化、电极径向弧度优化是对电极结构进行优化的常用方法。

思考题与习题

9-1　对比电磁式电动机，简述电容式电动机的优缺点。
9-2　简述电容可变式静电电动机的工作原理。
9-3　简述电容可变式静电电动机的结构特点。
9-4　提升电容可变式静电电动机输出转矩的方法有哪些？

附录 A　自整角机

> **教学目的与要求**
>
> 掌握控制式自整角机的工作原理，转子单相脉动磁场、定子合成磁场的特点；分析确定控制式自整角机的协调位置和失调角；理解力矩式自整角机的工作原理；分析确定力矩式自整角机的协调位置和失调角。

> **学习重点**
>
> 控制式自整角机和力矩式自整角机的工作原理。

> **学习难点**
>
> 确定控制式、力矩式自整角机运行的协调位置，计算失调角。

A.1　自整角机概述

自整角机是一种将转角变换成电压信号的元件，在自动控制系统中实现角度的传输、变换和指示，如液面高度、电梯和矿井提升机高度的位置显示、火炮和雷达系统的角度控制等。自整角机通常是两台或两台以上组合使用，一台或多台自整角机发送机可以带一台或多台自整角机接收机工作。发送机与接收机在机械上互不相连，只有电路的连接。但是，当发送机和接收机的转角不同时，通过电磁作用，接收机将跟随发送机沿着消除转角差的方向旋转，即发送机和接收机具有自动保持相同的转角变化或同步旋转的特点。

按照电源相数不同，自整角机可分为单相自整角机和三相自整角机两类。单相自整角机励磁绕组由单相电源供电，常用的电源频率有 50 Hz 和 400 Hz 两种。由于单相自整角机的精度高、旋转平滑、运行可靠，因而在小功率系统中应用较广。自动控制系统中所使用的自整角机一般为单相自整角机。三相自整角机也称功率自整角机，其励磁绕组由三相电源供电，多用于功率较大的场合，即所谓电轴系统中，如用于钢铁生产自动线中轧制、卷机系统中。

自整角机按其工作原理的不同，可分为控制式自整角机和力矩式自整角机两类。

控制式自整角机主要应用于由自整角机和伺服机构组成的随动系统中。其接收机的转轴不直接带负载，即没有力矩输出。而当转角差产生后，在接收机上输出一个与转角差成正弦函数关系的电压，该电压经放大器放大后加在伺服电机上，使伺服电机转动。伺服电机一方面带动负载转动，另一方面带动自整角机接收机的转子转动，使转角差减小，直到转角差为零时，接收机输出电压也为零，伺服电机立即停转。这时接收机到达和发送机同样的角度位置，同时负载也转过了相应的角度。采用控制式自整角机和伺服机构组成的随动系统，其驱动负载的能力取决于系统中伺服电机的容量，故能带动较大负载。另外，控制式自整角机作为角度和位置的检测元件，其精密度比较高，误差范围仅为 3′~14′。因此，控制式自整角机常用于精密闭环控制的伺服系统中。目前，我国生产的控制式自整角机发送机的型号为 ZKF。控制式自整角机接收机不直接驱动机械负载，而是输出电压信号，通过伺服电机去控制机械负载，因此也称为自整角机变压器，型号为 ZKB。

有时控制式自整角机还用作控制式差动发送机。控制式差动发送机串联于自整角机发送机和自整角机变压器之间，将自整角机发送机转角及其自身转角的和(或差)转变成电信号，传输至自整角机变压器。

力矩式自整角机主要用于精度要求不高的指示系统中。当发送机与接收机转子之间存在失调角时，接收机输出与转角差成正弦函数关系的转矩，沿着消除转角差的方向驱动负载旋转。力矩式自整角机能直接达到转角随动的目的，即将机械角度变换为力矩输出，但无力矩放大作用，带负载能力较差，其静态误差范围为 0.5°~2°。因此，力矩式自整角机适用于负载很轻(如仪表的指针等)及精度要求不高的开环控制的随动系统中。目前，我国生产的力矩式自整角机发送机的型号为 ZLF，自整角机接收机的型号为 ZLJ。

有时力矩式自整角机还用作差动发送机和差动接收机。差动发送机串联于力矩式自整角机发送机和力矩式自整角机接收机之间，将发送机转角及自身转角的和(或差)转变为电信号，传输至接收机；而差动接收机串联于两个力矩式自整角机发送机之间，接收其电信号，并使自身转子转角为两发送机转角的和(或差)。

以下针对控制式自整角机和力矩式自整角机分别进行介绍，所述自整角机均指单相自整角机。

A.2 自整角机的结构

自整角机的结构和一般旋转电机相似，主要由定子和转子两大部分组成。定子铁心的内圆和转子铁心的外圆之间存在很小的气隙。自整角机的结构简图如图 A-1 所示。定子铁心由冲有若干槽数的薄硅钢片叠压而成，槽内布置有三相对称绕组。自整角机的转子有隐极式和凸极式两种结构，如图 A-2 所示，转子铁心上布置有单相绕组。

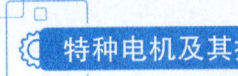

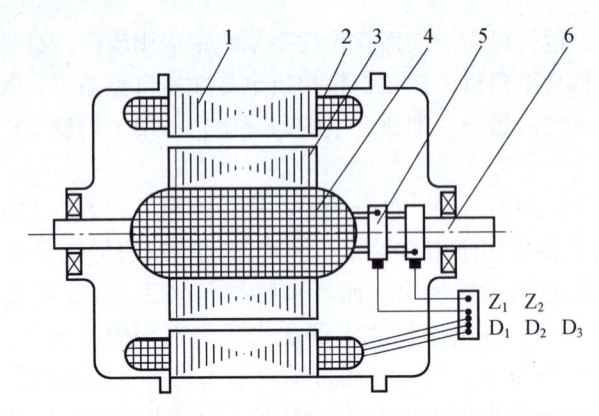

1—定子铁心；2—三相绕组；3—转子铁心；4—转子绕组；5—滑环；6—轴。

图 A-1　自整角机的结构简图

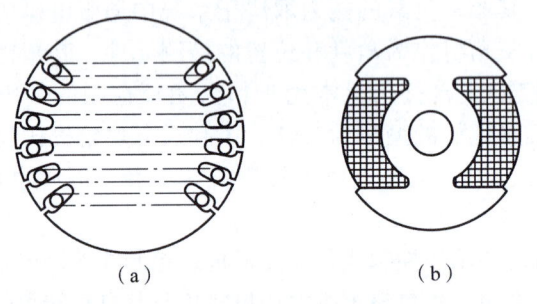

图 A-2　自整角机转子的结构简图
（a）隐极式转子；（b）凸极式转子

1. 定子

定子由铁心和绕组组成。力矩式自整角机的定子冲片采用高磁导率、低损耗的硅钢薄板。控制式自整角机由于有零位电压和电气精度的要求，定子冲片采用磁化曲线线性度好、损耗低、磁导率高的材料，如铁镍软磁合金、符合上述要求的硅钢薄板材料。无论是控制式还是力矩式自整角机，定子铁心总是做成隐极式的，以便将三相同步绕组布置在定子上。

沿定子内圆各槽内均匀分布有三相排列规律相同的绕组，每相绕组的匝数相等，线径和绕组形式均相同，三相空间位置依次落后 120°，这种绕组就称为三相对称绕组。自整角机的三相对称绕组为星形连接。

2. 转子

自整角机的转子铁心有凸极式和隐极式两种。凸极式转子结构与凸极式同步电机转子相似。但在自整角机中均为两极，形状则与哑铃相似，以保证在 360°范围内能够自动同步的要求。隐极式转子结构与绕线式异步电机相似。转子铁心导磁材料选用的原则与定子铁心相同。力矩式自整角机的凸极式转子冲片可以采用有方向性的冷轧硅钢薄板，以提高纵轴方向的磁导率，降低横轴方向的磁导率。

自整角机转子采用凸极式还是隐极式结构，应视其性能要求而定，一般可按下列原则考虑。

（1）控制式自整角机发送机：要求输出阻抗低，采用凸极式结构较好。

（2）差动式自整角机：由于差动式自整角机的转子绕组为三相对称绕组，因此应采用隐极式结构。

(3) 自整角机变压器：由于转子上的单相绕组为输出绕组，为了提高电气精度、降低零位电压，采用隐极式以便布置高精度的绕组。在精度及零位电压要求不高的条件下，凸极式转子结构的自整角机也可作为自整角机变压器使用。自整角机变压器采用隐极式结构可以降低从发送机取用的励磁电流，有利于多个自整角机变压器与控制式发送机的并联工作。

(4) 力矩式自整角机：因为有比力矩和阻尼时间的要求，采用凸极式还是隐极式转子结构，应视其横轴参数配合是否合理而定。小机座号(中心高 45 mm 以下)的工频和中频自整角机一般采用凸极式结构。大机座号(中心高 70 mm 以上)的工频自整角机可以采用凸极式结构，中频自整角机则有可能采用隐极式结构。

A.3 控制式自整角机

在自动控制系统中，目前广泛采用的是控制式自整角机和伺服机构组成的组合系统，因为其能带动较大的负载并有较高的角度传输精度。控制式自整角机运行时必须是两个或两个以上组合使用。下面以控制式自整角机发送机和控制式自整角机接收机成对运行为例来分析其工作原理。

如图 A-3 所示，左边为控制式自整角机发送机(ZKF)，右边为控制式自整角机接收机(ZKB)。ZKF 和 ZKB 的定子绕组引线端 D_1、D_2、D_3 和 D_1'、D_2'、D_3' 对应连接，称之为同步绕组或整步绕组。ZKF 的转子绕组 Z_1、Z_2 端接交流电压 U_f 产生励磁磁场，故称之为励磁绕组；ZKB 的转子绕组通过 Z_1'、Z_2' 端输出感应电动势，故称之为输出绕组。定子 D_1 相绕组轴线相对于励磁绕组轴线的夹角用 θ_1 表示，定子 D_1' 相绕组轴线相对于输出绕组轴线的夹角用 θ_2 表示，规定沿逆时针方向超前为正，图中 θ_1 和 θ_2 皆为正，且 $\theta_2 > \theta_1$。

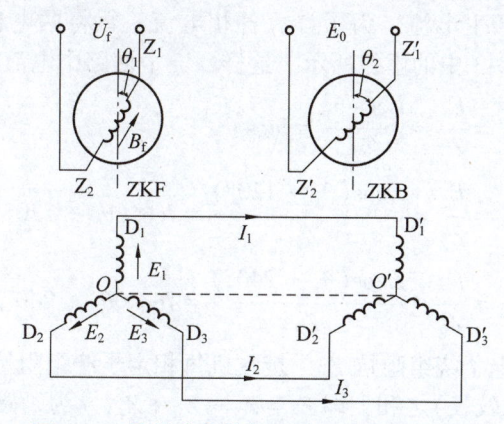

图 A-3 控制式自整角机的工作原理电路图

A.3.1 控制式自整角机发送机的工作原理

当控制式自整角机的励磁绕组接通单相电压 $\dot{U}_f$ 后，励磁绕组将流过电流

$$i_f = I_{fm} \sin \omega t \tag{A-1}$$

根据交流电机知识可知，励磁绕组通过单相交流电，在电机的气隙中形成磁感应强度为 B_f 的脉振磁场(仅考虑基波)，磁感应强度振幅的位置位于励磁绕组的轴线，其物理意义可归纳如下：

(1) 对某瞬时来说,磁感应强度的大小沿定子内圆周长方向作余弦(或正弦)分布;

(2) 对气隙中某一点而言,磁感应强度的大小随时间作正弦(或余弦)变化。

脉振磁场的磁感应强度瞬时值表达式为

$$b_{p1} = B_{m1}\sin \omega t \cos x \qquad (A-2)$$

式中,b_{p1} 为基波每相磁感应强度瞬时值;B_{m1} 为基波每相电流达最大值时产生的磁感应强度幅值;x 为沿周长方向的空间弧度值。

脉振磁场是一个交变的磁场,该磁场匝链发送机定子各相绕组并在其中感应出电动势,这种电动势是由线圈中磁通的交变所引起的,因此也称为变压器电动势。此时,可将励磁绕组看成变压器的一次侧,定子各相绕组看成变压器的二次侧,当二次侧轴线与一次侧磁场方向重合时,二次侧匝链全部的磁通为 Φ_m。当二次侧轴线与一次侧磁场方向存在夹角时,有效匝链的磁通是一次侧磁通在二次侧轴线上的投影。图 A-3 中,绕组 D_1 匝链的磁通为 $\Phi_m\cos\theta_1$,由于励磁绕组是旋转的,因此 θ_1 是在变化的,绕组 D_1 所匝链的磁通也是在变化的。

由于定子三相绕组是对称的,D_2 相绕组在此图中超前 D_1 相绕组 120°,D_3 相绕组超前 D_1 相绕组 240°,因此它们分别和 B_f 轴线的夹角为 $(\theta_1+120°)$、$(\theta_1+240°)$。这样,三相定子绕组匝链励磁磁通所感应电动势的有效值为

$$\begin{cases} E_1 = 4.44 f W_s \Phi_1 = E\cos\theta_1 \\ E_2 = 4.44 f W_s \Phi_2 = E\cos(\theta_1 + 120°) \\ E_3 = 4.44 f W_s \Phi_3 = E\cos(\theta_1 + 240°) \end{cases} \qquad (A-3)$$

式中,W_s 为定子绕组每一相的有效匝数;f 为电源频率;E 为定子绕组轴线和转子励磁绕组轴线重合时该相电动势的有效值,也是定子绕组的最大相电动势,$E = 4.44 f W_s \Phi_m$。

由于发送机和接收机的定子绕组对应连接,构成闭合回路,发送机的定子三相电动势在两定子形成的回路中产生电流。为了计算各相电流,暂将两电机定子绕组的星形中点 O、O' 连接起来,如图 A-3 中的虚线所示。这样,三个回路中电流的有效值为

$$\begin{cases} I_1 = \dfrac{E_1}{Z_Z} = \dfrac{E\cos\theta_1}{Z_Z} = I\cos\theta_1 \\ I_2 = \dfrac{E_2}{Z_Z} = \dfrac{E\cos(\theta_1 + 120°)}{Z_Z} = I\cos(\theta_1 + 120°) \\ I_3 = \dfrac{E_3}{Z_Z} = \dfrac{E\cos(\theta_1 + 240°)}{Z_Z} = I\cos(\theta_1 + 240°) \end{cases} \qquad (A-4)$$

式中,Z_Z 为发送机每相定子绕组阻抗 Z_F、接收机每相定子绕组阻抗 Z_B 及各连接线阻抗 Z_I(考虑实际应用中连接线较长)之和,即 $Z_Z = Z_F + Z_B + Z_I$;I 为励磁磁通轴线和定子绕组轴线重合时,每相的最大电流有效值。流出中线的电流 $I_{O'O}$ 应该为 I_1、I_2、I_3 之和,即

$$I_{O'O} = I\cos\theta_1 + I\cos(\theta_1 + 120°) + I\cos(\theta_1 + 240°) = 0 \qquad (A-5)$$

上式表明,中线中没有电流,因此就不必接中线,这也就是自整角机的定子绕组只有三根引出线的原因。

定子绕组各相电流均产生脉振磁场,磁感应强度的幅值位置就在各相绕组的轴线上,如图 A-4 中的 $\dot{B}_1$、$\dot{B}_2$、$\dot{B}_3$。交变的频率等于定子绕组电流的频率,磁感应强度的大小正比于电流的瞬时值大小。各相脉振磁场的磁感应强度在时间上是同相位的,但幅值与转子的转角有关。根据式(A-2),三相定子磁感应强度 $\dot{B}_1$、$\dot{B}_2$、$\dot{B}_3$ 的大小为

$$\begin{cases} B_1 = Ki_1 = B_m\cos\theta_1\sin\omega t \\ B_2 = Ki_2 = B_m\cos(\theta_1 + 120°)\sin\omega t \\ B_3 = Ki_3 = B_m\cos(\theta_1 + 240°)\sin\omega t \end{cases} \quad (A-6)$$

式中，K 为比例常数，是假定磁路不饱和的情况；B_m 为定子某相电流达最大值时产生的磁感应强度幅值，$B_m = K\sqrt{2}I$。

三相合成磁感应强度的结论可以用空间矢量的分解、合成法来分析。首先沿着转子励磁绕组的轴线作 x 轴，并使 y 轴和 x 轴正交。然后分别把磁感应强度 $\dot{B}_1$、$\dot{B}_2$、$\dot{B}_3$ 分解成 x 轴分量和 y 轴分量，并在 x 轴和 y 轴上进行合成，定子磁场的合成和分解如图 A-4 所示。

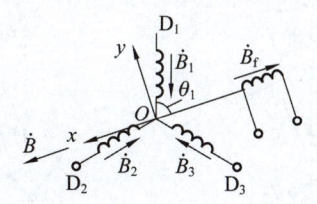

图 A-4 定子磁场的合成和分解

由
$$B_x = B_{1x} + B_{2x} + B_{3x} = B_1\cos\theta_1 + B_2\cos(\theta_1 + 120°) + B_3\cos(\theta_1 + 240°) \quad (A-7)$$
可以推导出
$$B_x = \frac{3}{2}B_m\sin\omega t \quad (A-8)$$

由
$$B_y = B_{1y} + B_{2y} + B_{3y} = -B_1\sin\theta_1 - B_2\sin(\theta_1 + 120°) - B_3\sin(\theta_1 + 240°) \quad (A-9)$$
可以推导出
$$B_y = 0 \quad (A-10)$$

因此，定子三相合成磁场为
$$B = B_x + B_y = B_x = \frac{3}{2}B_m\sin\omega t \quad (A-11)$$

由以上分析结果，可得如下结论。

（1）定子三相合成磁感应强度 $\dot{B}$ 在 x 轴方向，即与励磁绕组轴线重合。根据变压器磁动势平衡的理论，发送机的定子合成磁场必然对转子励磁磁场起去磁作用。因此，自整角机发送机的定子合成磁场的方向必定与转子励磁磁场方向相反。图 A-3 中，由于励磁绕组轴线和定子绕组 D_1 相轴线的夹角为 θ_1，因此定子合成磁场的轴线超前 D_1 相轴线 $(180°-\theta_1)$。

（2）由于合成磁感应强度 $\dot{B}$ 在空间的幅值位置不变，且其大小是时间的正弦（或余弦）函数，故定子合成磁场也是一个脉振磁场。

（3）定子三相合成脉振磁场的幅值为一相磁感应强度最大值的 3/2 倍，其大小与转子相对定子的位置角 θ_1 无关。

A.3.2 控制式自整角机接收机的工作原理

当电流流过控制式自整角机接收机定子绕组时，在气隙中同样要产生一个合成的脉振磁场。由于发送机和接收机之间的定子绕组按相序对应连接，因此各对应相的电流应该大小相等、方向相反（一个流入，一个流出）。因此，接收机定子合成磁感应强度轴线应与 D_1' 相绕组轴线的夹角为 θ_1，其方向与发送机定子合成磁感应强度相反，即与自己的第一相绕组轴线（发送机定子合成磁感应强度轴线相对 D_1 相绕组轴线，接收机定子合成磁感应强度轴线相对 D_1' 相绕组轴线）位置相差 180°，若一个是超前，则另一个为滞后。接收机定子合成磁场的磁感应强度用 $\dot{B}'$ 表示，如图 A-5 所示，图中已知接收机输出绕组轴线与 D_1' 相绕组轴线的夹角为 θ_2，将 $\dot{B}'$ 与 ZKB 输出绕组轴线的夹角用 δ 表示，则 $\delta = \theta_2 - \theta_1$，合成磁场在输出绕组中感应的变压器电动势有效值为

$$E_2 = E_{2\max} \cos \delta \tag{A-12}$$

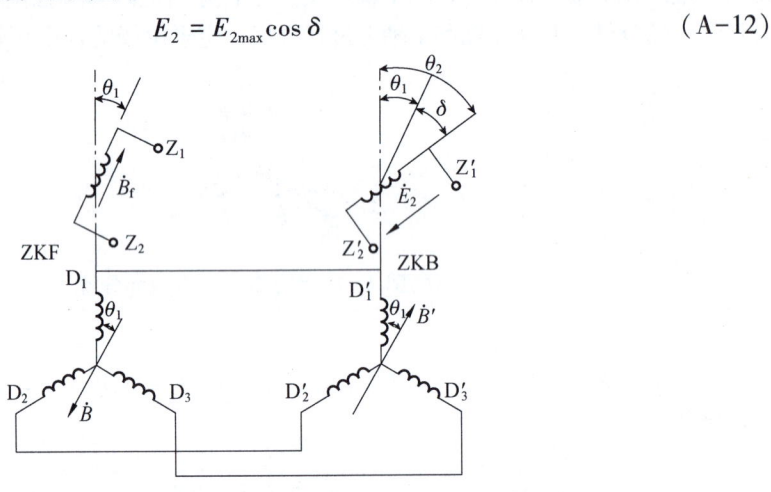

图 A-5 控制式自整角机发送机和接收机的定子合成磁感应强度

可以看出，变压器输出绕组电动势的有效值与两转轴之间的差 δ 的余弦成正比。当转角差 $\delta = 0°$，$\cos \delta = 1$ 时，接收机的转子输出电动势 E_2 达最大；而当 $\delta = 90°$，$\cos \delta = 0$ 时，$E_2 = 0$。随动系统常用到协调位置这一术语，即规定输出电动势 $E_2 = 0$ 时的转子绕组轴线为控制式自整角机的协调位置，即图 A-6 中落后于接收机定子合成磁场磁感应强度 $\dot{B}'$ 相位 90° 的位置为协调位置（用矢量 $\dot{X}_t$ 表示），并把转子偏离此位置的角度定义为失调角 γ。

$\delta = 90° - \gamma$，可推导出

$$E_2 = E_{2\max} \cos(90° - \gamma) = E_{2\max} \sin \gamma \tag{A-13}$$

上式说明自整角机接收机的输出电动势与失调角 γ 的正弦成正比，其相应曲线形状如图 A-7 所示。当 $0° < \gamma < 90°$ 时，输出电动势 E_2 将随失调角 γ 增大而增大；当 $90° < \gamma < 180°$ 时，输出电动势 E_2 将随失调角 γ 增大而减小；当 $\gamma = 180°$ 时，输出电动势 E_2 又变为零。此外，当失调角 γ 变为负值时，输出电动势 E_2 的相位将变反。

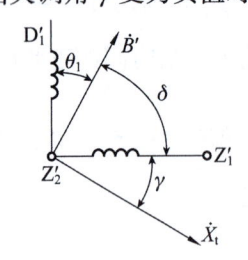

图 A-6 控制式自整角机的协调位置 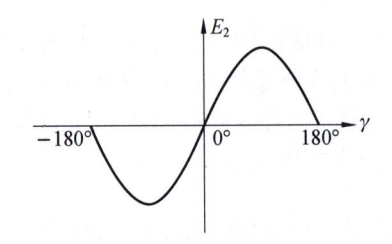　　图 A-7 控制式自整角机的输出电动势曲线形状

当失调角很小时，可近似认为 $\sin \gamma = \gamma$，这样 $E_2 = E_{2\max} \gamma$，所造成的误差不超过 0.6%。

因此，可以把失调角很小时的输出电动势看作与失调角成正比。这样，输出电动势的大小就反映了发送机轴与接收机轴转角差值的大小。

输出电压和失调角的关系为 $U_2 = U_{2max} \sin \gamma$，在 γ 角很小时，$U_2 = U_{2max} \gamma$，即此时可以用正弦曲线在 $\gamma = 0$ 处的切线近似地代替该曲线。这条切线的斜率就是所谓的比电压，其值等于在协调位置附近单位失调角所产生的输出电压。比电压大，切线斜率大，即失调同样的角度所获得的信号电压大，因此系统的灵敏度就高。国产 ZKB 的比电压数值范围为 $0.1 \sim 1 \text{ V}/(°)$。

A.3.3　带有差动发送机的控制式自整角机

当转角随动系统需要传递两个发送轴角度的和或差时，需要在自整角机发送机和接收机之间接上一个差动发送机。差动发送机的转子采用隐极式结构，转子铁心的槽中放有三相对称分布绕组，并通过三组集电环和电刷引出；定子和普通自整角机完全相同，定子绕组为三相对称绕组。图 A-8 为带有差动发送机的控制式自整角机的工作原理，从左到右依次为自整角机发送机(ZKF)、差动发送机(ZKC)、自整角机接收机(ZKB)。差动发送机的定子三相绕组与自整角机发送机的定子三相绕组相连，差动发送机的转子三相绕组与自整角机接收机的定子三相绕组相连。当自整角机发送机转子绕组加上励磁电压 U_f 后，假设两台发送机的转角分别为 θ_1 和 θ_2，若 $\theta_1 = \theta_2$，则自整角接收机的转子绕组输出电动势 $E_2 = 0$；若 $\theta_1 \neq \theta_2$，则自整角机接收机的转子绕组输出和 $\sin(\theta_1 - \theta_2)$ 成正比的交流电压。

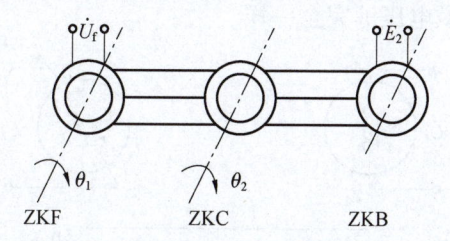

图 A-8　带有差动发送机的控制式自整角机的工作原理

A.3.4　控制式自整角机的应用

利用带有差动发送机的控制式自整角机可构成舰艇上火炮的自动瞄准系统，其方位角如图 A-9 所示。其中，θ_1 是目标相对于正北方向的方位角，作为自整角机发送机的输入角；θ_2 是舰艇航向的方位角，作为差动发送机的输入角，则自整角机接收机的输出电压为

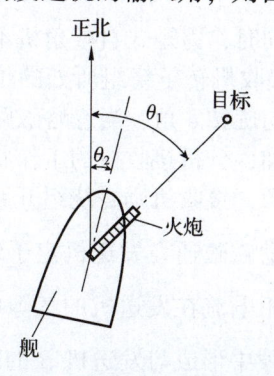

图 A-9　舰艇上火炮自动瞄准系统的方位角

$$E_2 = E_{2\max}\sin(\theta_1 - \theta_2) \qquad (A\text{-}14)$$

伺服电机在 E_2 的作用下带动火炮转动。由于自整角机接收机的转轴和火炮轴耦合，当火炮相对舰头转过 $(\theta_1 - \theta_2)$ 时，自整角机接收机也转过同样的角度，则此时输出电压为零，伺服电机停止转动，火炮所指的位置正好对准目标。由此可见，尽管舰艇的航向不断变化，但火炮始终能自动对准某一目标。

A.4 力矩式自整角机

在自动装置、遥测和遥控装置中，常需要在一定距离以外（特别是危险环境下）远程监视和控制这些装置的高度、深度、开启度等位置信息和运行情况。此时，可以利用力矩式自整角机直接驱动指针等负载构成角度指示（传输）系统。

A.4.1 力矩式自整角机的工作原理

类似控制式自整角机，力矩式自整角机也是成对工作的，其发送机和接收机分别用 ZLF 和 ZLJ 表示，接收机会跟随发送机的转动而转动，达到同步旋转或随动的目的。与控制式自整角机不同的是，力矩式自整角机接收机的转子绕组也接入交流励磁电压 $\dot{U}_\text{f}$，发送机和接收机的转子绕组都为励磁绕组，其工作原理如图 A-10 所示。图中发送机和接收机的结构参数、尺寸、励磁电压等完全一样。

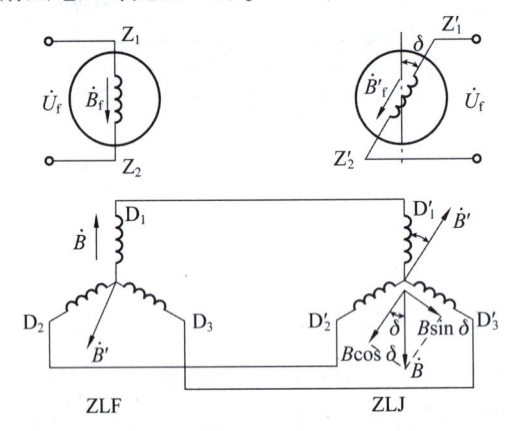

图 A-10 力矩式自整角机的工作原理

当发送机和接收机的角度相同时，力矩式自整角机不工作，假定发送机和接收机转子绕组的初始位置为图 A-10 所示接收机转子绕组所处的位置。当两机加励磁后，人为地将发送机转子轴线位置沿顺时针方向旋转 δ 角，当忽略磁路饱和时，分别讨论发送机和接收机单独励磁的作用，然后进行叠加，分析接收机的工作状态。

（1）发送机励磁绕组接通电源，接收机励磁绕组开路。此时所发生的情况与控制式自整角机运行类似，即发送机转子励磁磁通在发送机定子绕组中感应电动势 $\dot{U}_\text{f}$，因而在两机定子绕组回路中引起电流，三相电流在发送机的气隙中产生与发送机 $\dot{B}'_\text{f}$ 方向相反的合成磁感应强度 $\dot{B}$，而在接收机气隙中形成与发送机 $\dot{B}$ 的对应方向相反的合成磁感应强度，这里仍用 $\dot{B}$ 来表示。

(2) 将接收机单独加励磁,发送机励磁绕组开路。同理,此时接收机中的情况与上述发送机中的情况一样,发送机中的情况与上述接收机中的情况一样。亦即接收机定子三相电流产生的合成磁感应强度 $\dot{B}'$ 与接收机的 $\dot{B}'_f$ 方向相反,而发送机定子合成磁感应强度 $\dot{B}'$ 与接收机本身的合成磁感应强度对应方向相反。

(3) 力矩式自整角机实际运行时,发送机和接收机应同时励磁,则发送机和接收机定子绕组同时产生磁感应强度 $\dot{B}'$、$\dot{B}$,$B = B'$,利用叠加原理可将它们合成。为了分析接收机转子绕组的受力情况,把接收机中由发送机励磁产生的磁感应强度 $\dot{B}$ 根据接收机转子绕组轴线分解成以下两个分量。

① 一个分量的方向和转子绕组轴线一致,长度用 $B\cos\delta$ 表示。这样,在转子绕组轴线方向上,定子合成磁感应强度的大小为 $\dot{B}_d = B' - B\cos\delta = B(1 - \cos\delta)$,方向与接收机励磁磁感应强度 $\dot{B}'_f$ 相反,即起去磁作用,但不会使接收机转子旋转。

② 另一个分量的方向和转子绕组轴线垂直,大小用 $B\sin\delta$ 表示。这样,在垂直于转子绕组轴线的方向上,定子合成磁感应强度的长度为 $\dot{B}_q = B\sin\delta$。$\dot{B}_q$ 和 $\dot{B}'_f$ 的方向垂直,彼此之间互相作用要产生转矩。根据载流线圈在磁场中会受到电磁力的作用,$\dot{B}_q$ 和 $\dot{B}'_f$ 之间的作用可以转化成载流的接收机励磁线圈和磁感应强度 $\dot{B}_q$ 之间的作用,受力情况如图 A-11(a)所示。在这里,接收机励磁绕组相当于可转动的线圈,定子绕组所产生的磁感应强度为 $\dot{B}_q$ 的磁场相当于外磁场。接收机励磁绕组通电后,它的两个线圈边就受到 $\dot{B}_q$ 所引起的磁场的作用力,转矩的方向是使载流线圈所产生的磁场方向和外磁场方向一致,即使接收机转子受到逆时针方向转矩,使角 δ 趋向于 δ=0°[见图 A-11(b)],$\dot{B}'_f$ 和 $\dot{B}$ 方向相同时的方向。

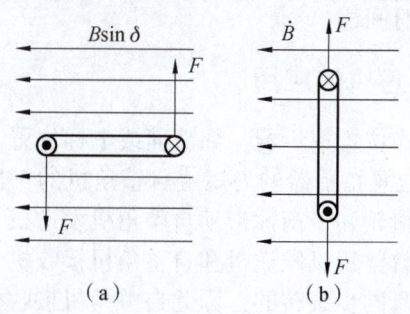

图 A-11 接收机转子励磁线圈在其定子合成磁场中所受到的力矩
(a) δ≠0°时; (b) δ=0°时

以上说明了力矩式自整角机的工作原理,即发送机转子一旦旋转一个 δ 角,接收机转子就会朝着使角 δ 减小的方向转动。当 δ 减到 0°时,转矩等于 0,因而停止了转动,以达到协调或同步的目的。若发送机转子连续转动,则接收机转子便跟着转动,这就实现了转角随动的目的。

力矩式自整角机的接收机转子在失调时能产生转矩 T 来促使转子和发送机的转子协调,这个转矩称为整步转矩。由于磁感应强度 $B_q = B\sin\delta$ 起了关键作用,故整步转矩与 $\sin\delta$ 成正比,即 $T = KB\sin\delta$,K 为转矩常数。因为 δ = 0°时,$T = 0$,所以当接收机的转子受到的转矩为零时,称自整角机发送机与接收机处于协调位置(用矢量 $\dot{X}_L$ 表示);当 δ≠0°、$T \neq 0$

时，称自整角机发送机与接收机失调，δ 角就称为失调角。图 A-12 为整步转矩与失调角的关系。

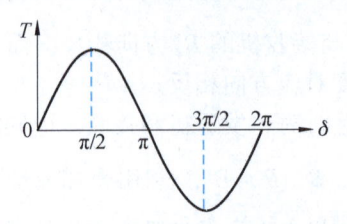

图 A-12 整步转矩与失调角的关系

当失调角很小时，数学上 $\sin\delta \approx \delta$（δ 单位取 rad），则认为 $T = KB\sin\delta = KB\delta$，此时，转矩与产生它的磁场成正比。

类似于控制式自整角机的比电压，将失调角 δ = 1°时的整步转矩称为比整步转矩。比整步转矩反映了自整角机的整步能力和精度。

到达协调位置时，即失调角为零时，整步转矩等于零，接收机应该停转。但由于惯性的作用，接收机的转子会超越协调位置，此时失调角改变符号，整步转矩也改变方向，从而使接收机反转。同样，反转后由于惯性，转子又会超过协调位置。如此反复，接收机的转子将围绕协调位置来回振荡，若不采取措施，振荡时间将很长。为了使接收机在协调位置尽快稳定下来，在力矩式自整角机接收机中要装设阻尼装置来减小系统运行时的振荡。接收机的阻尼装置有两种：一种是在转子铁心中嵌放阻尼绕组，也称为电气阻尼；另一种是在接收机的转轴上装阻尼器，又称为机械阻尼。机械阻尼器的基本元件为惯性轮摩擦装置。当产生振荡时，惯性轮几乎不动，转轴受到附加摩擦转矩作用，将转子的动能消耗掉，振荡就会迅速衰减。在自整角机的技术数据中常给出接收机转子阻尼时间的数值，它是一个测量值，其含义是：强迫自整角机接收机失调 177°±2°时，放松后经过衰减振荡到稳定的协调位置时所需要的时间值。

A.4.2 力矩式自整角机的应用

力矩式自整角机广泛用作位置指示器，如液面或电梯位置的指示，两扇闸门开度的指示等。图 A-13 为作为液面位置指示器的力矩式自整角机的工作原理。浮子 1 随着液面升降而上下移动，通过绳索、滑轮和平衡锤带动自整角机发送机 2 的转子转动，将液面位置转换成发送机转子的转角。自整角机发送机和自整角机接收机 3 之间再通过定子上的导线实现远距离连接，由于转子是同步旋转的，因此自整角机接收机转子就带动指针准确地跟随着发送机转子的转角变化而偏转。若将角位移换算成线位移，则可方便地测出水面的高度，从而实现远距离的位置指示。这种位置指示器不仅可以测量水面或液面的位置，还可以用来测量阀门的位置、电梯和矿井提升机的位置、变压器分接开关位置等。

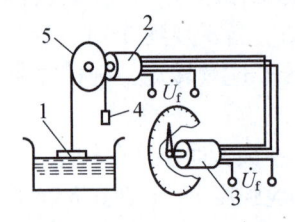

1—浮子；2—自整角机发送机；3—自整角机接收机；4—平衡锤；5—滑轮。
图 A-13 作为液面位置指示器的力矩式自整角机的工作原理

A.5 自整角机的技术指标和选用

1. 控制式自整角机的主要技术指标

1) 比电压

自整角机接收机在协调位置附近，失调角为 1° 时的输出电压称为比电压。比电压是自整角机接收机的一项重要性能指标。比电压越大，表示系统的精度和灵敏度越高。

2) 电气误差

理论上自整角机接收机和自整角机发送机的转子处于协调位置时，其输出电压为零，但实际上由于工艺、结构、材料等方面的原因，输出绕组仍有一定的电压输出，称为零位电压。只有自整角机接收机的转子在某一位置时，才能使输出电压为零。这种实际转子的转角与理论值的差值称为电气误差，它直接影响系统的精度。控制式自整角机的精度等级就是根据电气误差分类的。

3) 输出相位移

自整角机接收机输出电压的基波分量与励磁电压的基波分量之间的时间相位差称为输出相位移，单位为角度，数值范围为 2°~20°。它直接影响交流伺服系统的移相要求。

2. 力矩式自整角机的主要技术指标

由于力矩式自整角机通常用于角度传输的指示系统中，因此要求它有较高的角度传输精度。

1) 比整步转矩

失调角 $\delta = 1°$ 时的整步转矩称为比整步转矩。比整步转矩的值越大，系统越灵敏。由于自整角机的精确度和运行可靠性在很大程度上取决于比整步转矩，因此它是力矩式自整角机的一个重要性能指标。

2) 阻尼时间

强迫接收机的转子失调 177°±2°，从失调位置稳定到协调位置所需的时间称为阻尼时间。通常要求阻尼时间不应超过 3 s，阻尼时间越短，表示接收机的跟随性能越好。

3) 静态误差

理论上接收机可以稳定在失调角为零的位置，但实际上接收机的转轴上总是存在着阻转矩，使接收机不能复现发送机的转角，二者的角差称为静态误差。

3. 自整角机的选用

选用自整角机时应注意其技术数据必须与系统的要求相符合，主要应比较励磁电压、最大输出电压、空载电流和空载功率、开路输入阻抗、短路输出阻抗、开路输出阻抗等技术参数是否符合要求。在选用自整角机时应注意以下事项。

(1) 自整角机的励磁电压和频率必须与使用的电源符合。当电源可以任意选择时，对于尺寸小的自整角机，选电压低的电源比较可靠；对于长传输线路，选用电压高的电源可以降低线路压降的影响；要求体积小、性能好的，应选用 400 Hz 电源的自整角机，否则采用工频电源比较方便(不需要专门的中频电源)。

(2) 相互连接使用的自整角机，其对接绕组的额定电压和频率必须相同。

(3) 在电源容量允许的情况下，应选用输入阻抗较低的发送机，以便获得较大的负载能力。

(4) 选用自整角机接收机和差动发送机时，应选输入阻抗较高的产品，以减轻发送机的负载。

本章小结

自整角机是一种将转角变换成电压信号的元件，在自动控制系统中实现角度的传输、变换和指示。自整角机通常是两台或两台以上组合使用，一台或多台自整角机发送机可以带一台或多台自整角机接收机工作。

自整角机按其工作原理的不同，可分为控制式自整角机和力矩式自整角机两类。控制式自整角机主要应用于由自整角机和伺服机构组成的随动系统中。其接收机的转轴不直接带负载，即没有力矩输出。而当转角差产生后，在接收机上输出一个与转角差成正弦函数关系的电压，该电压经放大器放大后加在伺服电机上，使伺服电机转动。力矩式自整角机主要用于精度要求不高的指示系统中。当发送机与接收机转子之间存在失调角时，接收机输出与转角差成正弦函数关系的转矩，沿着消除转角差的方向驱动负载旋转。

思考题与习题

A-1 控制式自整角机的比电压大，就是失调同样的角度所获得的信号电压大，系统的灵敏度就_____。

A-2 说明控制式自整角机的工作原理。

A-3 什么是力矩式自整角机的比整步转矩？比整步转矩的数值大好还是小好？为什么？

A-4 简要说明力矩式自整角机接收机中整步转矩是怎样产生的。它与哪些因素有关？

A-5 一对控制式自整角机，定转子连接情况和相对位置如图 A-14 所示，励磁磁场的轴线如图中 $\dot{B}_f$ 方向，$\alpha_1 > \alpha_2$。

(1) 画出运行时发送机和接收机定子合成磁场的方向、转子的协调位置 X_t；

(2) 求失调角。

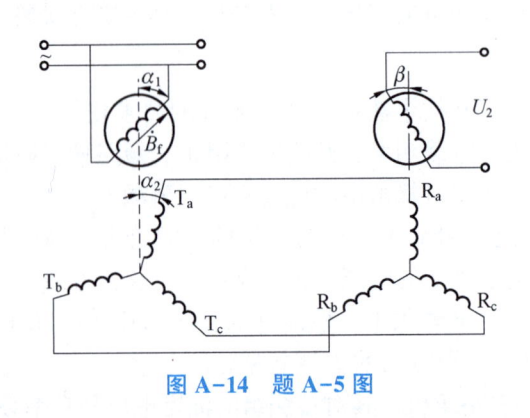

图 A-14 题 A-5 图

A-6　一对力矩式自整角机如图 A-15 所示，设 $\alpha_1 > \alpha_2$。
(1) 画出接收机转子所受的整步转矩方向的示意图；
(2) 求失调角；
(3) 画出接收机协调位置示意图。

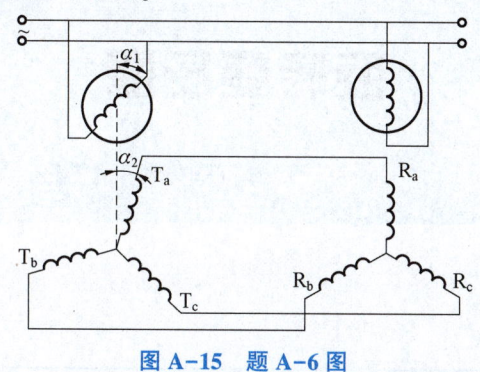

图 A-15　题 A-6 图

附录 B 旋转变压器

教学目的与要求

掌握旋转变压器的类型、功用和结构特点；理解正余弦旋转变压器的工作原理；分析引起旋转变压器接负载后输出特性发生畸变的原因及补偿方法；了解线性旋转变压器的工作原理。

学习重点

正余弦旋转变压器的工作原理。

学习难点

正余弦旋转变压器接负载后输出特性发生畸变的原因及补偿方法。

B.1 旋转变压器的类型和用途

旋转变压器可以看成一种能够旋转的变压器，它是一种精密测量角度用的小型交流电机。旋转变压器的输出电压随转子转角的变化而变化，根据输出电压的不同，可以将旋转变压器分为正余弦旋转变压器(代号为 XZ)和线性旋转变压器(代号为 XX)。其中，正余弦旋转变压器的输出电压与转子转角成正余弦函数关系；线性旋转变压器的输出电压与转子转角在一定转角范围内成正比。

此外，按照电机极对数的多少，可将旋转变压器分为单极对和多极对两种。按照有无电刷与滑环间的滑动接触，可将旋转变压器可分为接触式和无接触式两大类。按照用途不同，可将旋转变压器分为解算用旋转变压器和数据传输用旋转变压器，解算用旋转变压器可以用来进行坐标变换、三角函数计算等；数据传输用旋转变压器在同步随动系统中可用于传递转角，可以单机运行，如用作转子位置传感器检测永磁同步电机的定、转子相对位置角，也可以像自整角机那样成对或三机组合使用。

旋转变压器适用于所有使用旋转编码器的场合，特别是高温、严寒、潮湿、高速、高振动等旋转编码器无法正常工作的场合。因此，旋转变压器凭借自身具有的特点，广泛应用在伺服控制系统、机器人、汽车、电力、冶金、纺织、航空航天、兵器、电子、轻工、建筑等行业的角度、位置检测系统中。此外，旋转变压器作为一种最常用的转角检测元件，结构简单、工作可靠，且其精度能满足一般的检测要求，广泛应用在各类数控机床上，如镗床、回转工作台、加工中心、转台等。

旋转变压器和普通变压器从原理上讲完全一样，旋转变压器的定子绕组相当于普通变压器的一次侧，转子绕组相当于普通变压器的二次侧，两者都是利用一次侧与二次侧之间的互感进行工作的。所不同的是，普通变压器的一、二次侧是相对静止的，并且它们之间的互感为最大且保持不变；而在旋转变压器中，定、转子绕组间的相对位置是可变的。

B.2 正余弦旋转变压器

B.2.1 正余弦旋转变压器的结构和工作原理

1. 正余弦旋转变压器的结构

旋转变压器的结构与绕线式异步电机相似，定、转子铁心由导磁性能良好的硅钢片叠压而成，为了获得良好的电气对称性，以提高精度，一般设计成隐极式，定、转子之间的气隙是均匀的。定子和转子槽中各布置两个交流分布绕组，定子绕组四个出线端直接引至接线柱上，转子绕组四个出线端经过四个滑环和电刷引至接线柱。正余弦旋转变压器的结构示意如图B-1所示。正余弦旋转变压器的工作原理如图B-2所示。定子的两个绕组分别称为定子励磁绕组(D_1-D_2)和定子交轴绕组(D_3-D_4)，两个绕组结构完全相同，而且两绕组的轴线在空间上互成90°。转子绕组也有两个，分别称为余弦输出绕组(Z_1-Z_2)和正弦输出绕组(Z_3-Z_4)，而且两绕组轴线在空间上也互成90°。

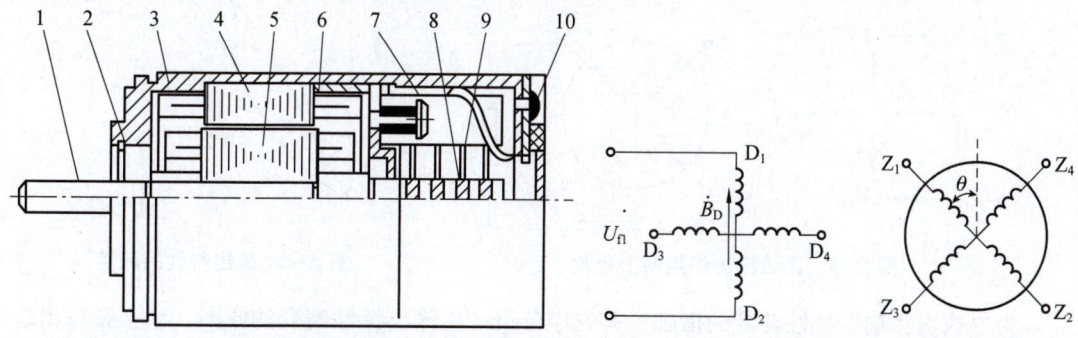

1—转轴；2、7—挡圈；3—机壳；4—定子；5—转子；
6—波纹垫圈；8—集电环；9—电刷；10—接线柱。

图B-1 正余弦旋转变压器的结构示意　　图B-2 正余弦旋转变压器的工作原理

同为测量角度的元件，旋转变压器的精度比自整角机高，整个电机经过了精密的加工，电机绕组也进行了特殊设计，各部分材料也进行过严格选择和处理。为提高精度，旋转变压器的绕组通常采用正弦绕组；定、转子铁心通常采用铁镍软磁合金或高硅电工钢等高磁导率材料，并采用频率为 400 Hz 的励磁电源。电刷及滑环材料采用金属合金，以提高接触可靠性及寿命；转轴采用不锈钢材料，机壳采用经阳极氧化处理的铝合金，电机各零部件之间的连接采用波纹垫圈及挡圈，整个电机又采取了全封闭结构，以适应冲击、振动、潮湿、污染等恶劣环境。

2. 正余弦旋转变压器的工作原理

1) 正余弦旋转变压器的空载运行

如图 B-2 所示，空载时，即转子两个绕组和定子交轴绕组开路，仅将定子励磁绕组 D_1-D_2 加交流励磁电压 $\dot{U}_{f1}$。那么，气隙中将产生一个脉振磁感应强度 $\dot{B}_D$，其轴线在定子励磁绕组的轴线上。类似自整角机的工作原理，磁感应强度 $\dot{B}_D$ 将在转子的两个输出绕组中分别感应出变压器电动势。这两个变压器电动势在时间上同相位，而有效值与对应绕组的位置有关。设图 B-2 中余弦输出绕组 Z_1-Z_2 轴线与脉振磁感应强度 $\dot{B}_D$ 轴线的夹角为 θ，可以写出励磁磁通 $\dot{\Phi}_D$ 在正、余弦输出绕组中分别感应的电动势为

余弦输出绕组 Z_1 - Z_2 $\qquad E_{R1} = E_R \cos\theta \qquad$ （B-1）

正弦输出绕组 Z_3 - Z_4 $\quad E_{R2} = E_R \cos(\theta + 90°) = -E_R \sin\theta \qquad$ （B-2）

可以看出，当输入电源电压不变时，转子正、余弦输出绕组的空载输出电压分别与转角 θ 成严格的正、余弦函数关系。正余弦旋转变压器因此而得名。

2) 正余弦旋转变压器的负载运行

在实际使用中，正余弦旋转变压器要接上一定的负载。实验表明，如图 B-3 所示的正余弦旋转变压器，一旦其正弦输出绕组 Z_3-Z_4 接上负载 Z_L 以后，其输出电压不再是转角的正弦函数，即产生输出特性的畸变，如图 B-4 所示，而且旋转变压器的负载越大，输出特性的畸变也越严重。此负载实验结果证明，带负载以后的正余弦旋转变压器，其输出电压不再是转角的正弦或余弦函数，而是有一定的偏差，这种偏差必须加以消除，以减少系统误差和提高精确度。

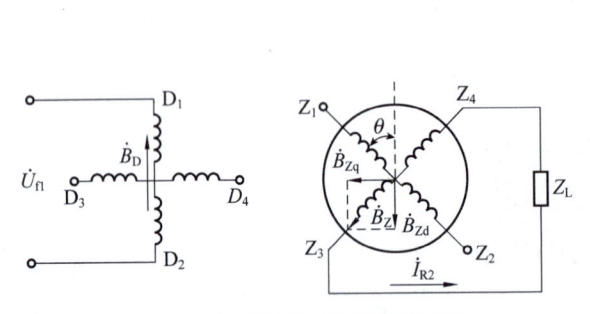

图 B-3 正弦输出绕组接上负载

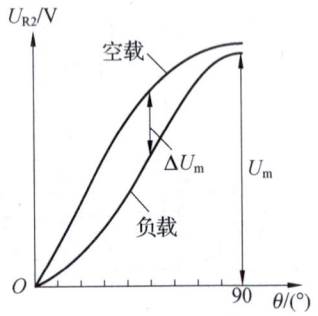

图 B-4 输出特性的畸变

为寻找消除输出特性畸变的措施，首先应分析产生输出特性畸变的原因。当正弦输出绕组接有负载 Z_L 时，正弦绕组中将有电流 I_{R2} 流通，该电流在正弦绕组中产生脉振磁场，其基波的幅值位置在正弦输出绕组 Z_3-Z_4 轴线上，用磁感应强度空间矢量 $\dot{B}_Z$ 表示。$\dot{B}_Z$ 进一步可分解为直轴分量 $\dot{B}_{Zd}$ 和交轴分量 $\dot{B}_{Zq}$，如图 B-3 所示。

根据变压器基本作用原理可知，直轴分量 $\dot{B}_{Zd}$ 对 $\dot{B}_D$ 起去磁作用。由变压器的磁动势平

衡原理，当二次侧接入负载流过电流时，一次侧电流将增加一个负载分量以保持主磁通基本不变。因此，此时定子励磁绕组的电流将增大，以补偿直轴分量 $\dot{B}_{Zd}$ 的去磁影响。若外施励磁电压恒定，并略去励磁绕组的漏抗压降，则就输出特性畸变的问题而言，直轴磁感应强度 $\dot{B}_{Zd}$ 对其影响是很小的。这种情况就和普通变压器中主磁通和感应电动势的情况一样，只要一次侧电压不变，变压器从空载到负载时的主磁通和感应电动势的大小就基本不变。

交轴分量磁感应强度 $\dot{B}_{Zq}$ 是引起正余弦旋转变压器输出特性畸变的主要原因。显然，由于 $\dot{B}_{Zq}=B_Z\cos\theta$，故它所对应的交轴磁通 Φ_q 必定和 $B_Z\cos\theta$ 成正比，即

$$\Phi_q \propto B_Z\cos\theta \tag{B-3}$$

由图 B-3 可以看出，Φ_q 与正弦输出绕组 Z_3-Z_4 轴线的夹角为 θ，设匝链正弦输出绕组 Z_3-Z_4 的磁通为 Φ_{q34}，则有

$$\Phi_{q34} = \Phi_q\cos\theta \tag{B-4}$$

将式(B-3)代入上式，则有

$$\Phi_{q34} \propto B_Z\cos^2\theta \tag{B-5}$$

磁通 Φ_{q34} 在正弦输出绕组 Z_3-Z_4 中的感应电动势仍属变压器电动势，其有效值为

$$E_{q34} = 4.44fW_Z\Phi_{q34} \propto B_Z\cos^2\theta \tag{B-6}$$

式中，W_Z 为转子上正弦输出绕组 Z_3-Z_4 的有效匝数。由上式可知，正余弦旋转变压器的正弦输出绕组 Z_3-Z_4 接上负载后，除电压 $E_{R2}=-E_R\sin\theta$ 以外，还附加了正比于 $B_Z\cos^2\theta$ 的电动势 E_{q34}。这个电动势的出现破坏了输出电压随转角作正弦函数变化的规律，即造成输出特性的畸变。而且在一定转角下，E_{q34} 正比于 B_Z，而 B_Z 又正比于正弦输出绕组 Z_3-Z_4 中的电流 I_{R2}，即 I_{R2} 越大，E_{q34} 也越大，输出特性畸变也越严重。

可见，交轴磁通是正余弦旋转变压器接负载后输出特性畸变的主要原因。为了改善系统的性能，应该设法消除交轴磁通的影响。消除输出特性畸变的方法也称为补偿，通常有两种补偿方法：一种是二次侧补偿，另一种是一次侧补偿。

B.2.2 正余弦旋转变压器的补偿方法

1. 二次侧补偿的正余弦旋转变压器

为了消除正弦输出绕组 Z_3-Z_4 中因负载电流所产生的 q 轴磁通，可在余弦输出绕组 Z_1-Z_2 上接负载 Z'，这样，在余弦输出绕组上就有负载电流 I_{R1} 通过并产生磁通，只要负载 Z' 的大小适当，便可使两套输出绕组上的磁动势 q 轴分量 $F_{R1q}=F_{R2q}$，从而消除正弦输出绕组输出特性的畸变。这种方法称为二次侧补偿。图 B-5 为二次侧补偿的正余弦旋转变压器，其中励磁绕组 D_1-D_2 加交流励磁电压 $\dot{U}_{f1}$，绕组 D_3-D_4 开路。

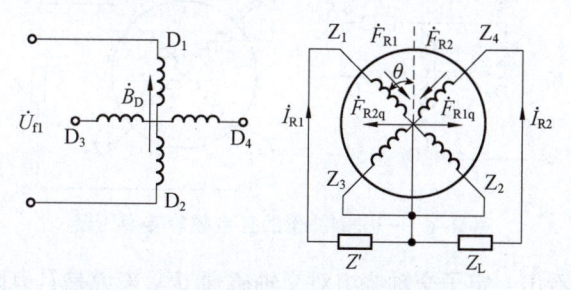

图 B-5 二次侧补偿的正余弦旋转变压器

二次侧补偿时，可以证明若正余弦旋转变压器两转子绕组接上相等阻抗，即 $Z' = Z_L$，使二次侧电路对称，则能使 $F_{R1q} = F_{R2q}$，以抵消交轴磁通 Φ_{q34} 的作用，从而消除输出特性的畸变。

[证明] 设 K 为常数，通过正余弦输出绕组 Z_1-Z_2 的电流为 I_{R1}，产生的磁动势为 F_{R1}；通过正弦输出绕组 Z_3-Z_4 的电流为 I_{R2}，产生磁动势为 F_{R2}，则有

$$F_{R1} = KI_{R1} \tag{B-7}$$

$$F_{R2} = KI_{R2} \tag{B-8}$$

其中，q 轴磁动势分别为

$$F_{R1q} = F_{R1}\sin\theta = KI_{R1}\sin\theta \tag{B-9}$$

$$F_{R2q} = F_{R2}\cos\theta = KI_{R2}\cos\theta \tag{B-10}$$

由电路关系可得

$$\begin{cases} \dot{I}_{R2} = \dfrac{\dot{U}_{R2}}{Z_L + Z_\sigma} = -\dfrac{k_u U_{s1}}{Z_L + Z_\sigma}\sin\theta \\ \dot{I}_{R1} = \dfrac{\dot{U}_{R1}}{Z' + Z_\sigma} = \dfrac{k_u U_{s1}}{Z' + Z_\sigma}\cos\theta \end{cases} \tag{B-11}$$

将电流代入 q 轴磁动势公式可得

$$\dot{F}_{R1q} = K\dot{I}_{R1}\sin\theta = K\dfrac{k_u \dot{U}_{s1}\cos\theta}{Z' + Z_\sigma}\sin\theta \tag{B-12}$$

$$\dot{F}_{R2q} = K\dot{I}_{R2}\cos\theta = -K\dfrac{k_u \dot{U}_{s1}\sin\theta}{Z_L + Z_\sigma}\cos\theta \tag{B-13}$$

比较以上两式，若要求全补偿即 $F_{R1q} = F_{R2q}$，则 $Z' = Z_L$。以上两式的正负号也恰恰说明了不论转角 θ 是多少，只要保持 $Z' = Z_L$，就可以使要补偿的 q 轴磁动势 F_{R2q}（对应于 Φ_{q34}）和另一绕组产生的磁动势 F_{R1q} 大小相同、方向相反，从而消除输出特性的畸变。

2. 一次侧补偿的正余弦旋转变压器

为了消除正余弦旋转变压器负载电流产生的交轴磁场，除采用二次侧补偿外，还可在定子的交轴绕组中接入合适的负载，以消除交轴磁场对输出电压的影响，这种方法称为一次侧补偿。图 B-6 为一次侧补偿的正余弦旋转变压器，此时定子励磁绕组端 D_1-D_2 接通交流电压，定子交轴绕组 D_3-D_4 端接负载 Z；转子正弦输出绕组 Z_3-Z_4 接负载 Z_L，并在其中输出正弦规律的信号电压；余弦输出绕组 Z_1-Z_2 开路。

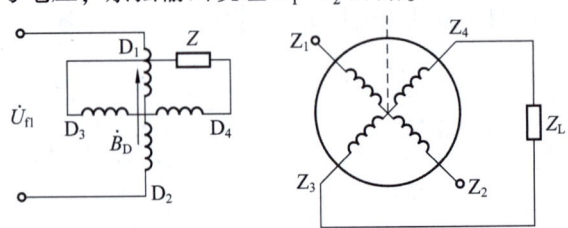

图 B-6 一次侧补偿的正余弦旋转变压器

从图 B-6 中可以看出，定子交轴绕组对交轴磁通 Φ_{q34} 来说是具有阻尼作用的一个绕组。根据楞次定律，正余弦旋转变压器在工作时交轴磁通 Φ_{q34} 在绕组 D_3-D_4 中要产生感生电流，

该电流所产生的磁通对交轴磁通 Φ_{q34} 有着强烈的去磁作用，从而达到补偿的目的。同证明二次侧补偿的方法类似，可以证明，当定子交轴绕组外接负载阻抗 Z 等于励磁电源内阻抗 Z_n，即 $Z=Z_n$ 时，由转子电流所引起的输出特性畸变可以得到完全的补偿。因为一般电源内阻抗 Z_n 值很小，所以实际应用中经常把交轴绕组直接短路，同样可以达到完全补偿的目的。

3. 一、二次侧都补偿的正余弦旋转变压器

对比一次侧余补偿和二次侧补偿，当采用二次侧补偿时，Z' 必须等于 Z_L 才能实现完全补偿，对正余弦旋转变压器来说，若负载阻抗 Z_L 是一变值，则要求作为补偿电路的余弦绕组负载阻抗 Z' 随之作相应变化，这在实际应用时颇为不便。当采用一次侧补偿时，补偿回路的负载阻抗 Z 与负载无关，只要适当选取 Z，便可消去交轴磁场的影响，因此在实际应用时较为方便，易于实现。若对输出电动势的函数关系要求很严，则可同时采用一次侧补偿和二次侧补偿。一次侧和二次侧都补偿的正余弦旋转变压器如图 B-7 所示，此时其四个绕组全部用上，转子两个绕组接有负载阻抗 Z_L 和 Z'。和单独二次侧或单独一次侧补偿的两种方法比较，采用一次侧和二次侧都补偿的方法，对消除输出特性畸变的效果更好。

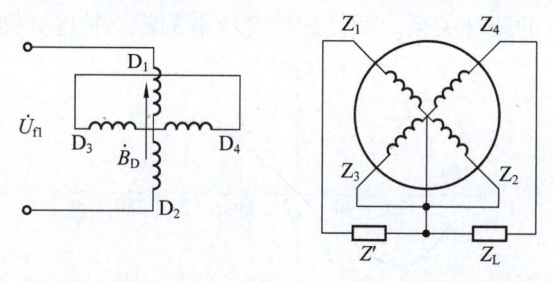

图 B-7 一次侧和二次侧都补偿的正余弦旋转变压器

B.3 线性旋转变压器

线性旋转变压器是指输出电压与转子转角 θ 成正比关系的旋转变压器。当转子转角 θ 以弧度为单位，且 θ 很小时，有 $\sin\theta \approx \theta$，因此正余弦旋转变压器也可作为线性旋转变压器来使用。在 ±4.5° 转角范围内，输出特性与理想线性关系的误差不超过 ±0.1%；在 ±14° 转角范围内，输出特性的相对线性误差就达到 1%。显然，当要求在更大转角范围内得到精度较高的线性输出电压时，正余弦旋转变压器就不能满足要求了。

为获得更大转角范围内的线性输出特性，可将正余弦旋转变压器按图 B-8 所示方式连接，定子绕组 D_1-D_2 和转子绕组 Z_1-Z_2 串联，并作为励磁的一次侧。定子交轴绕组 D_3-D_4 端短接作为一次侧补偿，转子输出绕组 Z_3-Z_4 端接负载阻抗 Z_L，一次侧施加交流电压，这种接线方式称为一次侧补偿的线性旋转变压器。

转子绕组 Z_3-Z_4 所感应的电压 U_{R2} 与转子转角 θ 有如下关系：

由于采用了一次侧补偿，其交轴绕组被短接，即认为电源内阻抗 Z_n 很小。交轴绕组的作用抵消了绝大部分的交轴磁通，可以近似认为该旋转变压器中只有直轴磁通 Φ_D。Φ_D 在定子绕组 D_1-D_2

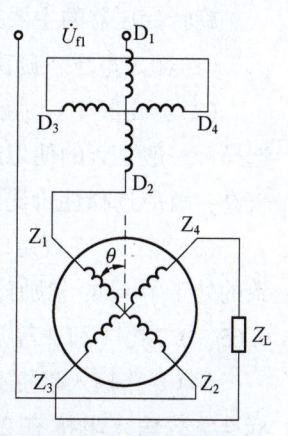

图 B-8 一次侧补偿的线性旋转变压器

中感应电动势为 E_D，则在转子绕组 Z_3-Z_4 中感应的电动势为

$$E_{R2} = -k_u E_D \sin\theta \qquad (B-14)$$

在转子绕组 Z_1-Z_2 中感应的电动势为

$$E_{R1} = k_u E_D \cos\theta \qquad (B-15)$$

定子绕组 D_1-D_2 和转子绕组 Z_1-Z_2 串联，忽略绕组的漏抗压降时，则有

$$U_{f1} = E_D + k_u E_D \cos\theta \qquad (B-16)$$

又因为转子输出绕组的电压有效值 U_{R2} 在略去阻抗压降时就等于 E_{R2}，即

$$U_{R2} = E_{R2} = k_u E_D \sin\theta \qquad (B-17)$$

故

$$U_{R2} = \frac{k_u \sin\theta}{1 + k_u \cos\theta} U_{f1} \qquad (B-18)$$

式中，若变压比 k_u 取值为 0.56~0.59 之间，则转子转角 θ 在 ±60° 范围内，输出电压 U_{R2} 随转角 θ 的变化将成良好的线性关系。线性旋转变压器的输出特性如图 B-9 所示。

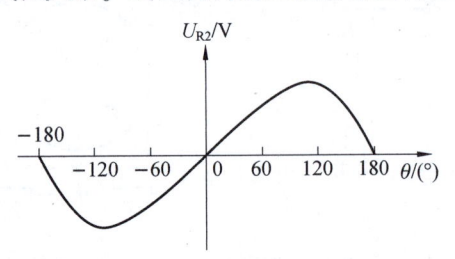

图 B-9 线性旋转变压器的输出特性

B.4 旋转变压器的技术指标和选用

B.4.1 旋转变压器的主要技术指标

旋转变压器的主要技术指标如下。

(1) 额定电压：励磁绕组应加的电压值，有 12 V、26 V、36 V 等几种。

(2) 额定频率：励磁电压的频率，有 50 Hz 和 400 Hz 两种。实际中，应根据需要进行选择。一般工频的使用起来比较方便，但性能会差一些，而 400 Hz 的性能较好，但成本较高，故应选择性价比适合的产品。

(3) 变比：在规定的励磁一方绕组上加上额定频率的额定电压时，与励磁绕组轴线一致的处于零位的非励磁一方绕组的开路输出电压与励磁电压的比值，有 0.15、0.56、0.65、0.78、1 和 2 等几种。

(4) 开路输入阻抗或称空载输入阻抗：输出绕组开路时，从励磁绕组看的等效阻抗值。标准空载输入阻抗有 200、400、600、1 000、2 000、3 000、4 000、6 000 和 10 000 等几种。

B.4.2 旋转变压器的选用

1. 系统的选择

旋转变压器是一种精度很高、结构和工艺要求十分严格和精细的控制电机。随着科学技术的不断发展，精度更高的新型控制电机虽然相继出现，但是旋转变压器由于价格比较便宜，使用也较方便，所以应用仍十分广泛。

目前，正余弦旋转变压器主要用在三角运算、坐标变换、移相器、角度数据传输和角度数据转换等方面。线性旋转变压器主要用作机械角度与电信号之间的线性变换。数据传输用旋转变压器则用来组成同步连接系统，进行远距离的数据传输和角位测量。它的精度比自整角机高，一般自整角机的远距离角度传输系统的绝对误差至少为 $10'$，若用两极正余弦旋转变压器作为发送机和接收机，传输误差可下降到 $1'\sim 5'$，故一般用在对精度要求较高的系统中。

就结构类型而言，传统有刷型旋转变压器的精度高，但结构复杂、可靠性差；环型变压器式无刷旋转变压器可靠性好、精度高，但体积大、成本较高；而磁阻式旋转变压器结构简单、可靠性高，但精度低。

2. 注意事项

（1）旋转变压器要求在接近空载的状态下工作。因此，负载阻抗应远大于旋转变压器的输出阻抗。两者的比值越大，输出特性的畸变就越小。

（2）使用时首先要准确地调准零位，否则会增加误差，降低精度。

（3）励磁一方只用一相绕组时，另一相绕组应该短路或接一个与励磁电源内阻相等的阻抗。

（4）励磁一方两相绕组同时励磁，即只能采用二次侧补偿方式时，两相输出绕组的负载阻抗应尽可能相等。

B.5 旋转变压器的应用

旋转变压器的应用范围十分广泛，既可用于高精度角度传输系统进行角度数据的传输或测量，也可在解算装置中用来求解矢量或进行坐标转换，求反三角函数，进行加、减、乘、除及函数的运算等。

B.5.1 在高精度角度传输系统中的应用

正余弦旋转变压器在角度传输系统中，都是成对使用的，根据在系统中的具体用途不同，其可分为发送机和接收机。这里旋转变压器在系统中的作用与相应的自整角机的作用是相同的，且传输误差更低、精度更高。

如图 B-10 所示，与主令轴（如火炮指挥仪的输出轴）耦合的旋转变压器为发送机，与接收机轴（如自动火炮装置）耦合的旋转变压器为接收机。进行理论分析时，定子绕组加激磁电压，转子绕组作为输出，但在实际使用中经常把转子绕组作为激磁绕组，把定子绕组作为输出绕组,以减少电刷接触不良对测量精度的影响。发送机的转子绕组 R_1-R_1' 加交流励磁电压,绕组 R_2-R_2' 直接短路,作补偿绕组用。发送机和接收机的定子绕组 S_1-S_1' 和 S_2-S_2' 作为整步绕组,按对应关系相互连接。接收机的转子绕组 R_2-R_2' 作为输出绕组,输出与失调角 θ 成正弦函数关系的电压,该电压经放大器放大后,控制伺服电机转动,伺服电机又通过减速装置带动被控对象(如火炮)和接收机转子朝着减小失调角 θ 的方向旋转,直至 $\theta=0°$,即被控制对象和发送机的主令轴同步旋转。若该系统用于火炮装置,则完成指挥仪对火炮装置的自动控制。

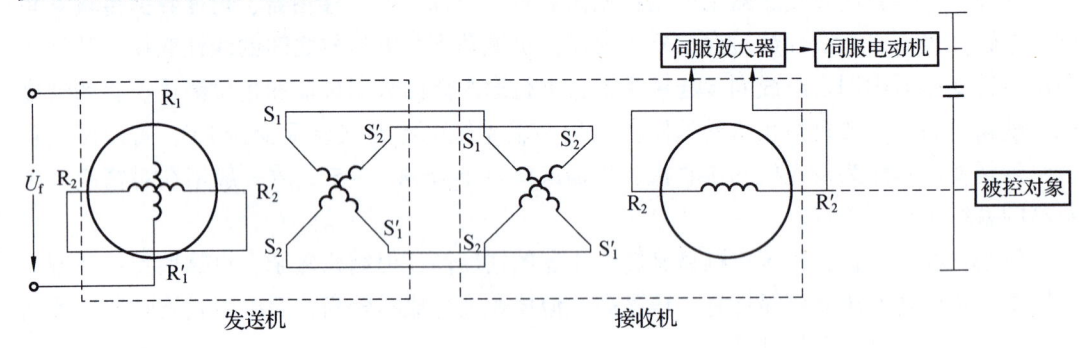

图 B-10 两极正余弦旋转变压器在角度传输系统中的应用

B.5.2 用旋转变压器求反三角函数

当旋转变压器作为解算元件时,和有关元件配合可以进行反三角函数的求解,即已知 E_1 和 E_2 值,求反余弦函数 $\theta=\arccos(E_2/E_1)$。

如图 B-11 所示,电压 U_1 加在旋转变压器的转子绕组 Z_1-Z_2 端,略去转子绕组阻抗压降,则电动势 $E_1=U_1$;定子绕组 D_1-D_2 端和电动势 E_2 串联后接至放大器,经放大器放大后加在伺服电机的电枢绕组中,伺服电机通过减速器与旋转变压器转轴之间机械耦合。绕组 Z_1-Z_2 和绕组 D_1-D_2 设计制造的匝数相同,即 $k_u=1$,因此绕组 Z_1-Z_2 通过电流后所产生的励磁磁通在绕组 D_1-D_2 中的感应电动势为 $E_1\cos\theta$。放大器的输入端电动势便为 $E_1\cos\theta-E_2$。若 $E_1\cos\theta=E_2$,此时伺服电机将停止转动,则 $E_2/E_1=\cos\theta$,因此转子转角 $\theta=\arccos(E_2/E_1)$,可见利用这种方法可以求取反余弦函数。

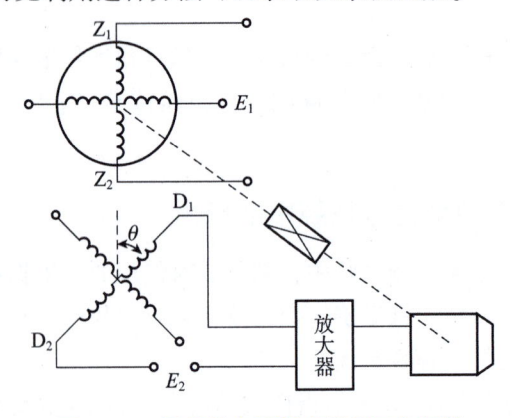

图 B-11 用旋转变压器求取反三角函数

本章小结

旋转变压器是一种精密测量角度用的小型交流电机，其输出电压随转子转角的变化而变化，根据输出电压的不同可以将旋转变压器分为正余弦旋转变压器和线性旋转变压器。其中，正余弦旋转变压器的输出电压与转子转角成正余弦函数关系；线性旋转变压器的输出电压与转子转角在一定转角范围内成正比。

当输入电源电压不变时，转子正、余弦输出绕组的空载输出电压分别与转角成严格的正、余弦函数关系。带负载以后的正余弦旋转变压器，其输出特性发生畸变，交轴磁通分量是引起正余弦旋转变压器输出特性畸变的主要原因。为了改善系统的性能，就应该设法消除交轴磁通的影响。消除输出特性畸变的方法有两种：一种是二次侧补偿；另一种是一次侧补偿。

线性旋转变压器是将正余弦旋转变压器定、转子绕组通过适当的连接而得到的，在一定的角度范围内其输出电压与转角之间保持线性关系。

思考题与习题

B-1 正余弦旋转变压器在接负载时输出特性为什么会发生畸变？消除输出特性畸变的方法有哪些？

B-2 正余弦旋转变压器二次侧完全补偿的条件是什么？一次侧完全补偿的条件又是什么？试比较采用二次侧补偿和一次侧补偿各自的特点。

B-3 为了在更大的角度范围内得到与转角成线性关系的输出电压，应如何调节正余弦旋转变压器定、转子绕组的连接方式？进行证明。

B-4 如何选用旋转变压器？

B-5 试简述如何利用旋转变压器求取反三角函数。

参 考 文 献

[1] 陈隆昌, 阎治安, 刘新正. 控制电机[M]. 4版. 西安: 西安电子科技大学出版社, 2013.

[2] 程明. 微特电机及系统[M]. 2版. 北京: 中国电力出版社, 2014.

[3] 孙冠群, 蔡慧, 李璟. 控制电机与特种电机[M]. 北京: 清华大学出版社, 2012.

[4] 王耕, 王晓雷. 控制电机及其应用[M]. 北京: 电子工业出版社, 2012.

[5] 杨渝钦. 控制电机[M]. 北京: 机械工业出版社, 2001.

[6] 唐任远. 现代永磁电机理论与设计[M]. 北京: 机械工业出版社, 2006.

[7] 李钟明, 刘卫国, 刘景林, 等. 稀土永磁电机[M]. 北京: 国防工业出版社, 1997.

[8] 王秀和. 永磁电机[M]. 北京: 中国电力出版社, 2007.

[9] 苏子舟, 赵南南, 谭博. 特种电机[M]. 北京: 国防工业出版社, 2022.

[10] 皇甫宜耿. 基于DSP的大功率高压直流无刷电机伺服控制系统研究[D]. 西安: 西北工业大学, 2006.

[11] 简瑶. 基于TMS320F2812的无刷直流电机控制系统设计[D]. 西安: 西北工业大学, 2007.

[12] 谭博. 航空大功率无刷直流电机功率驱动技术研究[D]. 西安: 西北工业大学, 2008.

[13] 宋受俊. 基于单片机的电机运动控制系统设计[D]. 西安: 西北工业大学, 2006.

[14] 于万海. 步进电机细分驱动及微步距角测量修正系统的研究[D]. 保定: 河北农业大学, 2004.

[15] 汪全伍. 两相混合式步进电机高性能闭环驱动系统研究[D]. 杭州: 浙江理工大学, 2017.

[16] 董馨雨. 两相混合式步进电机高精度闭环驱动控制系统及实验研究[D]. 沈阳: 沈阳工业大学, 2021.

[17] 马文斌, 杨延竹. 基于TB6600HG的步进电机驱动控制设计[J]. 中国农机化学报, 2016, 37(7): 126-129.

[18] 叶云岳. 直线电机原理与应用[M]. 北京: 机械工业出版社, 2000.

[19] 杨通. 高速大推力直线感应电机的电磁理论与设计研究[D]. 武汉: 华中科技大学, 2010.

[20] 鲁军勇, 马伟明, 许金. 高速长定子直线感应电机的建模与仿真[J]. 中国电机工程学报, 2008, 28(27): 89-94.

[21] 吴克元, 刘晓, 叶云岳. 平板型混合式直线步进电机的关键参数[J]. 浙江大学学报(工学版), 2011, 45(9): 1063-1068.

[22] 寇宝泉, 杨国龙. 双向交链横向磁通平板型永磁直线同步电机的设计与分析[J]. 电工

技术学报，2012，27(11)：31-37.

[23] 童亮，王大江. 大推力双 U 型永磁同步直线电机设计及性能测试[J]. 机械科学与技术，2015，34(5)：759-762.

[24] 马伟明，鲁军勇. 电磁发射技术[J]. 国防科技大学学报，2016，38(6)：1-5.

[25] 周立求. ALA 转子同步磁阻电机直接转矩控制系统研究[D]. 武汉：华中科技大学，2005.

[26] 周浩. 提高同步磁阻电机力能指标的研究[D]. 重庆：重庆大学，2013.

[27] 潘再平，罗星宝. 基于迭代学习控制的开关磁阻电机转矩脉动抑制[J]. 电工技术学报，2010(7)：51-55.

[28] 吴汉光，林秋华，游琳娟. 同步磁阻电机研究[J]. 中国电机工程学报，2002，22(8)：94-98.

[29] 刘晓盼. 同步磁阻电机的优化设计及控制驱动[D]. 济南：山东大学，2020.

[30] 朱建华. ALA 转子电机的动态稳定性研究[D]. 武汉：华中科技大学，2005.

[31] SENJYU T, KINJO K, URASAKI N, et al. High efficiency control of synchronous reluctance motors using extended Kalman filter[J]. IEEE Transactions on Industrial Electronics，2003，50(4)：726-732.

[32] 杨朝辉，扁平驻极体微电机的研究与仿真[D]. 西安：西北工业大学，2004.

[33] GE B, LUDOIS D C. Design Concepts for a Fluid-Filled Three-PhaseAxial-Peg-Style Electrostatic Rotating Machine Utilizing Variable Elastance[J]. IEEE Transactions on Industry Applications，2016，52(3)：2156-2166.

[34] ZHAO N, SONG Z, LI Z, et al. Development of a dielectric-gas-based single-phase electrostatic motor[J]. IEEE Transactions on Industry Applications，2019，55(3)：2592-2600.

[35] 黄辉，胡余生. 永磁辅助同步磁阻电机设计与应用[M]. 北京：机械工业出版社，2023.